土 木 工 程 教 材 精 选

土木工程项目管理

主　编　苗胜军
副主编　李金云　邱海涛　杨志军

清华大学出版社
北京

内容简介

本书系统论述了土木工程项目建设全过程的管理理论和方法,主要包括土木工程项目管理概论、土木工程项目招标与投标、土木工程项目合同管理、土木工程项目进度管理、土木工程项目质量管理、土木工程项目费用管理、土木工程项目全面风险管理、土木工程项目安全与环境管理、土木工程项目信息管理等内容。本书以国家现行的《建设工程项目管理规范》(GB/T 50326—2006)和高等学校土木工程及相关专业指导委员会制定的《工程项目管理教学大纲》为依据,兼顾土木工程各类专业工程项目管理课程教学需要及相关执业资格考试理论知识储备要求组织编写。强调理论与工程实际相结合,注重知识的实用性和管理实践的可操作性。培养从事土木工程及相关专业职业岗位应该具有的良好的职业技能和素养。

本书可作为土木工程专业、工程管理专业以及相关专业本科生的专业课教材或教学参考书,也可供工程项目管理、施工管理、房地产开发等领域的从业人员参考使用。

图书在版编目(CIP)数据

土木工程项目管理/苗胜军主编.--北京:清华大学出版社,2015(2024.8重印)
土木工程教材精选
ISBN 978-7-302-38433-5

Ⅰ.①土… Ⅱ.①苗… Ⅲ.①土木工程—项目管理—高等学校—教材 Ⅳ.①TU71

中国版本图书馆 CIP 数据核字(2014)第 260754 号

责任编辑:秦 娜
封面设计:陈国熙
责任校对:王淑云
责任印制:沈 露

出版发行:清华大学出版社
    网 址:https://www.tup.com.cn,https://www.wqxuetang.com
    地 址:北京清华大学学研大厦 A 座   邮 编:100084
    社 总 机:010-83470000   邮 购:010-62786544
    投稿与读者服务:010-62776969,c-service@tup.tsinghua.edu.cn
    质量反馈:010-62772015,zhiliang@tup.tsinghua.edu.cn
印 装 者:三河市龙大印装有限公司
经 销:全国新华书店
开 本:185mm×260mm   印 张:19.5   字 数:475 千字
版 次:2015 年 1 月第 1 版   印 次:2024 年 8 月第 9 次印刷
定 价:55.00 元

产品编号:057297-03

前　言

　　土木工程项目管理是研究工程项目建设全过程客观规律、管理理论和管理方法的一门学科。其研究的目的是使工程项目在使用功能、费用、进度、质量及其他方面均取得最佳效果，发挥投资效益，实现项目综合效益最大化。

　　本书以国家现行的《建设工程项目管理规范》(GB/T 50326—2006)和高等学校土木工程及相关专业指导委员会制定的《工程项目管理教学大纲》为依据，针对土木工程等相关专业的教学需要，参阅大量文献资料并结合多年教学经验编写。构建管理工程项目所需的知识、技术和方法体系，培养从事土木工程及相关专业职业岗位应具有的良好的职业技能和素养。突出体现以下几点：

　　(1) 针对性。以培养应用型和复合型土木工程及相关专业学生的就业岗位实践能力为基点，以未来工程师为培养对象，参考国内外工程项目管理的最新理论和先进经验，兼顾建造师、监理工程师、造价工程师等执业资格知识体系要求。

　　(2) 完整性。按照土木工程项目管理过程，以工程项目管理内容与目标控制为中心，安排章节结构，构建完整的知识体系框架。

　　(3) 引导性。每章以教学要点和学习指导引导读者系统地学习。为便于读者掌握、巩固和总结所学的知识，每章理论知识之后都附有案例分析和复习思考题。

　　本书由苗胜军担任主编，李金云、邱海涛、杨志军担任副主编。共 10 章。第 1~4 章由苗胜军负责编写，第 5~7 章由李金云负责编写，第 8 章由邱海涛负责编写，第 9 章由杨志军负责编写，第 10 章由苗胜军负责编写。编写大纲由苗胜军拟定，全书由苗胜军统稿。本书由北京科技大学周晓敏教授主审，并提出了许多宝贵意见，在此表示衷心的感谢。

　　本书在编写过程中得到了北京科技大学"十二五"高等学校本科教学质量与教学改革工程建设项目、北京高等学校"青年英才计划"和清华大学出版社的大力支持和帮助，在此表示诚挚的谢意。在编写过程中参阅了许多文献，谨向有关作者表示感谢。另外，感谢北京科技大学硕士研究生龙超、陈瀚、黄冠霖、史丽超、陈飞，他们参加了书稿的文献查询、绘图、文字编校等工作，付出了辛勤劳动。

　　本书可作为高等院校土木工程各专业工程项目管理课程的教材或参考书，也可作为从事土木工程各专业相关工作的专业技术人员的参考书。

　　由于时间和水平有限，书中难免存在缺点和错误，恳请广大读者批评指正。

编　者
2014 年 6 月

绪　　论

1.1　古代的工程项目管理

　　工程项目与人类的生产生活密切相关,随着社会的发展,各种工程项目应运而生。传统的工程项目主要是指土木工程项目,例如,房屋(皇宫、庙宇、住宅等)与工厂作坊建筑,农田水利(运河、沟渠、排洪等)工程,道路桥梁工程,陵墓工程,以及国防军事(城墙、护城河、炮台兵营等)工程。

　　现存的许多古代土木工程,如埃及的金字塔、太阳神庙,意大利的罗马斗兽场、万神庙,英国的圣保罗大教堂,印度的泰姬陵,中国的长城、都江堰水利工程、京杭大运河、北京故宫、拉萨布达拉宫、苏州园林等,规模宏伟、工艺精湛,至今还发挥着巨大的社会效益与经济效益。

　　这些土木建筑工程中的文化瑰宝既反映出当时经济、政治、宗教、文化水平,以及社会和工程技术的发展水平,也必然要有相当高的工程项目管理水平相配套,比如:统筹的安排,严密的甚至是军事化的组织管理;时间上的安排和控制;费用的计划和核算;预定的质量要求,严格的质量检查和控制。但是由于当时生产科技水平和人们认知能力的限制,人类历史上许多工程项目的管理都是经验型的,不可能出现以科学系统的管理思想、理论、方法、技术为基础的现代工程项目管理。

1.2　现代工程项目管理的起因与发展

1.2.1　现代工程项目管理的起因

　　早在 20 世纪初,人们就开始探索科学的项目管理方法。第二次世界大战前夕,甘特图已经成为计划和控制军事工程与建设项目的重要工具。

　　第二次世界大战期间,各种新式武器、喷气机、潜艇及探测雷达等装备与仪器的研发,不但技术复杂,参与人员众多,时间又非常紧迫,经费上也有很大的限制,因此,人们开始关注如何有效地进行项目管理来实现既定的目标。其中,以美国 1942 年开始实施的曼哈顿计划(Manhattan Project,利用核裂变反应研制原子弹)最具代表性,该项目联合英国和加拿大,集中了当时西方国家(除德国外)最优秀的核科学家、物理学家和技术人员,雇用了 13 万人,历时 3 年,耗资 20 多亿美元,于 1945 年 7 月 16 日成功地进行了世界上第一次核爆炸,并按计划制造出两颗实用的原子弹,整个工程取得圆满成功。在工程管理过程中,负责人 Leslie Richard Groves 将军和著名物理学家 Julius Robert Oppenheimer 引用了系统工程的思路和方法,大大缩短了工程所耗时间。

随着社会生产力的高速发展,大型及特大型的工程项目越来越多,类型和涉及的行业越来越广,投资越来越高,如航天工程、核武器研究、导弹研制、大型水利水电工程、交通工程等。这些工程项目规模大、技术复杂、参与单位多,又受到时间和资金的严格限制,迫切需要新的项目管理理论、技术和方法。

1.2.2 现代工程项目管理的发展

现代工程项目管理主要是在第二次世界大战结束后发展起来的,大致经历了以下几个阶段。

(1) 20 世纪 50 年代,美国北极星导弹计划(Polaris Missile Project)等一系列大型军事项目的实施,客观上要求新的组织和管理方法,促使现代工程项目管理思想的萌芽产生。北极星导弹计划实施过程中,网络技术被成功应用于工期计划和控制中,并创造了一种控制工程进度的新方法——计划评审法(Project Evaluation and Review Technique,PERT),使北极星导弹提前两年研制成功。这种方法在工程项目管理中产生的效益引起了人们的广泛关注,同时促进了系统工程在项目管理中的应用研究。同期,美国雷明顿-兰德公司的 JE Kelly 和杜邦公司的 MR Walker 提出了一种基于数学计算的项目计划管理方法——关键线路法(Critical Path Method,CPM)。

(2) 20 世纪 60 年代,现代工程项目管理思想引入欧洲,发达国家开始进行广泛的实践探索和研究。以欧洲国家为主的国际项目管理协会(International Project Management Association,IPMA)和以美洲国家为主的美国项目管理协会(Project Management Institute,PMI)相继成立,为推动工程项目管理的发展发挥了积极的作用。这个时期,利用大型计算机进行网络计划分析计算的技术已趋于成熟。例如:美国国家航空航天局(NASA)在执行阿波罗登月计划(Project Apollo)中把 PERT 发展成图解评审技术(Graphic Evaluation and Review Technique,GERT),并应用计算机仿真技术,编制工程项目工期计划并实施控制,确保了各项试验项目按期完成。

(3) 20 世纪 70 年代,人们对项目管理过程和各种管理职能,以及项目组织在企业职能中的应用进行了全面、系统的研究,使项目管理在企业中得以推广。同时,人们将信息系统理论引入项目管理,提出了项目管理信息系统。这个时期,计算机网络分析程序已经十分成熟,项目管理信息系统的提出扩大了工程项目管理的研究深度和广度,同时扩大了网络技术的作用和应用范围,并实现了应用计算机编制工程项目资源和成本计划,以及在项目实施过程中进行优化和控制。同期,美国的 Charles B. Thomsen 创造是适于土木工程项目建设管理的 CM(Construction Management)模式。

(4) 20 世纪 80 年代,随着全球性竞争的日益加剧,项目活动的日益扩大并趋于复杂化,项目数量的急剧增加,项目团队规模的不断扩大,项目相关利益者的冲突不断增加,降低项目成本的压力不断上升等一系列情况的出现,迫使作为项目业主、客户以及项目实施者的一些政府部门与企业投入了大量的人力和物力去研究和认识项目管理的基本原理,开发和使用项目管理的具体方法。这个时期,工程项目管理理论、技术与方法的研究和应用领域进一步扩大,包括工程项目合同管理、工程项目风险管理、工程项目投资与融资、工程项目组织行为和人力资源管理、工程项目组织沟通、工程项目信息管理等,一系列项目管理理论性著作相继出版。同时,世界各国的专业学会、协会相继形成,推动了工程项目管理的职业化进程。

　　(5) 20 世纪 90 年代,工程项目管理在学术研究及职业化发展方面取得了快速的发展和长足的进步。学术研究方面主要体现在项目管理专业教育体系的建立和项目管理理论与方法的现代化研究。国际上许多大学建立并完善了项目管理专业的本科生和研究生教育体系;同时,许多项目管理研究机构相继成立,这些研究机构与大学、国际和各国的项目管理协会,以及一些大型企业共同开展了大量的项目管理理论与方法的现代化研究,取得了丰硕的成果。比如:美国项目管理协会(Project Management Institute, PMI)、美国造价工程师协会(Association of American Cost Engineers, AACE)等组织提出的项目管理知识体系(Project Management Body of Knowledge)、项目全面造价管理(Total Cost Management)、已获价值管理(Earned Value Management)、项目合作伙伴式管理(Partnering Management)等。另外,国际标准化组织(International Organization for Standardization, ISO)还以美国项目管理协会的项目管理知识体系等文件为框架,制定了关于工程项目管理的系列标准。通过这一阶段的学术研究,现代工程项目管理在项目的范围管理、时间管理、成本管理、质量管理、人力资源管理、采购管理、沟通管理、风险管理和集成管理等方面形成了专门的理论和方法体系。

　　这个时期,项目管理逐步分工细划,形成了一系列的专门职业。例如:专业项目经理、造价工程师、土木工程师、建造师、营造师、监理工程师等。同时,还诞生了一系列的项目管理职业资格认证体系。例如,美国项目管理协会和国际项目管理协会主办的项目管理专业人员职业资格认证;美国造价工程师协会主办的造价工程师资格认证;英国皇家特许测量师协会(Royal Institute of Chartered Surveyor, RICS)主办的工料测量师、营造师资格认证等。这些工作极大地推动了项目管理职业的细分和职业化的发展。

　　(6) 21 世纪以来,在变化迅猛、竞争激烈的市场中迎接经济全球化、集团化的挑战,项目管理更加注重人的因素,注重客户,注重柔性管理,力求在变革中生存和发展。项目管理的应用领域进一步扩大,尤其是在新兴产业中得到了迅速发展,譬如电信、软件、信息、金融、医药等。现代项目管理的任务已不仅仅是执行项目,还要开发项目、经营项目,以及为经营项目完成后形成的设施或其他成果准备必要条件。

　　工程项目管理已经成为学术界和产业界完全认同的一个专门学科,并已经发展成为一个由政府正式认定的职业领域——项目管理专业人员资格(Project Management Professional, PMP),美国著名杂志《财富》(Fortune)预测,项目经理、项目管理师、项目管理人员等将成为本世纪年轻人的首选职业。

1.3　我国工程项目管理的发展历史与现状

1.3.1　发展历史

　　我国进行工程项目管理实践活动的历史可以追溯到 2000 多年前,并且创造了许多工程管理方法。例如,我国战国时期的都江堰分洪与灌溉工程从项目设计到施工等各个方面都使用了系统思想;在古代宫廷建设项目管理中,很早就有了自己的"工料定额"、"工时"和"造价"管理方法,并且许多朝代的"工部"都有相应的"国家标准"。但我国对现代工程项目管理的理论研究和管理实践起步较晚,与发达国家存在着一定的差距。

20世纪60年代,华罗庚教授将网络计划技术(统筹法)引入我国,促进了系统工程的理论和方法在我国重大科技工程项目管理中的应用,并且在我国的导弹研制项目中,首次采用了计划评审法。20世纪70年代,我国工程项目管理领域引入了全寿命管理概念,并派生出全寿命费用管理、一体化后勤管理以及决策点控制等。在上海宝钢工程、北京电子对撞机工程、秦山核电站工程等许多大型工程项目中也相继运用系统工程管理方法进行管理,保证了工程建设目标的实现。20世纪80年代,我国在建筑业和其他土木工程建设项目的管理体制和管理方法上进行了许多重大的改革,开始借鉴和采用一些国际上先进的现代工程项目管理方法。1984年世界银行贷款的项目——鲁布革水电站引水系统工程,在我国首次采用国际招标投标制和现代项目管理模式,大大缩短了项目工期,降低了项目造价,取得了明显的经济效益。此后,我国大中型工程项目相继实行工程项目管理体制,包括项目资本金制度、法人负责制、合同承包制、建设监理制、招标投标制等。20世纪90年代初,我国第一个项目管理专业学术组织——中国项目管理研究委员会(Project Management Research Committee China,PMRC)成立,它是一个跨行业的、全国性的、非营利的项目管理专业组织,该组织成立至今,做了大量开创性工作,为推进我国项目管理事业的发展,促进我国项目管理与国际项目管理专业领域的沟通与交流起了积极的作用,特别是在推进我国项目管理专业化与国际化发展方面,起着举足轻重的作用。同期,天津大学、复旦大学等相继开设了项目管理课程。2001年天津大学正式成立了国际工程管理学院,开展国际工程项目管理教学与培训工作。近年来,在土木工程项目管理方面,人事部、建设部以及相关协会共同推出了造价工程师、监理工程师、建造师、管理咨询师、安全工程师、投资建设项目管理师等职业资格认证和注册制度;而且国家相关部门出台了《中华人民共和国建筑法》《中华人民共和国招标投标法》《中华人民共和国安全生产法》《建设工程质量管理条例》《建设工程安全生产管理条例》《建设项目环境保护管理条例》《工程建设项目施工招标投标办法》等。综上所述,我国的现代工程项目管理职业化和学术研究正逐步与国际发达国家接轨,趋于成熟。

1.3.2 发展现状

几十年来,我国工程项目管理工作取得了长足的进步和发展,但和国际先进水平相比,现代工程项目管理理论与实践水平、专业教育培训与职业化发展等方面仍存在较大的差距。目前,我国工程项目管理存在很多问题,首先是发展缓慢,缺乏具有国际水平的项目管理专业人才;其次是应用面窄,仅在国防、建筑、交通、水利、IT等国家大型重点项目以及跨国公司在华机构中使用多一些。而我国一些工程建设项目工期拖延、超支、质量差,以及"钓鱼工程"、"关停并转"的现象仍很严重,经营管理效益亟待提高。

此外,屡见不鲜的"豆腐渣工程",与项目管理人才严重匮乏、项目管理水平低下有着直接的关系。很多工程项目管理过程中发生了资金、人员、质量、进度等方面的严重失控,最后是无限度地追加投资或无条件地抢赶工期,并不可避免地影响到工程质量。像重庆綦江彩虹桥整体垮塌事故、浙江杭州地铁1号线坍塌事故、上海莲花河畔景苑在建13层住宅楼倒塌事故、福建霞浦迪鑫阳光城3号楼施工升降机吊笼坠落事故等,造成严重的人员伤亡和财产损失。很多无正规立项、无可行性研究报告、无正规设计单元、无正规施工单位、无工程监理、无工程质量检查验收的"六无工程",自始至终看不到真正工程项目管理的影子。

　　另一点值得注意的是,我们在致力于与国际接轨的同时,还需要政府机关、企业、科研院所、学术团体等共同合作,针对中国国情下现代工程项目管理的特殊性问题,探索、研究和发展有中国特色的工程项目管理模式、项目管理理论和方法体系,以及相应的职业化和学术发展道路,从而不断地促进我国现代工程项目管理的全面发展。

1.4　工程项目管理的发展趋势

　　随着工程项目承发包市场日趋多元化,工程建设投资主体日益多样化,现代工程项目规模不断大型化、科技含量逐渐增大,项目管理理论知识体系的迅速发展、完善,工程项目管理呈现以下发展趋势。

1. 工程项目管理的国际化发展

　　在全球经济一体化的国际背景下,世界各国与地区的经济联系越来越紧密,产业转移和分工合作不断增强,跨国工程项目越来越多,工程项目管理的国际化、全球化成为趋势和潮流。工程项目管理的国际化主要表现在国际间的大型且复杂的工程项目合作日益增多,国际化的专业交流日趋频繁,工程项目管理的专业信息逐渐实现国际共享。这就要求工程项目按照国际惯例进行管理,即依照国际通行的项目管理程序、准则与方法以及统一的文件形式实施管理,使参与项目的各方(不同国家与地区、不同种族、不同文化背景的团体及组织)在项目实施中建立起统一的协调机制,使各国的项目管理方法、文化、理念得到交流与沟通,但同时也使得国际工程项目竞争领域不断扩大,竞争主体日益强大,竞争程度更加尖锐。

2. 工程项目管理模式的复杂化发展

　　工程项目的大型化、复杂化必然会促进项目管理模式的变革与发展。随着工程项目承包市场竞争日趋激烈、风险加大、利润下降,为了追求更高的经济效益,国际上很多大型承包商已经从单纯的承包商角色向开发商角色转变,从项目承包转向投资或带资承包,并将主要投资集中在项目运作等高端产业链。EPC、PMC、BOT、DDB、DBFM、PDBFM、PPP/PFI 等带资承包模式,CM 等特许融资、咨询、建设、运营与技术承包一揽子式的新兴承包模式和承包业务迅速发展,将成为国际大型工程广为采用的项目管理模式。

3. 工程项目管理的信息化发展

　　随着知识经济时代的到来,工程项目管理信息化将成为提高项目管理水平的重要手段和必然趋势。信息技术与网络技术已经成为工程项目管理中极其重要的组成部分,信息技术使工程项目管理的效益大大提高,并促进了工程项目管理的标准化和规范化;网络技术实现了工程项目管理的信息交流、网络化与虚拟化,促进了工程项目管理水平的提高和研究的深入。随着信息技术与网络技术的快速发展更新,必将给工程项目管理带来更多新的发展思路与特点。

4．工程项目管理的专业化发展

现代工程项目应用技术复杂、涉及领域宽、范围广,需要更专业、更科学的管理,很多专业化的项目管理公司或组织,包括:工程项目管理公司、工程咨询公司、工程监理公司、工程设计公司等应运而生,专门承接工程项目管理工作,提供全过程的专业化咨询和管理服务。另外,现代工程项目管理人才需要更加职业化和专业化,国际工程项目管理组织推行的项目管理认证在全球越来越普及,比如:PMI 推行的 PMP(Project Management Professional)、IPMA 推行的 IPMP(International Project Management Professional)等。国内,工程项目领域的职业项目经理、项目咨询师、监理工程师、造价工程师、建造师,以及土木工程师、建筑师、结构工程师的出现,都是工程项目管理人才专业化发展的体现。

5．工程项目管理的集成化发展

工程项目管理的集成化是指运用集成理论与系统工程的方法、模型、工具,对工程项目相关资源进行系统整合,达到工程项目目标,并实现投资效益的最大化。工程项目管理的集成化主要体现在工程项目全寿命周期的集成管理,也就是将项目决策阶段的开发管理、实施阶段的项目管理和使用阶段的设施管理集成为一个完整的项目全寿命周期管理系统,实行统一管理。此外,工程项目管理的集成化还包括项目工期、造价、质量、安全、环境等要素的集成管理,即项目组织管理体系的一体化。工程项目管理集成化对提高项目管理公司或项目承包公司的核心竞争力具有重要意义。

6．工程项目管理的健康和绿色化发展

随着可持续发展的理念深入人心,世界各国对合理利用自然资源和保护生态环境的呼声越来越高,工程项目的健康和绿色化已经成为学界与业界共同关注的问题。"绿色"、"低碳"、"循环经济"的思想已经被工程建设领域所接受,融入到工程项目的规划、设计、施工与运营中。工程项目各参与方对每一个项目都应该进行认真的研究、评判和决策,贯彻节约资源、"零污染"、"零排放"的方针,实现项目经济效益、社会效益和生态环境效益的最佳结合。

第 2 章

土木工程项目管理概论

教学要点和学习指导

本章叙述了项目、工程项目、土木工程项目的不同概念和对应的基本管理知识;组织学的基本原理及土木工程项目的基本组织结构——项目经理部;土木工程项目关联系统、建设程序、生命周期及管理类型;详细介绍了国际上主要的、成熟的土木工程项目管理模式及其优缺点,以及我国土木建筑工程领域的施工承发包模式。

本章所涉及的具体概念比较多,但不难掌握。在学习中,难点是要理解土木工程项目管理作为管理的一个分支,与一般管理及项目管理的联系和区别;对土木工程项目管理的不同模式及我国土木工程施工的承发包模式,应掌握它们各自不同的特点和适用范围。通过本章的学习,可以对土木工程项目管理的主要内容及本书框架有一个大致了解,有利于今后具体章节的学习。

2.1 概述

2.1.1 项目及其特征

1. 项目

不同国家、不同组织、不同时期对"项目"有着不同的定义表述。

美国的质量管理之父 Joseph M. Juran 博士 1989 年提出:一个项目就是一个计划要解决的问题。

美国项目管理协会(PMI)提出:项目是为了创造某一独特的产品、服务或结果而进行的一次性努力。

英国项目管理协会(Association of Project Management,APM)提出:项目是为了在规定的时间、费用和性能参数下满足特定的目标而由一个个人或组织所进行的具有规定的开始和结束日期、相互协调的独特的活动集合。该定义于 1997 年被国际标准化组织(ISO)制定的 ISO10006 所采用。

德国标准化学会(Deutsches Institut für Normung,DIN)提出:项目是指在总体上符合如下条件的唯一性任务:具有预定目标,具有时间、财务、人力和其他限制条件,具有专门的组织。

世界银行在"Investing In Development：Lessons Of World Bank Experience"等著作中指出：项目是一次性的投资方案或执行方案，是一个系统的有机整体，是一种规范化、系统化的管理方法，有明确的起点和终点，有明确的目标。

中国项目管理知识体系(Chinese-Project Management Body of Knowledge，C-PMBOK)提出：项目是创造独特产品、服务或其他成果的一次性工作任务。

综合有关项目定义的各种表述，我们认为：项目作为管理对象，是在一定约束条件(时间、资源、质量标准等)下完成的，具有明确目标的一次性任务。

2．项目的基本特征

根据项目的定义，项目具有以下主要特征。

(1) 一次性。任何项目都是一次性的任务，具有明确的起点和终点，一旦目标实现，项目即告结束。项目的一次性体现为：项目是一次性的成本中心，项目经理是一次性得到授权的管理者，项目管理组织是一次性的组织，项目作业层由一次性的劳务构成等。

(2) 独特性。即唯一性，每个项目都有其独特的成果和活动过程，有其区别于其他项目的特殊要求，没有两个项目是完全相同的。例如，近年来，我国公路基础设施建设飞速发展，但每条公路由于其独特的地理位置、自然环境及社会和经济条件，在建设投资、图纸设计、工期、质量、施工方案等方面都体现出唯一性。

(3) 多目标约束性。项目的目标主要包括成果性目标和约束性目标。成果性目标，即项目的最终目标，它是由一系列技术指标规定的项目全过程的主导性目标，同时受多重约束性目标的制约；约束性目标，即项目执行过程中必须遵循的限制性条件，比如项目工期、成本、质量等具体的、可量化、可检查的目标。项目的多个目标之间可以相互协调，也可能相互制约，在项目执行过程中必须注意各目标之间的平衡，以实现系统目标的最优化，如图 2-1 所示。

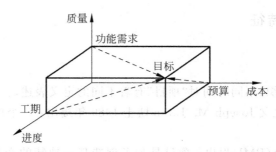

图 2-1　项目的多目标属性示意图

(4) 生命周期性。项目的唯一性和一次性决定了每个项目都会经历启动、开发、实施、结束四个阶段，这个过程称为"生命周期"。每个项目都有其特定的程序，从管理的角度出发，按照时间维度，把项目的生命周期分成若干阶段，就可以有效地对项目实施科学的管理。

(5) 整体性和相互依赖性。项目是由若干相互关联、相互依赖的子过程组成的有机整体。一个项目要取得预期的目标，决策上要准确无误，设计上要技术可行、经济合理，实施阶段要工期短、造价低、质量符合预定标准，运营期要效益好、寿命长。所以，项目在执行过程中必须既要考虑项目的整体性，又要考虑项目各阶段各环节的相互影响和相互依赖性。

（6）组织的临时性和开放性。项目进展过程中，项目团队的人数、成员、职责都在不断地发生变化，而项目终结时团队将解散，人员要转移。参与项目的组织往往有多个，甚至几十个或更多。他们通过协议或合同以及其他的社会关系结合到一起，在项目的不同时段以不同的形式介入项目活动。所以，项目组织没有严格的边界，具有临时性和开放性。

2.1.2　项目管理

1. 项目管理的概念

项目管理就是以项目为对象的系统管理方法，通过一个临时性的专门的柔性组织，对项目进行高效率的计划、组织、指挥、协调和控制，以实现项目全过程的动态管理和项目目标的综合协调与优化。

所谓项目全过程的动态管理和项目目标的综合协调与优化是指在项目的生命周期内，不断进行资源的配置和协调，不断做出科学决策，综合协调好时间、费用、质量及功能等约束性目标，使项目执行的全过程处于最佳的运行状态，以最优效果实现项目的成果性目标。

"项目管理"主要包含两种不同的含义：一是指一种管理活动，即一种有意识地按照项目的特点和规律，对项目进行组织管理的活动；二是指一种管理学科，即以项目管理活动为研究对象的一门学科，是探求项目活动科学组织管理的理论与方法。此外，"项目管理"有时也指一种管理方法，或者一种组织方式。

2. 项目管理的基本职能

项目管理作为管理学的重要分支，具有以下主要职能：

（1）计划职能。决定项目的实施步骤、搭接关系、资源配置、起止时间、持续时间、中间目标、最终目标及相应措施，使整个项目按计划有序地进行。它是目标控制的依据和方向。

（2）组织职能。为进行项目管理而进行的项目组织机构的建立、组织运行与组织调整等组织活动，通过这些活动，项目管理者才能更加有效地利用资源，协调各种作业（管理）活动。项目组织是实现项目计划、完成项目目标的必要条件。

（3）指挥职能。指挥是管理的重要职能，计划、组织、控制、协调等都需要强有力的指挥。项目管理组织核心（比如项目经理）要充分发挥其指挥职能，集中分散的信息，归纳过滤变成指挥意图，进而统一管理者的步调，指导管理者的行动。

（4）控制职能。项目实施过程中，受各种因素的影响，偏离目标的现象时有发生，随时搜集信息并与计划进行比较，找出并纠正偏差是控制的主要任务。控制职能就是通过控制机制，根据项目实施中的实际状况及时做出判断并进行调整，以实现项目目标。

（5）协调职能。是指管理者依据项目计划和总体目标，运用适当的方法，在控制的过程中疏通关系、解决矛盾、排除障碍，促进项目正常运转和各方面平衡发展的一种管理职能。它是控制职能充分发挥作用的基础和保障。

除了上述职能外，项目管理还具有策划、决策、激励、监督、评价等职能。

3. 项目管理的特点

项目管理不同于企业管理和其他管理学科，有其自身的特点。

（1）项目的一次性、独特性决定了每个项目都有其特定的目标，而项目管理的内容和方法要针对这些目标而制定，因此每个项目都有其独特的管理模式、程序和步骤。

（2）项目往往由多个部分组成，需要运用多种学科与技术知识体系协同管理；项目管理通常很少甚至没有经验可以借鉴，执行中有许多未知因素，每个因素又有太多不确定性；项目管理需要将具有不同经历、不同组织的人员有机地组织在一个临时性的组织内，在技术性能、成本、进度、质量等严格的约束条件下实现项目目标。这些因素都决定了项目管理是一项非常复杂的工作，而其复杂性与其他管理学科有着很大不同。

（3）项目组织是为项目管理服务的，由于项目是一次性的，项目终结时，组织的使命也就完成了，因此项目组织具有临时性；为了保障项目组织的高效、经济运转，项目生命周期各个阶段需要适时地调整组织的配置，因此项目组织打破了传统的固定建制的组织形式，具有柔性；另外，项目管理是一个综合管理过程，因此其组织结构的设计必须充分考虑项目各部分间的协调与控制。

（4）项目管理具有较大的责任和风险，实施以项目经理（或项目负责人）为核心的管理体制。项目经理在项目管理中起着至关重要的作用，被授予很大的权力，包括：计划、资源分配、协调和控制等。

（5）项目实施过程中，要实行动态地管理和控制，阶段性地检查实际目标和计划目标的差异，不断采取措施，纠正偏差，以保证项目最终目标的实现。

（6）现代项目管理的方法、工具和手段具有先进性、科学性。例如：采用网络图编制项目进度计划，采用目标管理、全面质量管理、价值工程、技术经济分析等先进理论和方法控制项目总目标，采用先进高效的管理手段和工具，使用计算机技术进行项目信息处理等。

2.1.3 工程项目与工程项目管理

1. 工程项目

工程项目是作为被管理对象的一次性工程建设任务。它以建筑物或构筑物为目标产出物，需要支付一定的费用、按照一定的程序、在规定的时间内完成，并应符合规定的质量要求。工程项目是项目中最重要、最典型的类型之一，可分解为单项工程、单位工程、分部工程和分项工程。

（1）单项工程。是指具有独立的设计文件，能够独立组织施工和竣工验收，投产后可以独立发挥生产能力或效益的工程。一个工程项目可以包括若干个单项工程，比如一个新建的工厂，其中生产车间、宿舍、食堂、俱乐部等都是单项工程。有些比较简单的工程项目本身就是一个单项工程，比如只有一个车间的小型工厂。

（2）单位工程。是指竣工后不可以独立发挥生产能力或效益，但具有独立设计，能够独立组织施工的工程，是单项工程的组成部分。比如生产车间这个单项工程是由厂房建筑工程和机械设备安装工程等单位工程所组成的。另外，建筑工程还可以细分为一般土建工程、水暖卫工程、电器照明工程和工业管道工程等单位工程。

（3）分部工程。是建筑工程和安装工程的各个组成部分，按建筑工程的主要部位或工程种类，以及安装工程的种类划分，也就是对单位工程的进一步分解。一般建筑工程可划分为地基与基础工程、主体工程、地面与楼面工程、门窗工程、装饰工程、屋面工程等，而建筑设备安装工程由建筑采暖工程与煤气工程、建筑电气安装工程、通风与空调工程、电梯安装工程等组成。

（4）分项工程。是按照不同的施工方法、材料和规格等，对分部工程的进一步划分。例如，预制楼板工程可分为平板、空心板、槽型板等分项工程；砖墙分部工程可分为眠墙（实心墙）、空心墙、内墙、外墙、一砖厚墙、一砖半厚墙等分项工程。分项工程是工程项目生产活动的基础，是计量用工、用料和机械台班消耗的基本单元，也是工程质量形成的直接过程。

2. 工程项目分类

工程项目种类繁多，根据不同的划分标准，工程项目可分为不同的类型。

（1）按性质分类。可分为新建项目、扩建项目、改建项目、恢复项目和迁建项目。

（2）按专业分类。可分为建筑工程项目、公路工程项目、水利工程项目、桥梁工程项目、线路管道安装工程项目、装修工程项目等。

（3）按用途分类。可分为生产性工程项目和非生产性工程项目。

（4）按投资主体分类。可分为政府投资项目、企业投资项目、外商投资项目、私人投资项目和各类投资主体联合投资项目等。

（5）按行业性质和特点分类。可分为竞争性项目、基础性项目、公益性项目。

（6）按工程规模分类。可分为大型项目、中型项目、小型项目，以《基本建设项目大中小型划分标准》等为依据，随行业、部门不同而不同。

① 工业建设项目按设计生产能力划分（见表 2-1）。

表 2-1　工业项目划分标准示例表

项　　　目	单　　位	大　　型	中　　型	小　　型
钢铁联合企业设计生产能力	10^4 t	$a \geqslant 100$	$10 \leqslant a < 100$	$a < 10$
煤炭矿区设计生产能力	10^4 t	$a \geqslant 500$	$200 \leqslant a < 500$	$a < 200$
电站设计装机容量	MW	$a \geqslant 250$	$25 \leqslant a < 250$	$a < 25$
玻璃纤维厂设计生产能力	t	$a \geqslant 5000$	$1000 \leqslant a < 5000$	$a < 1000$
棉纺织厂棉纱锭设计生产能力	万枚	$a \geqslant 10$	$5 \leqslant a < 10$	$a < 5$

注：a—年生产能力。

② 非工业建设项目不分大型与中型，统称为大中型项目，例如：库容 1 亿 m^3 以上的水库，长度 1000m 以上的独立公路大桥，年吞吐量 100 万 t 以上的新建、扩建沿海港口，总投资 2000 万元以上的新建、改建民航机场，3000 名学员以上的新建高等院校等均属大中型项目。

此外，工程项目还可以按照工程隶属关系、工程建设阶段、工程管理主体等进行分类。

3. 工程项目的特征

工程项目除了具备项目的基本特征外，还具有以下的特征。

（1）工程项目的综合性和复杂性。工程项目建设经历的环节多，涉及的部门与关系复杂，不仅涉及规划、设计、施工、供电、供水、电信、交通、教育、卫生、消防、环境和园林等部门，另外，工程项目必须与本国、本地区方方面面发展相协调，脱离了国情、区情，发展速度过快或过缓,规模过大或过小都会给社会及经济发展带来不良影响。

(2)工程项目的整体性。一个工程项目往往由多个单项工程和单位工程所组成,彼此之间紧密相关,必须按照总体设计建设,组合到一起才能发挥工程项目的整体功能。

(3)产品的地域性与生产要素的流动性。工程项目是不可移动的,因此投资建设和效益的发挥具有强烈的地域性。项目决策、可行性研究和设计阶段,必须充分研究项目所在地区的各种影响因素和制约条件,同时要考虑项目对当地的社会经济、环境等各方面的影响。工程的地域性(固定性)也就决定了建设生产要素的流动性。

(4)项目实施的时序性。工程项目涉及面广,经济、生产活动复杂,实施过程具有严格的操作程序。从项目的可行性研究到土地的获取、从资金的融通到项目的实施以及后期的运营等,虽然头绪繁多,但先后有序。所以,工程项目的实施必须要有周密的计划,使各个环节紧密衔接,协调进行,以缩短周期,降低风险。

(5)工程项目的风险性。与一般项目相比,工程项目投资额巨大、建设周期长、涉及面广,建设过程不确定性因素多、变化复杂;而且,工程项目建设具有不可逆转性,否则将造成巨大的损失。因此,工程项目建设是一项高风险的投资行为,且风险日趋增大。

(6)另外,现代工程建设项目还具有:建设规模日趋庞大,组成结构日益复杂化、多样化,新知识、新工艺、新技术密集性,资金密集性,环境相关性日趋密切,商务纠纷烦琐等特征。

4.工程项目管理

工程项目管理是以建设项目为对象,依据项目规定的质量标准、预定时限、投资总额以及资源环境等条件,用系统工程的理论、观点和方法,为实现工程项目目标所进行的有效决策、计划、组织、协调和控制等科学管理活动。

一个工程项目往往由许多参与单位承担不同的建设任务,而参与单位的工作性质、工作任务和利益不同,因此就形成了不同类型的项目管理。项目管理主要涉及业主、勘察单位、设计单位、咨询(监理)单位、材料和设备供应商、施工承包人以及政府部门等各方的项目管理,各参与方从不同角度参与到项目的时间/进度管理、费用管理、质量管理、人力资源管理、风险管理、项目沟通与信息管理、采购/合同管理等各个方面。

2.2 组织学概论

2.2.1 组织的基本原理

1.组织的概念

"组织"有两层含义。第一层含义是指组织机构,即按一定的领导体制、部门设置、层次划分、职责分工等构成的有机整体,它有三个特点:目标是组织存在的前提和基础,组织必须有分工和协作,组织要有不同层次的权力和责任制度;第二层含义是指组织行为,也就是通过一定的权力和影响力,为达到预期目标,对所需要的资源进行合理的配置。管理学中的组织是上述两层含义的有机结合和共同作用。

2．项目组织及其职能

项目组织是在项目生命周期内，为完成特定的任务而临时组建的，从事具体工作的组织。即项目由目标产生工作任务，由工作任务决定承担者，由承担者形成组织。项目组织的主要职能也就是项目管理的基本职能：计划、组织、指挥、协调、控制等职能。

3．项目组织的建立

如图 2-2 所示，建立项目组织应遵循以下步骤。

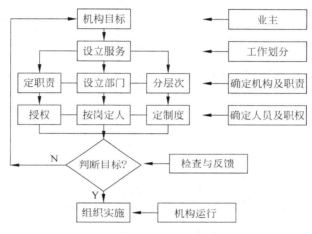

图 2-2　项目组织机构设置程序图

（1）根据项目建设目标，详细罗列所要进行的工作内容；
（2）根据项目的规模、性质、工期、复杂性以及参与单位与人员的数量和素质等，对工作内容进行适当的归并组合；
（3）确定项目组织层次，绘制组织结构图，设立工作机构与部门；
（4）配置工作岗位及人员；
（5）制定岗位职责、工作流程和信息流程，规定各类人员的工作职权和考核要求等。

2.2.2　项目的组织结构形式

项目的组织结构有很多种，按照国际通行的分类方式，主要包括：职能型、项目型、矩阵型等结构形式。

1．职能型组织结构

职能型组织结构是由按职能划分的工作部门所组成的层次性管理结构，如图 2-3 所示。当采用职能型组织结构进行项目管理时，项目的管理班子并不作明确的组织界定，各职能部门分别承担项目的部分工作，部门负责人具体安排本部门内部人员，完成相应任务，职能部门之间的项目事务和问题由各个职能部门负责人处理和协调。

职能型组织结构有两种表现形式。一种是项目团队成员来自于不同的职能部门，如图 2-3(a)所示；另一种形式主要针对一些小型的、专业性较强的项目，根据项目专业特点，直接将项目安排给某一职能部门,项目团队成员均来自于该部门,如图 2-3(b)所示,这种形式在各咨询公司中较为常见。

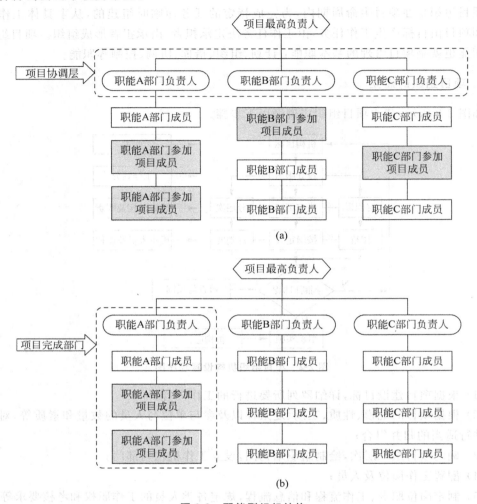

(a)

(b)

图 2-3 职能型组织结构

职能型组织结构的优点:①组织结构层次清晰,职责分工明确,有利于强化专业管理;②既有利于项目团队成员发挥专业特长,又有利于同部门成员钻研技术业务、交流经验;③人员使用灵活,易于控制,当某成员离开项目时,其所在部门可重新补充人员,保证工作的持续性,而技术专家可同时参与不同的项目;④充分利用企业内部资源,保证不同工程项目管理的同时性、连续性。

缺点:①项目团队成员来自于不同的职能部门,成员间横向联系少、交流沟通困难;②对于参与多个项目的职能部门或成员,不可能把每个项目和客户的利益都视为工作的焦点;③组织高层负责人负担较重,对职责不明的工作,容易造成协调困难和局面混乱;④由于项目和客户之间存在多个管理层次,容易造成对客户需求反应迟缓和失真;⑤项目团队成员通常是兼职的,不利于调动积极性,也不利于全面型精英管理人才的培养。

2．项目型组织结构

项目型组织结构系统中的部门全部是按照项目进行设置的,是一种单目标的垂直组织形式。如图 2-4 所示,每个项目实施组织有明确的项目经理,负责整个项目的实施和资源运作。项目组织间相对独立,成员按项目进行配置,受项目经理领导,项目经理和大部分成员是专职的项目工作人员。另外,项目型组织结构按项目需要规划资源,即每个项目有完成项目任务所必需的所有资源。

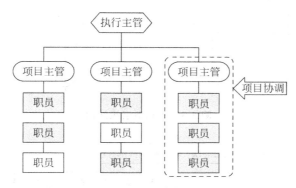

图 2-4　项目型组织结构

项目型组织结构的优点:①项目型组织基于具体项目组建,组织目标明确,组织结构简单灵活;②项目经理对项目全权负责,享有较大的自主权,便于统一指挥,也有利于项目决策、进度、成本、质量等方面的控制与协调;③项目成员通常是项目专职人员,可以集中精力完成本职工作,对客户需求和项目管理决策响应速度快;④每位成员直接对项目经理负责,沟通渠道通畅,避免了多重领导;⑤项目实施涉及计划、组织、协调、指挥与控制等多种管理职能,有利于成员间的交流学习,也有利于全面型管理人才的成长。

缺点:①项目型组织按项目需要建立自己的职能部门并规划资源,易于造成机构的重复设置和资源的闲置、浪费;②项目组之间、项目团队成员与上级主管部门之间沟通困难,不利于企业实施标准化、专业化和通用化管理;③不同项目组之间缺乏技术交流与学习,不利于企业新技术和创新能力的提高;④项目型组织随项目结束而面临解体,项目成员的工作持续性得不到保障。

3．矩阵型组织结构

矩阵型组织结构是将按职能划分的部门与按工程项目设置的管理机构,依照矩阵方式有机地结合起来的一种组织结构形式,如图 2-5 所示。这种组织结构以工程项目为对象进行设置,职能部门负责人根据项目需要配置项目成员、规划资源和设备,项目执行期间由项目经理统一管理,待任务完成后回原职能部门或安排到其他工程项目。如图 2-6 所示,上海地铁一期工程指挥部采用的矩阵型组织结构。

矩阵型组织结构的优点:①矩阵型组织结构既具备了职能型和项目型组织结构的优点,又有效地避免了它们的缺点;②企业人员、资源、设备等调度灵活,能够得到合理的配置和有效的利用;③实行项目经理负责制,工程项目管理目标明确,组织成员工作任务具体;

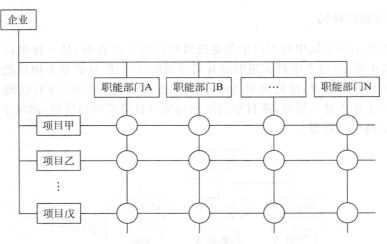

图 2-5　矩阵型组织结构

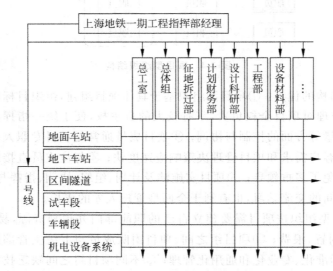

图 2-6　上海地铁一期工程指挥部矩阵型组织结构

④增强不同职能部门之间的交流与合作,提高工作效率与反应速度;⑤项目结束后,团队成员下一步工作由原属职能部门安排,无后顾之忧。

缺点:项目成员受项目经理和职能部门负责人的双重领导,违背"命令统一原则",这是矩阵型组织结构的先天缺陷;另外,二者可能在项目人员分配、工作优先次序,甚至工程技术方案、项目变化应对等方面容易产生矛盾冲突与权力斗争,进而影响项目正常运行。

2.2.3　土木工程项目经理部

1. 项目经理部的建立

项目经理部是土木工程项目组织的管理机构,由项目经理领导,受上级主管部门指导、监督、检查、服务和考核,负责对项目资源进行合理使用和全面动态管理;项目经理部应在项目启动前建立,在项目竣工验收、审计完成后或按合同约定解体。

建立项目经理部要遵循以下原则。

(1) 根据土木工程项目组织结构形式设置项目经理部。因为不同的项目组织形式对项目经理部的管理权力与职责提出了不同要求,提供了不同的管理环境。

(2) 根据土木工程项目的规模、复杂程度和专业特点设置项目经理部。例如,大型项目经理部应设置职能部、处,小型项目经理部一般只需设置职能人员;如果项目的专业性比较强,可以设置具有专业特点的职能部门。

(3) 项目经理部是一个弹性的一次性管理组织,不能设置成一个固定机构,而是根据土木工程项目的需要,由企业进行优化组合和动态设置;人员配置应面向工程,满足现场的计划与调度、技术与质量、成本与核算、劳务与物资、安全与文明施工的需要。

(4) 项目经理部成立以后,应建立有益于项目经理部正常运转的各项工作制度、考核与奖惩制度;根据工程项目管理目标责任书进行目标分解与责任划分,确定项目经理部各职能部门及人员的职责、分工和权限。

2. 土木工程项目经理部的机构设置与职责

不同的工程项目因其不同的性质、规模、结构、复杂程度、专业特点、人员素质和地域范围,以及不同的项目组织结构形式,往往设置有不同的项目经理部。下面以土木工程施工项目经理部为例,对其机构设置与职责进行简要介绍。

土木工程施工项目经理部的主要任务是:按照项目施工合同及内部经济承包责任书要求,精心组织,科学管理,开拓经营,排除障碍,确保项目工期、安全、质量、成本控制、经济效益、上缴款等各项目标的全面实现。通常主要应具有以下六类职能岗位设置。

1) 项目经理

项目经理部设置项目经理 1 人,特级、一级工程项目可考虑配备项目副经理 1~2 人。

项目经理是项目经理部的最高负责人,居于项目管理组织的中心。项目经理以所属企业与建设单位签署的工程承包合同,以及项目经理部与所属企业签署的项目承包责任书(或项目承包合同)为行使职能的依据,以工程对象为管理目标,以合同所规定的最终产品的全面达标和所属企业经济效益的取得为管理目的。项目经理的主要职责包括:

(1) 贯彻执行国家、行政主管部门有关法律、法规、政策和标准,执行企业的各项管理制度;

(2) 经授权组建项目经理部,确定项目经理部的组织机构,选择聘用管理人员,根据质量/环境/职业健康安全管理体系要求确定管理人员职责,并定期进行考核、评价和奖惩;

(3) 贯彻落实企业质量/环境/职业健康安全方针和总体目标,主持制定项目质量/环境/职业健康安全管理目标;

(4) 负责对项目实施全过程、全面管理,组织制定项目经理部的各项管理制度;

(5) 严格履行企业与建设单位签订的工程承包合同,以及项目经理部与企业签订的项目承包责任书,进行阶段性目标控制,确保项目目标的实现;

(6) 负责组织编制项目质量计划、项目管理实施规划或施工组织设计,组织办理工程设计变更、概预算调整、索赔等有关基础工作,配合企业做好验工计价工作;

(7) 负责对施工项目的人力、材料、机械设备、资金、技术、信息等生产要素进行优化配

置和动态管理,积极推广和应用新技术、新工艺、新材料;

(8) 严格财务制度,建立成本控制体系,加强成本管理,搞好经济分析与核算;

(9) 积极开展市场调查,主动搜集工程建设信息,参与项目追踪、公关,进行区域性市场开发和本项目后续工程的滚动开发工作;

(10) 强化现场文明施工,及时发现和妥善处理突发性事件;

(11) 做好项目参与人员的思想政治工作;

(12) 协助企业完成项目的检查、鉴定和评奖申报工作;

(13) 负责协调处理工程项目组织内部与外部各方面的关系和事项;

(14) 完成上级领导交办的其他工作。

2) 项目总工程师

项目总工程师由具有一定实践经验和理论知识的工程技术人员担任,是项目经理的主要助手之一,在项目经理的领导下对项目技术、质量管理等行使下列职责:

(1) 在项目管理总体方案制约下,编制施工组织设计;

(2) 征求、筛选、制定多目标综合优化的施工技术方案和工艺措施;

(3) 在项目经理授权下,建立项目质量保证体系,落实质量责任制;

(4) 对工程施工过程进行全面监控,组织、主持质量检查、复核和自我验收;

(5) 作出质量奖惩建议;

(6) 对安全生产给予技术指导。

3) 技术管理人员

技术管理人员应履行项目技术、质量、安全等岗位的多项职责,包括:

(1) 为不同工序生产人员和生产过程提供必要的图纸资料,并给予有效技术指导;进行工序、分部、分项及最终产品的技术复核与检查;

(2) 根据项目质量保证体系的要求,负责指导、检查、监督、纠正、控制现场一切与产品质量有关的因素,保证工序与产品的一次合格;

(3) 建立项目安全管理制度,检查、监督、纠正、控制安全设施、安全技术措施,以及生产人员的安全状态;

(4) 维持机械设备在施工过程中良好的技术状态和使用效率。

4) 经济管理人员

经济管理人员是项目多种经济类职能岗位管理人员的总称,人数按项目规模与条件设定,主要职责包括:

(1) 编制项目预算、决算(包括项目实施过程中的变动性预算、决算);

(2) 外包劳动力、委托外加工等的洽谈及合同管理、费用审核与支付控制;

(3) 分析、预测工程项目总成本及阶段成本,并提出措施建议;

(4) 催收工程款并落实到位;

(5) 项目实施过程中各种统计核算,及经济类台账报表的记载、分析与上报;

(6) 工程其他费用的审核与支付控制。

5) 料具管理人员

料具管理人员的职责主要涉及构成最终产品的生产资料方面,包括:

(1) 根据项目施工预算编制并落实主要建材、周转设备、工具、成品、半成品构件的总量

计划及分阶段用料计划,负责与料具供应单位洽谈委托供应合同,合同签署后负责落实;

（2）对项目使用的所有生产资料进行数量、质量的验收,发现问题及时向项目负责人报告,提出解决方案,并进行必要的交涉与索赔;

（3）对委托加工的成品、半成品构件等进行过程延伸监控;

（4）对项目施工过程中的材料进行消耗管理、计量、试验、统计核算等,记入相应台账并进行必要的分析;

（5）按现场平面布置对各类材料开展定置管理,进行批量控制,保证现场面貌的整洁、文明、有序和高效。

6）总务人员

总务人员的主要职责是保证项目组织管理的正常状态及项目施工秩序,具体包括:

（1）项目所涉及的所有往来文件、信函、会议纪要、合同等资料的收集、保管、分析、整理、流转及归档;

（2）处理有助于促进工程项目管理的公共关系问题;

（3）维护现场后勤保障系统的正常运行;

（4）现场场容管理的组织、协调与监督。

2.2.4　项目经理

1. 项目经理的设置

从职业角度,项目经理是企业为全面提高项目管理水平,以项目经理责任制为核心,按质量、安全、进度、成本等管理责任保证体系设立的重要管理岗位。在我国,项目经理是企业法人代表在工程项目上的全权委托代理人,对内是项目实施全过程的总负责人,对外可以作为企业法人代表,在授权范围内处理项目相关事务。项目经理是项目实施的最高组织者和责任者,是项目经理部的灵魂,是决定项目成功与否的关键人物。

项目经理制自 1941 年在美国产生以来,在西方发达国家得到广泛推广。1983 年,我国原国家"计划经济委员会"颁发了《关于建立健全前期工程项目经理的规定（草案）》,提出建立项目经理负责制,并首先在建筑工程项目中试行,这是加强我国项目管理的一项有力的组织措施。项目经理在工程项目管理系统中的作用日益受到重视。

土木工程项目经理主要包括业主方项目经理、咨询监理单位项目经理、设计单位项目经理和施工单位项目经理。业主方项目经理是项目法人委派的领导和组织一个完整工程项目建设的总负责人。咨询监理单位项目经理是由受业主委托,代业主进行工程项目管理的咨询监理单位派出的项目管理总负责人,即总监理工程师。设计单位项目经理是指由设计单位领导和组织的工程项目设计的总负责人。施工单位项目经理是指受施工企业法定代表人委托的对工程项目施工全过程进行管理的总负责人。

2. 项目经理的能力和素质要求

项目经理所具有的能力和素质对工程项目目标的实现至关重要。

（1）丰富的工程项目管理经历和经验,是项目经理必备的能力要求。工程项目管理实践性很强,长期的项目管理工作能提高项目经理和管理人员的判断能力、思维能力、随机应变能力等综合能力。因此,许多企业在选择项目经理时将工程项目管理经历和经验作为一项重要依据,许多行业协会和组织也将项目管理经历作为项目经理注册认证、升级考核的必要条件。

(2)领导能力,是项目成功的重要前提条件之一。项目经理的领导能力包括:善于对项目进行领导和指导;善于解决和处理问题;善于发掘、启用、培养新人;善于激励团队成员;善于使成员相处融洽、工作齐心协力;善于将集体与个人决策相结合;善于沟通交流、解决人事纠纷;善于代表项目团队与外界打交道;善于平衡经济与人力资源之间的矛盾。

(3)业务技术能力。项目经理应具有所管理项目涉及的相关技术、技能和专业知识,并具有管理、经济、法律等方面的知识储备。土木工程项目经理需要具备的业务知识与技能包括:①工业与民用建筑、道路与桥梁、水利、电力、港口等方面的专业知识与技能;②工程经济、技术经济、金融学、市场营销、概预算、造价等方面的经济知识;③建筑法、招标投标法、经济法、合同法等方面的法律知识;④企业管理、项目管理、工程管理、管理心理学等方面的管理知识,以及现代管理方法和技术手段,如:决策技术、网络计划技术、系统工程、价值工程、目标管理和看板管理等;⑤计算机应用能力,如:建筑制图、文字处理、数据库等。

(4)管理能力。项目经理应具备的管理能力包括以下内容。

① 计划能力。计划作为项目管理的一项职能,贯穿于整个工程项目,并随着项目的实施不断地细化和具体化,同时又要不断地修改和调整,形成一个前后相继的体系。项目经理要对整个项目进行统一管理,就必须制定出切实可行的计划,各项工作才能有条不紊地进行。也就是说项目经理对工程项目必须具有全盘考虑、统一计划的能力。

② 组织能力。是指设计团队的组织结构,配备团队成员以及确定团队工作规范的能力。项目中标后,项目经理就必须对项目进行统一的组织,比如研究项目工作内容、确定组织目标、设计组织结构、配置职能岗位及人员、制定岗位职责标准、工作流程、信息流程及考核标准等。项目实施过程中,项目经理又必须对项目的各个环节进行统一的组织,使项目按既定的计划进行。

③ 目标定位能力。工程项目目标很多,其中最核心的是质量目标、工期目标和投资目标。项目经理必须具有对三大目标进行准确、合理定位的能力,使项目管理工作围绕三大目标开展,以实现工程项目总目标。

④ 授权能力。确定不同组织成员在项目中的岗位职责,在职责范围内给予其决策、组织和管理的权力。授权可以使项目经理从日常琐事中脱身,全力处理全局性、战略性问题;同时也是充分利用项目人才资源,提高决策速度及科学性的有效措施。授权应阐明所授权力的内容、时间、目标及成果要求,并应建立适当的控制机制确保授权在正确的范围内运行。但授权不等于下放责任,项目经理仍须对整个项目负责。

⑤ 项目管理的整体意识。项目是一个错综复杂的整体,它可能含有多个单位工程、分部工程、分项工程,如果项目经理对项目没有整体意识,势必会顾此失彼。

(5)处理矛盾冲突的能力。纠纷、冲突和矛盾在工程项目中不可避免,当其对项目管理功能产生危害时,会导致项目决策失误,进度延缓,并将影响到项目质量。矛盾冲突主要来自于进度、资源分配、人员分配、技术方案、行政职权、成本、成员个性,以及项目外界环境。

项目经理经常要处理项目运行过程中的各种矛盾冲突,所以应具备有效解决矛盾冲突的能力和方法,例如:运用组织行为理论建立项目团队竞争机制,提高项目参与意识,降低影响生产效率的冲突和纠纷;经常与项目各级人员有效交流、沟通,及时了解思想动态;了解矛盾冲突产生的原因和可能造成的危害,总结易产生冲突的阶段和时间,制定有效的计划和解决矛盾冲突的政策等。

(6) 其他基本素质要求:思想作风好,为人诚实可靠、正直、直率、言行一致;有高度的事业心、责任感、敬业精神;工作积极性高,有顽强的进取心和坚韧性;具有创新和发展精神;顾全大局,勇于做出决策、承担责任和风险;胸襟豁达、性格开朗、易与各种人相处;强健的身体和充沛的精力。

3. 项目经理的权力

(1) 生产指挥权。在合同的约定下,项目经理有权根据项目中人、财、物等资源变化情况进行指挥调度;在保证总目标不变的前提下,有权对施工组织设计和网络计划进行优化和调整,以保证项目经理对工程项目临时出现的各种变化应对自如。

(2) 用人决策权。项目经理有权选择、考核、聘任和解聘项目组织成员,有权对项目成员进行任职、奖惩、调配、指挥、辞退,有权在有关政策和规定的范围内选用和辞退劳务队伍等。

(3) 财务决策与支配权。项目经理拥有项目承包范围内的财务决策权。在财务制度允许的范围内,项目经理有权安排承包费用的开支;在工资基金范围内,有权决定项目成员的计酬方式、分配方法、分配原则和方案,以及推行计件工资、定额工资、岗位工资和确定奖金分配;对风险应变费用、赶工措施费用等有权行使支配权。

(4) 技术决策权。项目经理有权审查和批准重大技术措施和技术方案,必要时有权聘请咨询专家召开技术方案论证会,以防止决策失误造成重大损失。

(5) 设备、物资、材料的采购与控制权。在企业规定的范围内,项目经理有权决定机械设备的型号、数量和进场时间;对工程材料、周转工具、大中型机具的进场,按质量标准检验后,有权决定是否用于本项目;另外有权自行采购零星物资。通常企业的材料部门拥有项目主要材料的采购权,但材料部门必须保证按时、按质、按量供应材料,否则项目经理有权拒收或采取其他措施。

4. 我国土木建筑施工项目经理的执业资格

《中华人民共和国建筑法》第 14 条规定:"从事建筑活动的专业技术人员,应当依法取得相应的执业资格证书,并在执业证书许可的范围内从事建筑活动。"《国务院关于取消第二批行政审批项目和改变一批行政审批项目管理方式的决定》(国发[2003]5 号)规定:"取消建筑施工企业项目经理资质核准,由注册建造师代替,并设立过渡期",人事部、建设部依据该规定,出台了《建造师执业资格制度暂行规定》,提出对建设工程项目总承包及施工管理的专业技术人员实行建造师执业资格管理制度。规定:大、中型工程项目施工的项目经理必须由取得建造师执业资格证书的人员担任;但取得建造师执业资格证书的人员能否担任工程项目施工的项目经理,由企业自主决定。建造师是一种专业资格名称,项目经理是一个管理岗位名称,二者不能混淆。

2.3 土木工程项目管理概论

土木工程项目管理是针对土木工程建设项目运行全过程所进行的管理,包含可行性研究、勘察、设计、施工、运营等不同阶段,其中施工阶段的管理是整个土木工程项目管理的关键,管理的好坏对工程项目的质量、进度、成本、安全等将产生重要的影响。

2.3.1 土木工程项目关联系统

土木工程项目建设是一项有计划有组织的系统活动,是人的劳动和建筑材料、机具设备、构配件、施工技术方法以及工程环境条件等有机结合的过程。项目关联系统是指项目的各参与方,即项目当事人;项目实施过程中,各参与方通过合同和协议联系在一起,形成合同当事人。工程项目关联系统详见图2-7。

图2-7 工程项目关联系统图

土木工程项目参与方主要包括:

(1)业主。土木工程项目的投资人或投资人专门为项目设立的独立法人。业主是工程项目的出资人和项目权益的所有者,也称为发包人,承担项目投资的责任和风险,有权决定项目的功能策划和定位、建设与投资规模、各项总体管理目标、运作模式,以及项目的其他参与方;同时,在项目实施过程中业主必须履行应尽的责任和义务,为项目运行创造必要的条件。在中国传统的基本建设投资与建设行政管理体系中,业主也被称为"建设单位"。

业主的决策水平、行为规范,对项目建设至关重要,但业主通常不具备工程项目管理能力,需要聘请相应的咨询、监理公司代其进行项目管理。

(2)管理咨询单位。以专业知识和技能为土木工程建设项目各参与方提供技术与管理服务。现代工程建设项目的规模越来越大,技术越来越复杂,参与单位越来越多,管理目标越来越高,造成项目管理的难度越来越大,使得业主在短时间内筹组可靠有效管理机构的难度大大增加,管理的风险也随之提高,因而产生了对专业管理咨询服务的市场需求,对大型工程建设项目而言,管理咨询方已成为项目业主不可或缺的助手,承担着应由业主实施的大量管理工作。

我国实行建设项目监理制,社会监理单位依法登记注册取得工程监理资质,接受业主的委托,承接工程监理业务,为项目法人提供项目管理咨询或监理服务,实施业主方的工程项目管理。

(3) 设计单位。土木工程项目设计工作的承担者,在综合研究业主的建设意图、政府的建设法律法规、建设环境条件等的基础上,编制出用以指导项目实施的设计方案、图纸和计算分析报告等文件。设计联系着项目决策和建设施工两个阶段,具体确定了项目的建设规模、使用功能、技术标准、质量规格等总投资目标和质量目标。

(4) 施工单位。土木工程项目施工任务的承担者,通过投标竞争取得工程承包合同后,制定经济合理的施工方案,组织人力、物力和财力进行工程施工作业,在规定的工期内,全面完成质量符合合同标准的施工任务;然后通过工程定期、安全竣工验收,取得预期的经济效益。施工方是将工程项目的建设意图和目标转变成具体建筑产品的生产经营者,是项目实施过程中的主要参与者。

当前,土木工程建筑业从自身生产特点出发,推行多种模式的承发包体制,不同专业性质和不同施工能力的企业,通过承包和分包合同,结合成项目施工生产组织系统,共同承担项目的施工任务。

(5) 材料设备供应单位。为项目提供建筑材料、机械设备、构配件、工程用品等生产要素。这些生产厂家或供应商通过按时、按质、按量地为项目提供所需,获得预期的利润,其交易过程、产品质量、价格等,直接关系到项目的投资、质量和进度目标。

(6) 政府主管与质量监督机构。土木建筑工程产品具有强烈的社会性,项目实施过程中必须遵守建设工程国家法律法规、标准及规范,政府应对建设行为依法监督与管理。例如:政府主管部门应对工程项目立项、规划、设计方案进行审查批准;应派出工程质量监督站,对工程实施质量监督。

(7) 工程质量检测机构。按照我国《建设工程质量检测管理办法》,由省、自治区、直辖市建设主管部门批准的工程质量检测机构(包括专项检测机构和见证取样检测机构),按相应资质接受委托,依据国家法律、法规和工程建设强制性标准,承担工程质量检测试验工作,并出具检测试验报告,为工程质量的认定和评价、质量事故的分析和处理、质量争端的调解与仲裁等提供科学的检测依据。

(8) 研究机构。现代土木工程项目日趋复杂庞大,新技术、新工艺、新材料、新设备的运用越来越多,他们对项目成本、质量、进度等目标的实现,以及项目建成后的生产运营、社会效益等都会产生重要的影响,而这些创新技术工艺的应用,复杂难点的解决,以及项目遇到的一些规范所未涉猎的领域,都需要研究机构的大力配合与支持。

(9) 社区组织。工程项目建设需要所在地区许多部门的协作配合才能顺利进行,比如项目内部与外部的交通衔接、供电、供气、给水、排水、消防、环卫、通信等,都必须和相关的市政管理部门进行沟通和协调。此外,还必须尽量减小施工对周边居民、单位,以及过往人员、车辆等方方面面的影响,以创造良好和安全的施工环境。

(10) 代建单位。针对政府投资超过一定比例的项目,由政府投资主管部门组织,采用招标和委托方式选择专业化的项目建设机构,在投资、财政、审计、监察等部门的监督下全面负责项目的建设实施,项目建成后移交给使用单位。代建制实现了"投资、建设、管理、使用"职能的彼此分离,可以有效避免擅自扩大建设规模、提高建设标准、增加建设内容,以及"概算超估算、预算超概算、结算超预算"等问题,以提高投资效益和管理水平。

2.3.2 土木工程项目建设程序

工程项目建设程序是指一个建设项目从构思、立项决策到项目建成、投产使用整个过程各个阶段的工作内容,以及各项工作之间必须遵循的先后顺序和相互关系,反映了建设工作的客观规律,严格遵循和坚持按照建设程序办事是提高工程建设效率和效益的必要保证。

国外的工程项目建设程序大致可以分为四个阶段:项目策划决策阶段,项目准备(组织、计划、设计)阶段,项目实施阶段,项目竣工验收与总结阶段。

我国土木工程项目的建设过程大体上分为投资决策和建设实施两个阶段。如图 2-8 所示,项目投资决策阶段的主要工作是编制项目建议书,进行可行性研究,完成项目立项和决策工作;建设实施阶段的主要工作包括工程设计、工程招投标、建设准备、工程施工与设备安装、生产准备、竣工验收及交付使用。

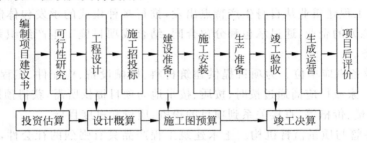

图 2-8 我国土木工程项目建设程序及其关系

1. 编制项目建议书阶段

项目建议书是项目筹建单位根据国民经济和社会发展的长期目标,部门、行业和地区规划,国家的经济政策和产业结构,以及企业的经营战略目标,结合地区、企业的资源状况和物质条件,向政府主管部门呈报的建设某一具体工程项目的建议文件。项目建议书主要论证项目建设的必要性和可行性,对拟建项目提出的框架性的总体设想,供项目审批部门审批决策。

项目建议书的主要内容包括:①项目概况:项目的名称、投资方、生产经营概况、法人代表、主管单位等;②项目建设的目的、必要性、可行性和依据;③项目产品的市场分析;④项目建设内容、建设规模、初步选址;⑤生产技术和主要设备及主要技术经济指标;⑥资源、交通运输以及其他建设条件和协作关系的初步分析;⑦投资估算,需要投入的固定资金和流动资金;⑧投资方式、资金筹措方式及偿还能力预计;⑨项目建设进度的初步设想;⑩项目投资的经济效益和社会效益初步估计。

国外建设项目在此阶段主要开展初步可行性研究,大体相当于项目建议书的深度要求。

项目建议书经批准后,称为"立项",立项仅仅说明一个项目有投资的必要性,但尚需进一步开展研究论证。

2. 可行性研究阶段

项目建议书批准后,应着手进行可行性研究。可行性研究是在投资决策前,对土木工程建设项目技术上的先进性、经济上的合理性、实施上的可行性,以及潜在的环境影响、工程抗风险能力、社会效益和经济效益等多方面进行科学的分析、评价与论证,为项目投资决策提供依据。可行性研究的主要任务是通过多方案比较,提出评价意见,推荐最佳方案;其内容可概括为市场研究、技术研究、经济分析研究和组织实施研究;其成果为可行性研究报告,该报告既是项目决策的依据,又可以为项目工程设计、招投标、项目融资、银行贷款等提供依据和基础资料。

土木工程项目可行性研究报告基本框架:①项目总论;②项目建设背景、必要性、可行性;③项目产品的市场分析;④项目产品规划方案;⑤项目建设地与土建总规;⑥项目环保、节能与劳动安全方案;⑦项目组织和劳动定员;⑧项目实施进度安排;⑨项目财务评价分析;⑩项目财务效益、经济和社会效益评价;⑪项目风险分析及风险防控;⑫项目可行性研究结论与建议。

土木工程可行性研究工作程序见图 2-9。

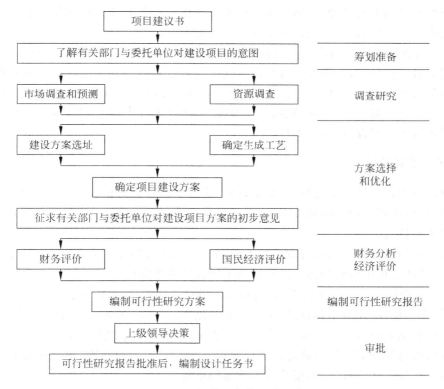

图 2-9　可行性研究的工作程序

土木工程项目可行性研究的实施步骤:

(1)筹划准备。项目建议书批准后,筹建单位即可委托咨询机构对拟建项目进行可行性研究。双方签订合同,明确规定可行性研究的工作范围、目标意图、前提条件、进度安排、费用支付和协作方式等内容。咨询机构在接受委托时,需获得项目建议书、项目背景资料和文件,摸清委托者的意图、目标和要求,收集有关的基础资料。

(2)调查研究。包括:市场调查,市场需求与市场预测、市场价格与市场竞争;资源调查,原材料、能源动力、水、电、运输等;土建调查,项目建设地点、地质环境、建设条件;技术设备调查、工艺需求、技术选择与设备选型；同时，对环境、公用设施、劳动力来源、资金来源、税务、设备材料价格、物价上涨率等每个方面都要进行深入调查，全面搜集资料并进行细致分析研究。

（3）方案选择和优化。在调查研究的基础上，设计多种可选方案进行分析、论证和比较。确定产品方案、生产规模、工艺流程、设备选型、组织机构和人员配备等，在此基础上，提出各种不同的有代表性的方案，并从技术、经济和社会等方面综合评价各方案的优劣，推荐少量可供选择的最佳方案，供委托单位抉择。

（4）财务分析与经济评价。从估算所选定的建设方案的总投资、总成本费用、销售税金、销售利润入手，进行项目的盈利能力分析、清偿能力分析、费用效益分析和敏感度分析、盈亏平衡分析、风险分析，来论证项目在经济上的合理性和盈利性。

（5）编制可行性研究报告。在进行技术经济分析论证后，证明项目建设的必要性、技术上的可行性和经济上的合理性，即可按照行业规定和基本框架编制最终的可行性研究报告，而且要给出一个明确的结论，供筹建单位做最终决策。

（6）可行性研究报告的审批。可行性研究报告编制完成后，由筹建单位正式上报政府有关部门审批。经预审，如果发现可行性研究报告有原则性错误或研究报告的基础依据或社会环境条件有重大变化，应对可行性研究报告进行修改和复审；如果证明没有建设必要，可以取消该建设项目。可行性研究报告经批准后，建设项目才算正式"立项"，可以根据实际需要组成正式项目建设单位，即项目法人。

3．工程设计阶段

可行性研究报告经批准，投资计划下达后，建设单位可委托有承担项目相应资质的设计单位，按照可行性研究报告的有关要求，编制设计文件。工程设计是安排项目建设和组织工程施工的主要依据。

土木工程项目首先要委托有资质的地质勘察单位进行岩土工程勘察，为设计提供基础地质资料，设计过程可划分为初步设计和施工图设计两个阶段。

（1）初步设计。是根据可行性研究报告，由设计单位对项目进行的宏观设计，即项目的总体设计、布局设计、建筑结构设计，主要的工艺流程、设备的选型、数量和安装设计等，并根据工程项目的基本技术经济指标，估算土建工程量，编制项目总概算。初步设计不得随意更改被批准的可行性研究报告所确定的建设规模、产品方案、工程标准、建设地址和总投资等主体内容。初步设计完成后，需报政府主管部门审批。

（2）施工图设计。根据批准的初步设计，由设计单位绘制尽可能详细的建筑、安装图纸。施工图设计应完整地表现建筑物外形、内部空间分割、结构体系、构造状况以及建筑群的组成和周围环境的配合，要有详细的构造尺寸；另外，还应包括各种运输、通信、管道系统、建筑设备的设计；在施工工艺方面，应具体确定各种设备的型号、规格以及各种非标准设备的制造加工图。施工图设计阶段应编制施工图预算。施工图设计完成后，需报政府主管部门审批、备案。

4．工程招投标阶段

土木工程项目，除了某些不适宜招标的特殊工程外，均需依法进行招投标。施工图设计获批后,建设单位(或委托具有相应资质的招标代理机构)负责项目发包工程、购买物资以及其他工程活动的招投标的组织工作,主要包括:编制招标文件,发布招标公告,组织具有相应资质的施工单位和监理单位投标,组织开标、评标、定标,发布中标通知书,谈判、签订合同等。

5. 建设准备阶段

工程项目在开工建设之前要切实做好各项准备工作,主要包括:①征地、拆迁和场地平整;②完成施工用水、电、交通等协调工作;③组织设备、材料订购;④办理建设工程质量监督手续;⑤组织招投标,择优选定施工单位,委托工程监理;⑥准备必要的施工图纸;⑦办理工程施工许可证等。

按规定完成施工准备,具备开工条件后,建设单位向政府主管部门申请开工,经审核批准,进入施工安装阶段。另外,项目在报批开工前,一般还需由审计机关对项目进行审计证明,包括:项目的资金来源是否正当及落实情况,项目开工前的各项支出是否符合国家有关规定,资金是否存入规定的专业银行等方面。

6. 建设实施阶段

土木工程项目经批准开工建设,即进入了建设施工安装阶段,本阶段的主要任务是将"设计蓝图"变成工程项目实体。施工安装阶段在工程项目建设周期中工作量最大,投入的人力、物力和财力最多,相应的工程项目管理的难度也最大。项目的开工日期为设计文件中规定的任何一项永久性工程的第一次破土开槽的时间;不需要开槽的工程,以开始打桩的时间作为正式开工日期;铁路、公路、水库等需要进行大量土、石方工程的,以开始进行土、石方工程的时间作为正式开工日期。

施工安装阶段应该在保证工程质量、工期、成本及安全、环境等目标的前提下,按照工程设计要求、合同条款、预算投资、施工程序和顺序、施工组织设计等进行实施,竣工验收后,移交给建设单位。

7. 生产准备阶段

对于生产性土木工程建设项目,在其竣工投产前,建设单位应适时地组织专门班子或机构,有计划地做好生产准备工作,包括招收、培训生产人员;组织有关人员参加设备安装、调试、工程验收;落实原材料供应;组建生产管理机构,健全生产规章制度等。生产准备是由建设阶段转入经营的一项重要工作。

8. 竣工验收及交付使用阶段

土木工程项目按照设计文件完成全部施工安装工作后,便可以组织竣工验收。竣工验收是工程建设过程的最后一环,是全面考核建设成果、检验设计和施工质量的重要步骤,也是建设投资转入生产或使用的标志。验收合格后,建设单位编制竣工决算,项目正式交付并投入使用。

9. 项目后评价阶段

项目后评价是工程项目竣工投产、生产运营一段时间后,再对项目的立项决策、设计规划、建设施工、竣工投产、生产运营等全过程进行一次系统的评价,是工程项目管理的一项重要内容,也是固定资产投资管理的最后一个环节。通过工程项目后评价,可以达到肯定成绩、总结经验、研究问题、吸取教训、提出建议、改进工作、不断提高工程项目管理和决策水平,提高投资效果的目的。

2.3.3 土木工程项目生命周期

1. 项目生命周期

关于项目生命周期,美国项目管理协会(PMI)给出的定义如下:"项目是分阶段完成的一项独特性的任务,一个组织在完成一个项目时会将项目划分成一系列的项目阶段,以便更好地管理和控制项目,更好地将组织的日常运作与项目管理结合在一起。项目的各个阶段放一起就构成了一个项目的生命周期。"项目生命周期包括以下主要内容:

(1)项目的时限。是一个项目生命周期的首要内容,包括项目的起点和终点,以及项目各个阶段的起点和终点。

(2)项目的阶段。包括项目主要阶段的划分和各个主要阶段中具体阶段的划分,即把项目分解成一系列前后接续,便于管理的项目阶段。

(3)项目的任务。包括项目各阶段的主要任务和项目各阶段主要任务中的主要活动等。

(4)项目的成果。项目生命周期同时还需要明确给定项目各阶段的可交付成果,包括项目各个阶段和项目各个阶段中主要活动的成果。例如,一个土木工程项目的设计规划阶段的成果包括项目的设计图纸、设计说明书、项目预算、项目计划任务书、项目的招标和承包合同等。

2. 土木工程项目生命周期

如图 2-10 所示,土木工程项目的生命周期一般可以划分为四个阶段,即:项目可行性研究与立项阶段,包括编制项目建议书、开展可行性研究、进行初步设计,及项目的立项批准等工作;项目计划与设计阶段,包括项目的施工图设计、项目造价的预算与项目合同价的确定、项目的计划安排、项目的招投标、承发包合同的订立、各专项计划的编制等工作;项目实施阶段,包括项目施工现场的准备、项目构件的制造、项目土建工程和安装工程的施工,以及项目的试车等工作;交付使用阶段,项目最终试车完毕,组织竣工验收并交付使用,有时还需要开展各种项目维护工作。

2.3.4 土木工程项目管理的类型

工程项目管理有多种分类方式,例如,按管理层次划分:宏观项目管理,指政府作为主体对工程项目活动所进行的管理;微观项目管理,指项目的主要参与方对项目所进行的管理。按管理范围和内涵划分:全过程项目管理,即项目整个生命周期的管理;分阶段项目管理,指将项目生命周期的某阶段或若干阶段作为一个项目管理对象进行管理。

另外,土木工程项目通常按不同的管理主体,即不同参与方的工作性质和组织特征对项目管理进行划分。其中,国际上通行的工程项目管理模式和我国建设工程项目管理主要参与方关系详见图 2-11 和图 2-12。

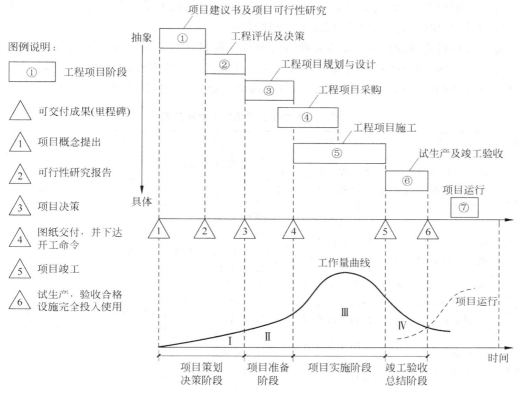

图 2-10　土木工程项目生命周期

图 2-11　国际上通行的工程项目管理模式

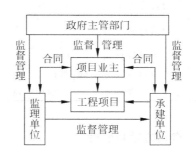

图 2-12　我国建设工程项目管理主要参与方关系

1. 业主方项目管理

业主方项目管理是指由项目业主或委托人对土木工程项目建设全过程进行的项目管理。业主方项目管理的主体是业主或代表业主利益的咨询方,是工程项目实施过程的总组织者,是土木工程项目管理的核心。

业主方项目管理的目标:业主方项目管理服务于业主的利益,其目标在于实现项目的投资目标、进度目标和质量目标,获得最佳的投资效益。其中,投资目标是指工程项目建设所需的总费用的限值,即使项目总投资控制在预定或可接受的范围之内;进度目标是指项目动用的时间目标,即项目交付使用的时间目标;质量目标是指项目的功能和质量满足业主方所提出的要求,包括设计质量、材料质量、设备质量、施工质量和影响项目进行的环境质量等,要满足相应的技术规范、标准和合同的规定。

业主方项目管理的任务:业主方项目管理贯穿项目进展全过程和各个阶段,不同阶段的主要任务不同,但总体可归纳为"三控、三管、一协调"。三控即投资、进度和质量控制;三管即安全、合同和信息管理;一协调即组织和协调。业主方项目管理的主要任务见表2-2。

表 2-2　业主方项目管理的主要任务表

阶段	概念阶段	设计阶段	施工阶段	竣工验收阶段	保修阶段
投资控制	估算项目总投资明确投资控制目标制定投资控制方案	提出投资控制要求,监督投资控制的有效性	提出费用控制要求,控制项目变更和索赔,控制进度款的支付	进行费用决算和结算	界定保修责任
进度控制	确定工期目标制定进度控制方案	提出设计进度要求,监督、控制设计进度	提出施工进度和工期要求,监督、控制施工进度	及时组织验收	
质量控制	进行质量策划,明确质量目标,制定质量控制方案	提出质量设计要求,明确质量标准监督、控制设计质量	提出施工质量要求,监督、控制施工质量状态	严格进行质量验收和评价	解决所出现的质量问题
安全管理	设定安全目标策划安全方案管理	提出安全设计要求,监督设计方案的安全性	提出安全管理要求,明确安全管理责任,监督安全管理过程	进行安全评估	
合同管理	策划合同结构,制定合同管理方案	签订合同、合同跟踪和管理	签订合同、合同跟踪和管理	合同终止总结评估	
信息管理	策划信息管理方案	采集和处理相关信息	采集和处理相关信息	资料搜集与归档,总结评估	记录保修信息
组织协调	建立项目管理组织确定项目发包方式确定项目管理模式	招标监督控制和协调	招标监督控制和协调	组织验收	协调

2．咨询方项目管理

咨询(监理)机构受项目业主委托,依据政府有关部门批准的工程项目建设文件,有关工程建设的法律法规,以及工程建设咨询监理合同和项目其他承发包合同,对工程项目实施咨询监督管理。

咨询方项目管理的目标:根据委托合同的要求,提供咨询监理服务,保障业主实现工程项目的预期目标,同时取得合法收入并创造良好的社会信誉。

咨询方项目管理与业主方项目管理的任务相一致,即项目实施的投资控制、进度控制、质量控制、安全管理、合同管理、信息管理、组织和协调。

咨询方项目管理的特点:①是集工程、经济、管理等各学科知识和项目管理经验于一体的管理活动,成败取决于咨询(监理)工程师自身所具备的知识、经验、能力和素质,所以,咨询方项目管理属于智力密集型的工作；②咨询方根据委托合同从事项目管理工作，管理内容与委托内容相一致，不应超越委托合同从事无关的咨询管理活动；③咨询方一般不从事工程项目实体的建设工作，只是根据国家有关法律法规和行业规定向业主提供全过程或阶段性的工程咨询服务并收取咨询费用；④咨询方有其独立的行业管理组织、规范的市场准入、执业规则和道德准则，执业过程中，受政府和有关管理组织的监督。

3．承包方项目管理

土木工程项目承包方项目管理是指为了实现承包合同规定的目标，完成业主委托的设计、施工和供货任务等所进行的项目管理。

1）总承包方项目管理

总承包方项目管理是指工程总承包方根据总承包合同，对总承包项目进行的计划、组织、协调、控制、指挥和监督等管理活动。总承包方项目管理一般贯穿于工程项目实施阶段全过程，即设计阶段、施工安装阶段、竣工验收与交付使用阶段。总承包方项目管理主要服务于项目的整体利益和总承包方自身的利益；总承包方通过全面履行工程总承包合同，获得预期效益，实现企业承建工程的经营方针和目标。

总承包方项目管理的目标：项目的总投资目标和总承包方的成本目标，项目的进度目标和质量目标。

总承包方项目管理的任务：项目的投资控制和总承包方的成本控制、项目的进度控制、质量控制、安全管理、信息管理、合同管理、生产要素管理、现场管理、与工程项目总承包有关的组织和协调。

2）设计方项目管理

设计方项目管理是指设计单位受业主委托承担工程项目的设计任务，以设计合同所界定的目标及其责任义务对设计项目进行的管理活动。设计方项目管理主要在设计阶段进行，但它也涉及施工安装阶段、竣工验收与交付使用阶段和保修期。设计方项目管理主要服务于项目的整体利益和设计方自身的利益。

设计方项目管理的目标：设计合同所界定的设计的成本目标、进度目标和质量目标，以及项目的投资目标。项目的投资目标能否实现与设计工作密切相关。

设计方项目管理的任务：设计成本控制和与设计工作有关的工程造价控制、设计进度控制、设计质量控制、设计工作有关的安全管理、设计合同管理、设计信息管理、与设计工作有关的组织和协调。

3）施工方项目管理

施工方项目管理是指施工单位为履行工程承包合同，落实企业的生产经营方针和目标，在项目经理领导下，依靠企业技术和管理的综合实力，对工程施工全过程进行计划、组织、指挥、协调、控制和监督的系统管理活动。施工方项目管理的主体是以项目经理为首的施工项目经理部。施工方项目管理主要服务于项目的整体利益和施工方自身的利益。

施工方项目管理的对象：通常是指施工总承包的完整工程项目，包括土建工程施工和建筑设备工程施工安装，最终成果能形成具有独立使用功能的建筑产品。如果按专业、按部位分解发包，则按照承包合同界定的局部施工任务作为施工方项目管理的对象。

施工方项目管理的目标：施工项目的质量（Quality）、成本（Cost）、工期（Delivery）、安全和现场标准化(Safety),简称 QCDS 目标体系。

施工方项目管理的任务:施工质量控制、施工进度控制、施工成本控制、施工安全管理、施工信息管理、施工合同管理、施工生产要素管理、施工现场管理、与施工有关的组织和协调。

4)供货方项目管理

供货方项目管理是指工程项目材料设备供应方,以材料设备等生产要素采购合同所界定的范围和责任为依据进行的管理活动。供货方项目管理主要服务于项目的整体利益和供货方自身的利益。

供货方项目管理的目标:供货方的成本目标、进度目标和质量目标。

供货方项目管理的任务:供货成本控制、供货进度控制、供货质量控制、供货安全管理、供货合同管理、供货信息管理、与供货有关的组织和协调。

2.4 土木工程项目管理模式

工程项目管理模式是指从事工程建设的大型工程公司或管理公司对项目管理的运作方式,也是指一个工程建设项目实施的基本组织模式。近年来,为了适应现代工程项目建设大型化、一体化以及项目大规模融资和分散项目风险的需要,国际上推出并形成了多种成熟的项目管理模式,每一种都有其优点和缺点,只有因地制宜选择合适的项目管理模式才能规避风险,实现项目目标,创造最大的投资效益。

2.4.1 设计-招标-建造(Design-Bid-Build)模式

设计-招标-建造模式(DBB 模式),又称为传统项目管理模式(Traditional/General Management Approach),目前在国际上最为通用,世界银行、亚洲银行贷款项目和采用国际咨询工程师联合会(FIDIC)合同条件的项目均采用这种模式。强调工程项目的实施必须按设计→招标→建造的顺序进行,只有一个阶段结束后另一个阶段才能开始。国际上传统项目管理简易模式及 DBB 项目管理模式详见图 2-13 和图 2-14。

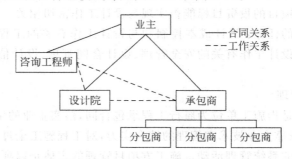

图 2-13 国际上传统项目管理简易模式

这种管理模式主要基于业主、建筑师/咨询工程师、承包商三者之间的相互制约关系,业主选择工程管理方式主要依赖于建筑师/咨询工程师的建议。项目评估立项后进行设计,在设计阶段准备施工招标文件,随后通过招标选择承包商。业主和承包商订立工程施工合同,有关工程部位的分包和设备材料的采购一般都由承包商与分包商和供货商单独订立合同并

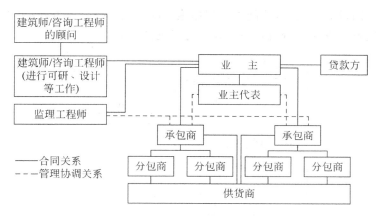

图 2-14　DBB 项目管理模式

组织实施。业主单位通常指派业主代表与咨询方和承包商联系,负责有关的项目管理工作(国际上项目实施阶段有关的管理工作一般由业主授权建筑师/咨询工程师组织),建筑师/咨询工程师和承包商没有合同关系,但承担业主委托的管理和协调工作。其项目实施过程详见图 2-15。

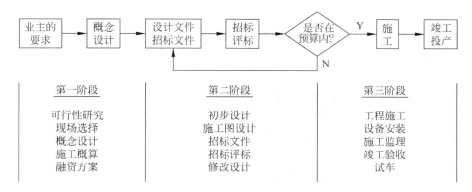

图 2-15　传统模式项目实施过程

DBB 模式的优点:①由于长期地、广泛地在世界各地采用,因而管理方法较成熟,各参与方对相关程序较熟悉;②可自由选择咨询设计人员,对设计要求进行控制;③可自由选择监理人员监理工程。缺点:项目周期长,业主管理费用较高,前期投入较高;变更时容易引起较多的索赔。

2.4.2　建筑管理(Construction Management)模式

1. CM 模式的概念

建筑管理模式(CM 模式)又称为阶段发包法(Phased Construction Method)或快速路径法(Fast Track Method),是国际上常用的一种工程承包和管理模式。CM 模式是由业主委托一家项目管理公司(CM 单位),以承包商的身份,对工程项目进行全过程的管理;CM 模式采用"Fast Track Method",详见图 2-16。实现设计与施工的充分搭接,即设计一部分、招标一部分、施工一部分,在生产组织方式上实现有条件的"边设计、边施工";CM 模式打破了传统的施工图设计完成后,才能进行招标施工的连续建设发包方式,可以大大缩短建设周期。连续建设发包方式和阶段发包方式对比详见图 2-17。

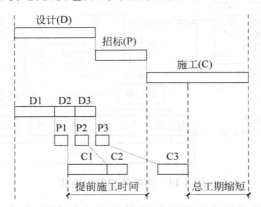

图 2-16 快速路径法示意图

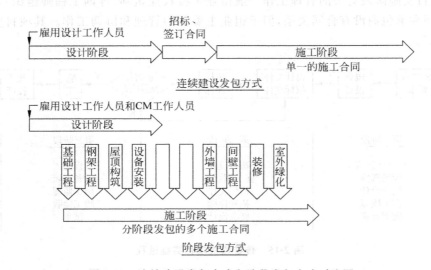

图 2-17 连续建设发包方式和阶段发包方式对比图

CM 承包商与一般施工承包商不同,不是单纯地按图进行施工管理,而是可以通过合理化建议在一定程度上影响设计活动。CM 承包商与业主签订委托合同时,设计尚未结束,因此 CM 合同价通常采用"成本+利润"的方式。

2．CM 模式的合同结构与条件

根据 CM 单位在项目组织中合同结构的不同,CM 模式分为 CM/Agency(代理型)和CM/Non-Agency(非代理型或风险型)两种,如图 2-18 所示。代理型 CM 模式是由业主与各分包商签订合同,CM 承包商只是从事管理工作,为业主提供咨询和代理服务。非代理型CM 模式中 CM 承包商担任施工总承包商的角色,与各分包商签订合同,并向业主保证最大工程费用(Guaranteed Maximum Price,GMP),如果实际工程费用超过 GMP,超出部分将由 CM 承包商承担,如果低于 GMP,节约部分归业主所有,但 CM 承包商承担保证施工成本风险,因而能够得到额外的收益。两种 CM 模式的利弊如表 2-3 所示。

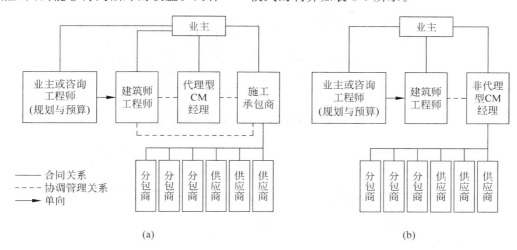

图 2-18　CM 模式的两种实现形式
(a) 形式一:代理型建筑工程管理;(b) 形式二:风险型建筑工程管理

表 2-3　两种 CM 模式的利弊表

比 较 内 容	CM/Non-Agency	CM/Agency
对分包合同的管理	业主任务较轻	业主任务较重
项目组织与协调	业主任务较轻	业主任务较重
投资控制	有 GMP 保证	业主风险较大
进度控制	取决于 CM 承包商能力	取决于 CM 承包商能力
质量控制	取决于 CM 承包商能力	取决于 CM 承包商能力
零星施工及施工总平面管理	由 CM 承包商承担	业主另组织力量

　　CM 模式产生于美国,美国建筑师学会(American Institute of Architects,AIA)和美国总承包商协会(Associated General Contractors of America,AGC)共同制定了 CM 模式标准合同条件。适用于非代理型 CM 模式的合同条件为"Owner-Construction Manager Agreement Where the Construction Manager is Also the Constructor";适用于代理型 CM 模式的合同条件为"Standard Form of Agreement Between Owner and Construction Manager Where the Construction Manager is Not a Constructor"。

3. CM 模式的合同价

　　非代理型和代理型 CM 的合同价如图 2-19 和图 2-20 所示。非代理型 CM 模式的合同价由 CM 利润及风险费(CM fee)和施工工程费用(Cost of the Work)两部分组成,CM fee 是 CM 承包商向业主收取的利润酬金和承担管理工作的风险补偿;施工工程费用是 CM 承包商在施工阶段为实施工程所发生的一切必需费用,包括:CM 班子工作成本、分包商/供货商合同费用及其他工程费用。

　　代理型 CM 模式的合同价主要是 CM 班子的直接工作成本加一定比例的补偿,其组成比非代理型 CM 模式的合同价简单。

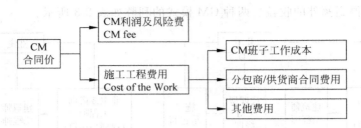

图 2-19 CM/Non-Agency 模式的合同价

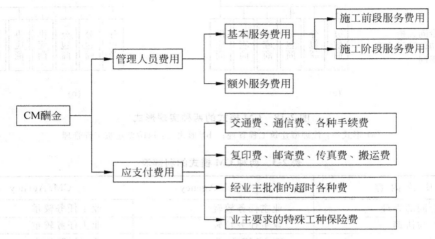

图 2-20 CM/Agency 模式的合同价

4．CM 模式的优缺点

CM 模式的优点：①在项目进度控制方面，由于 CM 模式采用分散发包，集中管理，使设计与施工充分搭接，有利于缩短建设周期；②CM 承包商加强与设计方的协调，可以减少因修改设计而造成的工期延误；③在投资控制方面，CM 承包商可以采用价值工程等方法向设计方提出合理化建议，挖掘节约投资潜力，并减少施工阶段的设计变更；对非代理型 CM 模式，CM 承包商对工程费用承担 GMP 责任，可以大大降低业主在工程费用控制方面的风险；④在质量控制方面，设计与施工的结合和相互协调，有利于保证工程施工质量；⑤CM 承包商协助业主选择分包商，因而更为合理。缺点：①对 CM 承包商以及其所在企业的资质和信誉的要求都比较高；②分项招标导致承包费可能较高；③CM 模式一般采用"成本加酬金"合同，对合同范本要求比较高。

2.4.3 设计-建造（Design-Build）模式

设计-建造模式（DB 模式）（见图 2-21）是由业主根据项目的要求和原则选定一家承包商（DB 承包商）负责项目的设计和施工；DB 承包商可以自行完成全部的设计和施工任务，也可以自行完成部分设计与施工任务，采用竞争性招标的方式选择分包商完成其他设计和施工任务。DB 模式的基本出发点是促进设计与施工的早期结合，以便充分地发挥设计和施工双方的优势。

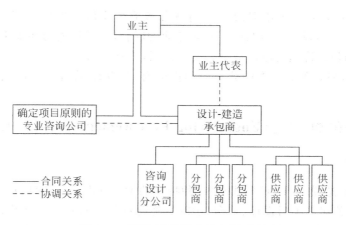

图 2-21　设计-建造模式的组织形式

　　DB 模式的优点：①业主和 DB 承包商密切合作，完成项目规划、设计、成本控制、进度安排等工作，减少了协调的时间和费用；②DB 承包商对整个项目负责，避免了设计和施工的矛盾，可显著降低项目的成本并缩短工期；③按 DB 模式合同条件约定，业主的责任是按合同规定的方式付款，DB 承包商的责任是按时提供业主所需的产品，项目责任单一。缺点：①业主对设计细节和效果缺乏控制力；②DB 模式出现时间较短，缺乏特定的法律、法规约束，没有专门的险种；③DB 承包商的水平对设计质量有较大影响。所以在选定承包商时，应该把设计方案的优劣作为主要的评标因素，以保证业主得到高质量的工程项目。

2.4.4　设计-管理（Design-Manage）模式

　　设计-管理模式（DM 模式）是指由同一实体向业主提供设计，并进行施工管理服务的工程项目管理模式。采用设计-管理合同时，业主与设计-管理实体签订一份既包括设计又包括类似 CM 服务的合同，设计-管理实体可以是一家企业，也可以是由设计单位与施工管理企业的联合体。DM 模式的实现有两种形式（见图 2-22），一是业主与设计-管理实体和施工总承包商分别签订合同，由设计-管理实体负责设计并对项目的实施进行管理；另一种是业主只与设计-管理实体签订合同，由设计-管理实体分别与各个承包商和供应商签订合同。

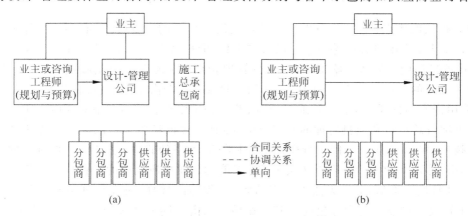

图 2-22　DM 模式的两种实现形式

（a）形式一；（b）形式二

DM模式的优点：①可以对总承包商或分包商采用阶段发包方式以加快工程进度；②设计-管理实体若是设计单位与施工管理企业的联合体,设计能力和施工管理能力都会比较强。缺点：若设计-管理实体仅是一家设计公司,往往工程项目管理能力较差；特别是在形式二的情况下,要管理好众多的分包商和供应商,对设计-管理实体的项目管理能力提出了更高的要求。

2.4.5 设计-采购-建造（Engineering-Procurement-Construction）模式

1. EPC模式

设计-采购-建造模式（EPC模式）是一种特殊的DB模式,是工程项目立项后,业主经招标委托一家工程公司对项目设计、采购、建造实施总承包。EPC总承包商的工作范围包括：设计,除了设计计算书和图纸外,还包括合同中业主要求的设计工作,如项目可行性研究、配套公用工程设施、辅助工程设施的设计以及结构/建筑设计等；采购,一般包括项目融资、土地购买、工艺设计中的各类工艺、专利产品以及设备和材料等的购买；施工,包括全面的项目施工管理,如施工方法、安全管理、质量控制、费用控制、进度控制及设备安装调试、工作协调等。

EPC模式可以分为两类,合同结构形式分别如图2-23和图2-24所示。EPC（max s/c）是EPC总承包商最大限度的选择分包商来协助完成工程项目；EPC（self-perform construction）是EPC总承包商承担工程的设计、采购和施工的主要任务,少量工作发包给分包商。项目的供应商与分包商必须在业主的监督下采取竞标的方式产生。

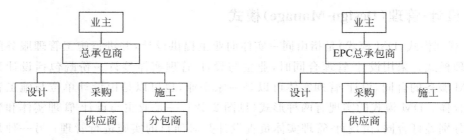

图 2-23　EPC（max s/c）合同结构　　图 2-24　EPC（self-perform construction）合同结构

EPC模式的优点：①能充分发挥设计在建设过程中的主导作用,有利于整体方案的不断优化；②项目实施过程中保持单一的合同责任,能提高工作效率,减少业主组织协调工作量；③在项目初期预先考虑施工因素,减少管理费用；④能有效地克服设计、采购、施工相互制约和脱节的矛盾,有利于各阶段工作的合理交叉；⑤由于总承包商实行以项目管理为核心,采用强有力的手段,能有效地对质量、费用和进度进行综合控制；⑥由于工程公司是长期从事项目总承包和项目管理的专门机构,拥有一大批经验丰富的人才和先进的项目管理信息技术,可以对整个项目实行全面的、科学的、动态的管理,这是任何临时性的领导小组、指挥部、筹建处和生产厂商无法实现的；⑦能达到业主所期望的最佳项目建设目标。缺点：①与DB模式类似,业主无法参与建筑师、工程师的选择,对设计细节和效果缺乏控制力；②工程设计可能会受到分包商的利益影响；③由于同一实体负责设计与施工,减弱了工程师与承包商之间的检查和制衡。

2．EPC 衍生模式

国际上由 EPC 模式衍生出多种工程项目总承包和管理模式,包括:

(1) 设计-采购承包和施工咨询(Engineering-Procurement-Construction-advisory, EPCa)模式,是指 EPCa 承包商负责工程项目的设计和采购,并在施工阶段向业主提供咨询服务,合同结构图如图 2-25 所示。

(2) 设计-采购-施工监理(Engineering-Procurement-Construction-superintendence, EPCs)模式,是指 EPCs 承包商负责工程项目的设计和采购,并监督施工承包商按照设计要求的标准、操作规程等进行施工,同时负责物资的管理和试车服务,合同结构图如图 2-26 所示。

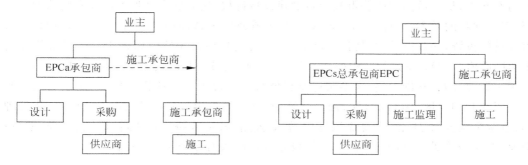

图 2-25　EPCa 合同结构　　　图 2-26　设计、采购、施工监理承包的合同结构

(3) 设计-采购-施工管理(Engineering-Procurement-Construction-management, EPCm)模式,是指 EPCm 承包商负责工程项目的设计和采购,并负责施工管理;施工承包商与业主签订承包合同,但接受 EPCm 承包商的管理,EPCm 承包商对工程的进度和质量全面负责,合同结构见图 2-27。

(4) 设计-采购(Engineering-Procurement,EP)模式,是指 EP 承包商只对工程的设计和采购进行承包,施工则由其他承包商负责,合同结构见图 2-28。

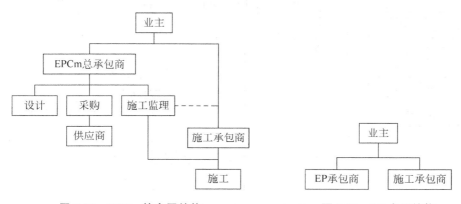

图 2-27　EPCm 的合同结构　　　图 2-28　EP 合同结构

(5) 设计-采购-安装-施工(Engineering-Procurement-Installation-Construction,EPIC)模式,主要针对海上平台等安装工作比较复杂、工作量比较大的项目,将安装从施工中分离出来,给予特别强调。

（6）交钥匙总承包（Turnkey）模式，即 EPC 模式，或是由 EPC 模式向两头扩展延伸而形成的业务和责任范围更广的总承包和管理模式，即总承包商不仅承包工程项目的设计实施任务，而且提供建设项目前期投资决策阶段和后期运营准备工作的综合服务。

2.4.6　建造-运营-移交（Build-Operate-Transfer，BOT）模式

1．BOT 模式的概念

建造-运营-移交模式（BOT 模式）是 20 世纪 80 年代国际上兴起的依靠国外私人资本进行本国基础设施建设的一种融资和建造项目管理模式。它是指国外某一财团或投资人作为项目的发起人，从东道国政府获得某项目的建设特许权，然后联合其他方组建专门的项目公司，负责该项目的融资、设计、建造、运营和维护，在规定的特许期内，项目公司通过项目经营回收项目的投资，并获得效益，特许期满后，项目公司将项目无偿或以极少的名义价格移交给东道国政府。BOT 模式的结构框架如图 2-29 所示。BOT 模式适用于任何项目，但当前主要用于资源开发、基础设施、大型制造业和公共服务设施等一些投资较大、建设周期长和可以运营获利的领域，例如：采矿、油、气、炼油厂（产品供出口）；电厂、供水或废水/物处理厂（政府购买服务）；通信（主要靠国际收益）；公路、隧道或桥梁；铁路、地铁、机场、港口；制造业（如大型轮船、飞机制造等），文、体设施，医院，政府办公楼，监狱等。

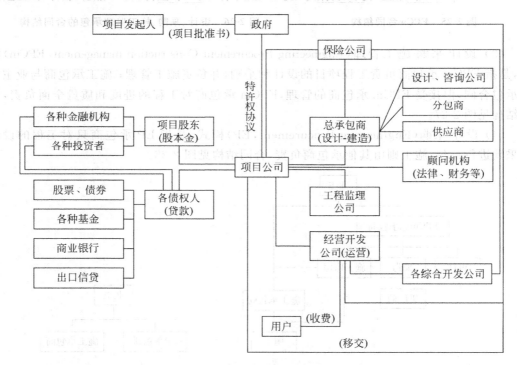

图 2-29　BOT 模式结构框架

2．BOT 模式基本形式和演变形式

目前，BOT 已经发展成为一种基础设施国有项目民营化的融资建设管理模式。BOT

模式是一种统称,包括 3 种基本形式和 10 余种演变形式,BOT 的基本形式:

（1）BOT(Build-Operate-Transfer,建造-经营-移交)模式;

（2）BOOT(Build-Own-Operate-Transfer,建造-拥有-经营-移交)模式,既有经营权又有所有权,项目的产品/服务价格较低,特许期比 BOT 长;

（3）BOO(Build-Own-Operate,建造-拥有-经营)模式,不移交,项目产品/服务价格更低、特许期更长。

BOT 的演变形式:

① BT(Build-Transfer,建造-移交)模式;

② BOOST(Build-Own-Operate-Subsidy-Transfer,建造-拥有-运营-补贴-移交)模式;

③ ROT(Rehabilitate-Operate-Transfer,修复-经营-移交)模式;

④ BLT(Build-Lease-Transfer,建造-租赁-移交)模式;

⑤ ROMT(Rehabilitate-Operate-Maintain-Transfer,修复-运营-维护-移交)模式;

⑥ ROO(Rehabilitate-Own-Operate,修复-拥有-经营)模式;

⑦ TOT(Transfer-Operate-Transfer,移交-经营-移交)模式;

⑧ SOT(Sold-Operate-Transfer,出售-经营-移交)模式;

⑨ DBOT(Design-Build-Operate-Transfer,设计-建造-经营-移交)模式;

⑩ DOT(Develop-Operate-Transfer,开发-经营-移交)模式;

⑪ OT(Operate-Transfer,经营-移交)模式;

⑫ OMT(Operate-Manage-Transfer,经营-管理-移交)模式;

⑬ DBFO(Design-Build-Finance-Operate,设计-建造-融资-经营)模式;

⑭ DCMF(Design-Construct-Manage-Finance,设计-施工-管理-融资)模式。

3. BOT 模式的优缺点

BOT 模式的优点:①由于获得东道国政府特许和支持,有时可享受优惠政策,拓宽融资渠道;②可以减轻东道主国政府的外债负担和还本付息的责任;③可以将公营机构的风险转移到私营承包商,避免公营机构承担项目的全部风险;④可以吸引国外投资,以支持国内基础设施建设,解决发展中国家缺乏建设资金的问题;⑤ BOT 模式项目通常都由外国公司总承包,既能给东道国带来先进的技术和管理经验,也能给东道国分包商带来较多的发展机会,同时促进了国际经济的融合。缺点:①在特许权期限内,政府将失去对项目所有权和经营权的控制;②参与方多,结构复杂,资格预审及招投标程序复杂,项目前期过长且融资成本高;③可能导致东道国大量的税收流失,在项目经营过程中,会有大量的外汇流出;④可能造成设施的掠夺性经营;⑤政府虽然转移了建设、融资等风险,却承担了更多的其他责任与风险,如利率、汇率风险等。

2.4.7　项目管理承包（Project Management Contractor,PMC）模式

1. PMC 模式的概念

项目管理承包模式(PMC 模式)是业主在项目初期,通过招标聘请一家技术力量雄厚、工程管理经验丰富的专业项目管理公司或综合性咨询公司,作为 PMC 承包商,代表业主对

工程项目进行全过程或若干阶段的管理和服务。这种模式下,业主仅需对关键问题进行决策,绝大部分的项目管理工作都由 PMC 承包商组织。PMC 模式合同价一般按"工时费用＋利润＋奖励"的方式计取,PMC 承包商按照合同约定承担一定的管理风险和经济责任。PMC 模式结构图如图 2-30 所示。

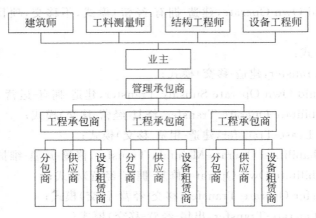

图 2-30 PMC 模式结构框架图

PMC 承包商是业主机构的延伸,对业主负责,与业主的目标和利益保持一致。

项目前期,PMC 承包商代表或协助业主完成以下工作:项目建设方案的优化,风险的优化管理;项目融资;负责组织完成初步设计;政府各环节的审批;确定技术与专业设计方案,提出项目实施方案;确定设备、材料的规格和数量;完成项目投资估算;编制工程设计、采购和建设招标文件,完成招标、评标,确定各承包商。

项目实施阶段,由中标的承包商具体负责工程的实施,包括施工、设备材料采购以及对分包商的管理。PMC 承包商代表业主负责项目的全面管理、组织协调和监理工作,包括:编制并发布工程项目统一规定;设计管理,协调技术条件,确保各承包商之间的一致性和互动性;采购管理;施工管理及协调;同业主配合进行运营准备,组织试运营,组织验收;向业主移交项目全部资料等。

2. PMC 的基本应用模式

根据 PMC 承包商在项目的设计、采购、施工、调试等阶段的参与程度和职责范围,PMC 有以下三种基本应用模式。

(1)业主选择设计单位、施工承包商、供货商,并与之签订设计合同、施工合同和供货合同,仅委托 PMC 承包商进行工程项目管理。这种模式也被称为项目管理服务(Project Management,PM)模式,PM 模式的结构如图 2-31 所示。

(2)业主与 PMC 承包商签订项目管理合同,业主通过指定或招标方式选择设计单位、施工承包商、供货商(或其中的部分),但不签订合同,由 PMC 承包商与之分别签订设计合同、施工合同和供货合同。

(3)业主与 PMC 承包商签订项目管理合同,由 PMC 承包商自主选择施工承包商和供货商并签订施工合同和供货合同,但不负责设计工作。在这种模式下,PMC 承包商通常保证项目费用不超过一定限额,并保证按时完工。

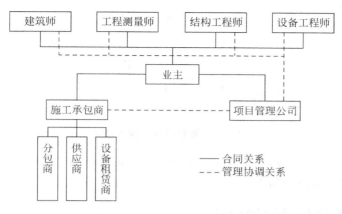

图 2-31　PM 模式结构框架图

3．PMC 模式的优缺点

PMC 模式的优点：①可以充分发挥 PMC 承包商在项目管理方面的专业技能,统一协调和管理项目的设计与施工,减少矛盾;②可以采用阶段发包,有利于缩短工期;③PMC 模式可以对项目的设计进行优化,有利于减少设计变更,节省建设项目投资;④PMC 承包商承担的风险较低,有利于激励其在项目管理中的积极性和主观能动性。缺点：①与传统模式相比,增加了一个管理层,也就增加了一笔管理费;②按 PMC 第二、三种应用模式,业主与施工承包商和供货商没有合同关系,组织协调与控制难度较大;③若 PMC 承包商水平不高或责任心不强,容易出现责任争端,给业主方带来很大风险。

4．PMC 模式的适用范围

①项目投资在 1 亿美元以上的大型项目;②业主是由多个大公司组成的联合体,并且有些情况下有政府的参与;③业主自身的资产负债能力无法为项目提供融资担保;④业主的人力资源、管理经验缺乏,不足以承担该项目管理;⑤利用银行或国外金融机构、财团贷款或出口信贷而建设的项目;⑥工艺装置多而复杂,业主对这些工艺不熟悉的庞大项目。

此外,我国政府投资项目目前所推行的工程代建制模式也属于 PMC 模式。

2.4.8　更替型合同(Novation Contract,NC)模式

更替型合同模式(NC 模式)是国际建筑业近年来才开始应用的一种新型承发包模式。NC 模式中,业主在项目实施初期委托一家设计咨询单位,完成设计深度的 30%～80%(此时的设计应能用工程师的语言清楚而完整地表述业主对项目的想法和要求),并在此基础上进行招标,选择承包商,承担全部未完成的设计与施工工作,其中,中标承包商必须委托原咨询设计单位完成剩余设计。这种新的项目管理模式可看作是 DBB 模式与 DB 模式的巧妙结合。

NC 模式的优点：①既可以保证业主对项目的总体要求,又可以保持设计工作的连贯性;②在施工图设计阶段吸收承包商的施工经验,提高设计的"可施工性",减少施工中设计的变更,同时有利于加快工程进度、提高施工质量;③由承包商承担了全部设计-建造责任,合同管理较易操作。缺点：业主在项目前期必须进行周密的策划,否则设计合同转移后,变

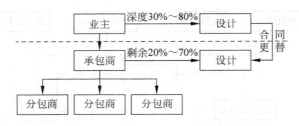

图 2-32   更替型项目管理模式

更就会比较困难。因而在签订新合同时,应细心考虑新旧设计合同更替过程中的责任和风险的重新分配,以尽量减少纠纷。

2.4.9   其他工程项目管理模式

除了上述的项目管理模式,土木工程项目还经常用以下管理模式:

(1) 管理-承包(Management-Contracting,MC)模式;

(2) 一体化项目管理(Project Management Team,PMT)模式;

(3) 项目总控模式(Project Controlling,PC)模式;

(4) 公共部门与私人企业合作模式(Private-Public-Partnership,PPP)模式;

(5) 私人融资模式(Private Finance Initiative,PFI)模式;

(6) 资产支持证券化或资产证券化(Asset-Backed-Securitization,ABS)模式;

(7) 伙伴关系(Partnering)模式;

(8) 动态联盟模式(Agile Virtual Enterprise Constituting and Management)模式。

此外,我国还经常采用的土木工程项目管理模式术语包括:

(1) 工程总承包模式:指从事工程总承包的企业受业主委托,按照合同约定对工程项目的勘察、设计、采购、施工、试运行(竣工验收)等实行全过程或若干阶段的承包。

(2) 平行承发包模式:指业主通过招标分别委托咨询、设计、勘察、施工和供应等众多单位承担相应的工作任务。

(3) 设计-招标-建造总承包模式:即 DBB 模式。

(4) 设计总承包模式。

(5) 施工总承包模式。

(6) 管理总承包模式。

每一种工程项目管理模式都有一定的思想、方法和结构,都有其优势和劣势,了解并正确选择工程项目管理模式是项目预期目标能否实现的关键。在选择项目管理模式时,既要考虑各种模式的特征,又要考虑工程项目的范围、工程进度、项目复杂性、合同计价方式以及各参与方的特点,根据具体情况确定,也可以选择两个或两个以上的模式交叉共同管理整个项目。

2.5   我国土木工程项目施工承发包模式

2.5.1   总分包模式

施工总分包模式是指工程发包方将项目的施工安装任务,全部发包给一家资质符合要求的施工企业,签订施工总承包合同,明确双方的责任义务和权限;而总承包施工企业,在法律许可的范围内,可以将工程按部位或专业进行分解分别发包给一家或多家经营资质、信誉等条件经业主认可的分包商,总分包模式结构示意图见图 2-33。

　　总分包模式一般有两种做法。一种是在工程投标前,总承包施工企业就选好分包合作伙伴,根据工程发包方发放的招标文件,委托相应的分包商提出相关部分的投标报价,经协商达成合作意向后,编制总承包投标书,一旦总承包方中标,双方再根据事先的协议签订分包合同。分包方和工程发包方虽然没有合同关系,但在分包合同的履行过程中,必须遵守总承包合同的各项要求和约定。另一种做法是总承包施工企业先自行参与投标,获得总承包合同后,根据合同条件制定施工基本方针和 QCDS 管理目标体系,然后编制详细的施工组织设计、施工方案和预算,在此基础上将准备分包的部分,择优选择分包商签订分包合同。如果总承包施工企业以施工管理为主,只承担部分施工任务,其他绝大部分靠分包完成,通常采用第一种做法;如果总承包的主要工程靠自行施工,部分工程或专业施工靠分包协作完成,通常采用第二种做法。

　　施工总分包的合同结构和管理模式也可以有两个或两个以上的层次结构,图 2-34 所示表示施工总承包商与土建施工、机电施工承包商的层次关系。

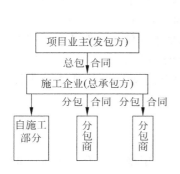

图 2-33　总分包模式结构示意图

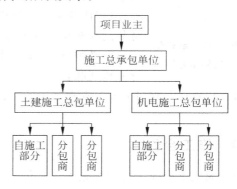

图 2-34　总分包层次性结构示意图

　　施工总分包模式是土木工程项目采用最多的施工承包方式,主要特点包括:①对工程发包方来说,合同结构简单,对其控制施工造价比较有利;②对总承包方来说,责任大、风险多,但施工组织与管理的自主性强,施工效益潜力巨大;③有利于以总承包方为核心,从施工特点出发进行作业队伍的优选和组合,有利于施工部署的动态推进。

2.5.2　平行承发包

　　平行承发包模式是指工程发包方把施工任务按照工程的专业或结构特征,划分成若干可独立发包的单元、部位或独立的标段,分别进行招标;各中标企业分别与发包方签订施工承包合同,独立组织施工,相互之间为平行关系(见图 2-35)。

　　施工平行承发包模式的主要特点是:①施工任务经过分解,只要具备发包条件(场地、施工图纸和建设资金等),就可以分别独立招标发包,实现设计与施工的充分搭接,缩短项目建

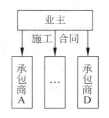

图 2-35　平行承发包模式
结构示意图

设周期；②由于每项发包合同都是相互独立的，增加了发包方组织协调管理的工作量和难度；③由于工程采取切块平行发包，而且不是同步进行，导致了发包方控制项目总投资的被动性；④相对于施工总承包而言，每项发包的施工任务量较小，适用于不具备总承包管理能力的中小企业，对施工能力强、综合管理水平高的企业吸引力不大。

2.5.3　施工联合体

施工联合体(Joint Venture, JV)是为承建某项工程，由一家或多家施工企业发起，经过协商确定各自投入该项目的资金份额、机械设备及人员等，签署联合体章程，建立联合体组织机构，用联合体的名义与工程发包方签订施工承包合同。工程任务完成后施工联合体进行内部清算而解体(见图 2-36)。

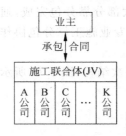
图 2-36　施工联合体结构示意图

施工联合体承发包模式的主要特点包括：①联合体集中各成员在资金、技术、管理等方面的优势，提高了竞争能力和抗风险能力；②施工联合体依据联合体章程和组织机构实行统一的管理，明确各方的责任、权利和义务，并按各方的投入比重确定应得的经济利益；③合同关系上类似于施工总承包，对发包方来说，合同结构和施工过程的管理、组织协调都比较简单；④施工过程中，若一个成员破产，其他成员将共同补充相应的人力、物力、财力，保证工程目标不受影响。

但必须指出，施工联合体只是不同施工企业为承建某项工程而进行的短期联合，并不是一个注册的企业实体，这样的临时性承包机构要取得承包资质和财务资信，必须有相应法律法规和合同文件为其具体运作提供依据和约束。

2.5.4　施工合作体

当一家施工企业无力实行施工总承包，而发包方又希望施工方有一个统一的施工管理组织时，由多家企业自愿结成合作伙伴，成立一个施工合作体，以合作体的名义与发包方签订施工承包意向合同(基本合同)，达成协议后，各施工企业再分别与发包方签订施工承包合同，并在合作体的统一指挥、组织和协调下完成各自的承包任务(见图 2-37)。

施工合作体承发包模式的主要特点包括：①参加合作体的各方均不具备与发包工程相适应的总承包能力，都希望通过结成合作伙伴，增强总体实力，以满足发包方的要求，但彼此之间信任度不够，不能采取联合体的捆绑经营方式；②合作体的各成员均具有与所承包施工任务相适应的施工能力；③各成员在施工合作体的总体规划和部署下，实行自主作业，自负盈亏、自担风险；④由于各成员分别与发包方签订施工承包合同，履约过程中，若一个成员倒闭破产，其他成员及合作体不承担经济责任，风险由业主承担。

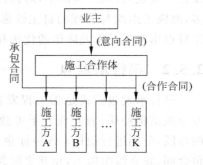
图 2-37　施工合作体结构示意图

显然，采用施工合作体承发包模式，要使发包方与合作体签订的意向合同具有法律效力，政府必须有相应的法律规定。

本章习题

一、名词解释

项目、项目管理、组织、项目生命周期、CM 模式、BOT 模式、总分包模式

二、填空

1. 项目管理的职能包括：计划职能、组织职能、（　　　）、控制职能、协调职能等。

2. 土木工程项目经理主要包括：业主方项目经理、咨询监理单位项目经理、设计单位项目经理和（　　　）等。

3. 土木工程项目建设实施阶段主要包括：工程设计、（　　　）、建设准备、工程施工与设备安装、生产准备、（　　　）。

4. 业主方项目管理服务于业主的利益，其目标在于实现项目的投资目标、（　　　）、质量目标，获得最佳的投资效益。

5. 土木工程项目施工承发包模式主要包括：总分包模式、平行承发包、施工联合体、（　　　）。

三、单项选择题

1. 每个项目都有其独特的成果和活动过程，有其区别于其他项目的特殊要求，没有两个项目是完全相同的，指的是项目基本特征中的（　　　）。

    A. 一次性　　　　　　B. 独特性　　　　　C. 多目标约束性　　D. 生命周期性

2. 报批开工属于土木工程项目建设中（　　　）阶段的工作。

    A. 可行性研究阶段　　　　　　　　B. 工程设计阶段

    C. 建设准备阶段　　　　　　　　　D. 建设实施阶段

3. CM 模式的合同价中施工工程费用不包括（　　　）。

    A. CM 班子工作成本　　　　　　　B. CM 利润及风险费

    C. 分包商/供货商合同费用　　　　　D. 其他工程费用

4. 下面属于小型工程建设项目的是（　　　）。

    A. 设计装机容量 100MW 的电站　　B. 投资 1500 万元的民航机场

    C. 长度 2km 的大桥　　　　　　　　D. 设计生产能力 500 万 t 的煤矿

5. 以下关于施工联合体的特点叙述错误的是（　　　）。

    A. 集中各成员在资金、技术、管理等方面的优势，提高了竞争能力和抗风险能力

    B. 对发包方来说，合同结构和施工过程的管理、组织协调都比较简单

    C. 施工过程中，若一个成员破产，其他成员将共同补充相应的人力、物力、财力，保证工程目标不受影响

    D. 各成员在联合体的总体规划和部署下，实行自主作业，自负盈亏、自担风险

四、多项选择题

1. 项目经理的权力包括：（　　　）。

    A. 生产指挥权　　　　　　　　　　B. 用人决策权

    C. 监理单位管理权　　　　　　　　D. 技术决策权

    E. 财务决策与支配权

2. 工程设计阶段主要包括：（　　　）。

  A. 项目筹划设计   B. 初步设计

  C. 投资估算设计   D. 施工图设计

  E. 可行性设计

3. 项目的组织结构主要包括：（　　　）。

  A. 职能型   B. 项目型   C. 部门控制型   D. 矩阵型

  E. 业务型

4. 国际上通用的工程项目管理模式一般包括三个参与方：（　　　）。

  A. 业主   B. 咨询单位   C. 设计单位   D. 承包单位

  E. 供货单位

5. EPC 总承包商的工作范围包括：（　　　）。

  A. 可行性研究   B. 设计   C. 采购   D. 咨询

  E. 施工

五、简答题

1. 简述项目的概念及其基本特征，并举例说明。

2. 简述土木工程项目经理部职能岗位设置。

3. 项目经理需要具备哪些能力和基本素质？

4. 试述我国土木工程项目建设程序。

5. 绘制土木工程项目生命周期图，并说明各阶段内容。

6. 绘制 DB 模式的组织形式图，并说明其优缺点。

7. 施工联合体和施工合作体承发包模式特点及异同点。

习题答案

一、名词解释（答案略）

二、填空题

1. 指挥职能   2. 施工单位项目经理

3. 工程招投标   4. 进度目标

5. 施工合作体

三、单项选择题

1. B   2. C   3. B   4. B   5. D

四、多项选择题

1. ABDE   2. BD   3. ABD   4. ABD   5. BCE

五、简答题（答案略）

第3章

土木工程项目招标与投标

教学要点和学习指导

本章叙述了招标与投标的基本概念，土木工程项目招标的程序、招标文件的编制及评标方法，土木工程项目投标的程序、投标决策与报价等知识点。

本章所涉及的概念及法律法规条例比较多，但大部分以理解为主。学习中要重点掌握和理解招标组织形式、土木工程项目招标投标的程序和招标投标文件的编制。另外，书中引用了三个案例以加深对评标方法、投标决策和投标报价等难点的理解和掌握。

3.1 概述

招标投标是市场经济条件下进行工程建设、货物买卖、劳务承担、财产出租、中介服务等经济活动的一种交易方式，是引入竞争机制订立合同的一种法律形式。其特点是买方设定经济活动质量、期限、价格等内容的标的，约请若干卖方通过投标报价进行竞争，择优选定中标者，双方达成协议签订合同后，按合同约定实现标的。

3.1.1 招标与投标的基本概念

（1）招标：是指招标单位（买方）或招标代理单位发出招标公告或投标邀请书，说明招标的工程、货物、服务的范围，标的物的质量、价格、期限，以及投标单位的资格要求等，邀请投标单位（卖方）在规定的时间、地点按照一定的程序进行投标的行为。

（2）投标：是与招标相对应的概念，是投标单位按照招标文件的要求完成标书，在规定的时间和地点向招标单位递交投标文件并以中标为目的的行为。

（3）招标人：是依法提出招标项目、进行招标的法人或者其他组织。

（4）投标人：是响应招标、参加投标竞争的法人或者其他组织。

（5）标底：是由招标人自行编制或委托经建设行政主管部门批准具有编制标底资格和能力的中介机构代理编制，并经当地工程造价管理部门核准审定的发包造价。标底是招标人对招标工程的预期价格，是判断投标报价合理性的依据。

（6）评标：是招标人按照招标文件的要求，由专门的评标委员会，对合格的投标人所报送的投标资料进行全面审查，择优选择中标人的行为。评标是一项比较复杂的工作，要求有生产、质量、检验、供应、财务、计划等各方面的专业人员参加，对各投标人的价格、质量、期限等条件进行综合分析和评比。

3.1.2 招标投标的基本原则

《中华人民共和国招标投标法》规定："招标投标活动应当遵循公开、公平、公正和诚实信用的原则"。

1．公开原则

首先要求招标信息公开，即通过国家指定的媒介发布招标工程项目的招标公告，包括招标人的名称和地址、招标项目的性质、数量、实施地点和时间，以及获取招标文件的方式等信息；其次要求投标评标过程公开，即对投标人的资格审查、开标的程序、评标的标准和过程、中标的结果等都应公开。

2．公平原则

要求招标人严格按照规定和程序办事，平等对待每一个投标人，不得以任何方式非法限制或排斥潜在投标人或投标人参加投标、干涉招标投标活动。

3．公正原则

要求招标人按照统一的标准衡量每一个投标人的优劣。招标人应当按照招标文件中载明的资格审查条件、标准和方法对投标人进行资格审查，不得随意更改或撤销招标文件中的相关规定；评标委员会应当按照招标文件中确定的评标标准和方法对投标文件进行评审和比较；评标委员会成员应当客观、公正地履行职务，遵守职业道德。

4．诚实信用原则

诚实信用原则是民事活动应当遵循的一项重要基本原则，要求招标投标双方必须以诚实守信的态度行使权力和履行义务。例如：在招标过程中，招标人不得发布虚假的招标信息，不得擅自终止招标；在投标过程中，投标人不得以他人名义投标，或以其他方式弄虚作假骗取中标；中标通知书发出后，招标人不得擅自改变中标结果，中标人不得擅自放弃中标项目。

3.1.3 招标组织形式

招标组织形式又称为招标方式，不同的项目有着不同的标的和要求、不同的采购模式和融资渠道，也就需要不同的招标方式与之相适应，国际上常用的招标方式有以下几种。

1．公开招标

公开招标又称为无限竞争性招标，是由招标人通过电视、网络、报刊、广播等媒体介质发布招标公告，凡具备相应资质并符合招标条件的单位或组织不受地域和行业限制均可申请投标，申请单位在规定的时间内向招标人提交意向书，进行资格预审，核准后购买招标文件，参加投标。公开招标根据工程项目涉及的范围、资金的来源等，分为国际公开招标和国内公开招标。

公开招标的优点：投标人多、范围广、竞争激烈，业主有较大的选择余地，易于选择报价低或报价合理、工期较短、信誉优良的投标人；同时有利于降低工程成本,提高工程质量和缩短工期。缺点：由于投标人多,招标人工作量大,组织工作复杂,需要投入较多的人力、物力,招投标过程所需时间长、费用高。所以,公开招标主要适用于投资额度大,工艺、结构复杂的大中型工程项目。

2. 邀请招标

邀请招标又称为有限竞争性招标,是指招标人根据自身掌握的资料或权威机构提供的信息,向三家以上(含三家)具备承担招标项目能力、资信良好的特定单位或组织发出投标邀请书,收到邀请书的单位在规定时间内,向招标人提交符合要求的投标文件,参加投标竞争。另外,为了实现公平竞争,便于招标人选择最佳的承包商,要求投标人在投标文件中报送表明其资质能力的相关材料,作为评标的评审内容之一(又称资格后审)。

邀请招标的优点：招标人不需要发布招标公告和设置资格预审程序,节省招标费用和时间；由于对投标人以往的业绩和履约能力比较了解,减小了合同履行过程中承包方违约的风险。缺点：邀请范围小,投标人少,竞争性差,招标人对投标人的选择余地较小,并可能错过某些在技术上或报价上具有竞争力的潜在投标人。所以,邀请招标适用于项目具有特殊性,比如保密、工期紧迫项目或者因高度专业性等因素使潜在投标人较少的项目；以及若采用公开招标方式的费用占项目总投资比例过大的小型工程项目。

3. 两阶段招标

两阶段招标是将公开招标和邀请招标相结合的一种招标方式。第一阶段采用公开招标方式,开标和评标后,再邀请几家最符合条件的承包商进行第二阶段投标报价,最后确定中标者。

两阶段招标适用于以下两种情况：①工程项目非常复杂,技术规格不完整或者招标内容尚处于发展过程中,第一阶段只进行技术或方案投标,经过评估,淘汰不合格的投标人,并制定出第二阶段更为完善的招标规则与要求；第二阶段,合格的投标人根据新的招标文件,进行报价,参与投标竞争。②第一阶段公开招标开标后,投标人报价全部超出招标人的受标极限(国际上一般为标底的20%),并且经过减价之后仍达不到要求,招标人可以邀请其中几家报价较低的投标人商谈并进行第二阶段投标报价。

4. 议标

议标也称谈判招标或限制性招标,即通过谈判来确定中标者。议标不具有公开性和竞争性,不属于《中华人民共和国招标投标法》规定的招标方式,而是人们在实践中形成的一些委派工程任务的方法,适用于那些不宜采用公开招标和邀请招标的情况。议标主要有以下几种：

(1)直接邀请议标方式。不需要发布招标公告,而是由招标人或其代理人直接邀请某一企业进行单独协商、谈判,达成协议后签订工程委托合同；第一家协商不成,可以邀请第二家,直到达成协议为止。这种议标方式适用于一些特殊的情况,比如涉及国家安全的工程或军事保密工程、紧急抢救工程；工程规模不大,而且同已发包的大工程相连,不易分割；公开招标或邀请招标未能产生中标单位,预计重新组织招标仍不会有结果的情况。

（2）比价议标方式。是一种兼有邀请招标和协商招标特点的工程任务委派方式。通常由招标人准备邀请函,连同图纸与说明书等送交多家单位,要求他们在约定时间内提出报价,经过分析比较,选择报价合理的单位,就工期、造价、质量、付款条件等细节进行协商,达成协议后签订合同。这种议标方式一般适用于规模不大、内容简单的工程和货物采购。

（3）方案竞赛议标方式。是一种委派大型工程规划、设计任务的常用方式,可以组织公开竞赛,也可邀请预先选择的多家规划设计单位参加竞赛。一般是由招标人给出基本要求、投资控制数额及工程基础资料,参加竞赛的单位据此提出已方的规划或初步设计方案,连同完成任务的主要人员配置、时间和进度安排,以及总投资估算、设计费用等,一并报送招标人;然后由招标人聘请有关专家组成评选委员会,选出优胜单位,并与招标人协商签订委托合同;同时,招标人要对没有中选的参赛单位给以适当的补偿。

3.1.4   土木工程项目招标投标的概念

土木工程项目实行招标投标制度,是将项目建设任务的委派纳入市场机制,通过竞争择优选定项目的工程承包单位、勘察设计单位、施工安装单位、监理单位、设备材料供应单位等,以达到保证工程质量、缩短建设周期、控制工程造价、提高投资效益和促进建设市场公平竞争、遏制工程管理腐败现象的目的,形成发包人与承包人之间通过招标投标签订承包合同的经营制度。

土木工程项目可以实行项目全过程招投标,也可以实行阶段性建设任务招投标,如项目前期咨询招投标、工程勘察招投标、工程设计招投标、工程施工招投标、工程监理招投标、设备材料采购招投标;按照项目构成分为整体招投标、分标段招投标、单项工程招投标、单位工程招投标、分部工程招投标、分项工程招投标(应当指出,为了防止中标人将工程肢解后进行发包,我国只允许对一些特殊专业工程实行分部、分项工程招标);另外,按照项目承包范围分为项目总承包招投标、工程分承包招投标、专项工程承包招投标等。

土木工程项目实行招投标,是我国工程建设管理体制改革的一项重要内容,是市场经济发展的必然产物,也是与国际接轨的需要。对降低工程建设项目成本,优化社会资源的配置;合理确定工程建设项目价格,提高固定资产投资效益;加强国际经济技术合作,促进经济发展具有重要的意义。

3.2   土木工程项目招标

3.2.1   土木工程项目招标范围

《中华人民共和国招标投标法》规定:在中华人民共和国境内进行下列工程建设项目,包括项目的勘察、设计、施工、监理以及与工程建设有关的重要设备、材料等的采购,必须进行招标:

（1）大型基础设施、公用事业等关系社会公共利益、公众安全的项目;

（2）全部或者部分使用国有资金投资或者国家融资的项目;

（3）使用国际组织或者外国政府贷款、援助资金的项目。

此外,《工程建设项目招标范围和规模标准规定》明确了上述必须进行招标的工程建设

项目的具体范围和规模标准,并提出达到下列标准之一的,必须进行招标:

(1)施工单项合同估算价在 200 万元人民币以上的;

(2)重要设备、材料等货物的采购,单项合同估算价在 100 万元人民币以上的;

(3)勘察、设计、监理等服务的采购,单项合同估算价在 50 万元人民币以上的;

(4)单项合同估算价低于前三项规定的标准,但项目总投资额在 3000 万元人民币以上的。

同时,《工程建设项目施工招标投标办法》规定,有下列情形之一的,可以不进行招标:

(1)涉及国家安全、国家秘密、抢险救灾或者属于利用扶贫资金实行以工代赈、需要使用农民工等特殊情况,不适宜进行招标;

(2)施工主要技术采用不可替代的专利或者专有技术;

(3)已通过招标方式选定的特许经营项目投资人依法能够自行建设;

(4)采购人依法能够自行建设;

(5)在建工程追加的附属小型工程或者主体加层工程,原中标人仍具备承包能力,并且其他人承担将影响施工或者功能配套要求;

(6)国家规定的其他情形。

3.2.2 土木工程项目招标程序

土木工程项目招标是一个连续、完整、复杂的过程,在招标之前必须明确项目招标的基本程序,如图 3-1 所示。

1. 成立招标工作机构

具有编制招标文件和组织评标能力的招标人,可以自行组织与招标工作相关的经济、法律、技术和咨询管理人员成立招标工作机构,办理招标事宜,并向有关行政监督部门备案;不具备条件的招标人,应当委托具有从事工程建设项目招标代理业务的招标代理机构,在其资格等级和招标人委托的范围内办理招标事宜,包括:①拟定招标方案,编制和出售招标文件、资格预审文件;②审查投标人资格;③编制标底;④组织投标人踏勘现场;⑤组织开标、评标,协助招标人定标;⑥草拟合同;⑦招标人委托的其他事项。

2. 确定招标方式

业主在充分考虑自身的管理能力、工程设计进度情况、项目自身特点、外部环境条件等因素的基础上,决定工程分标的数量和合同类型,并依法确定招标方式。

3. 申请批准招标

按照国家有关规定需要履行项目审批、核准手续的依法必须进行招标的工程建设项目,其招标范围、招标方式、招标组织形式应当报项目审批部门审批、核准;项目审批、核准部门应当及时将审批、核准确定的招标内容通报有关行政监督部门。"工程建设项目施工招标申请表"的主要内容一般包括:工程名称、建设地点、招标建设规模、结构类型、招标范围、招标方式、要求设计施工企业等级、施工前期准备情况(土地征用、拆迁情况、勘察设计情况、施工现场条件等)、招标机构组织情况等。

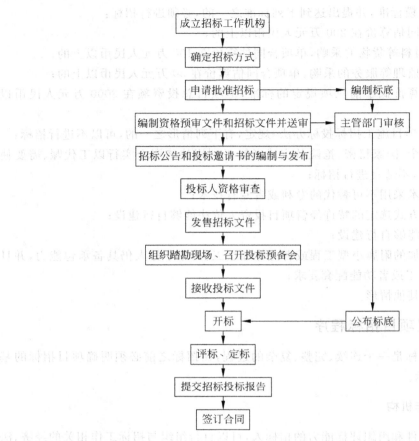

图 3-1   土木工程项目公开招标基本程序

此外,《工程建设项目施工招标投标办法》规定,依法必须招标的工程建设项目,应当具备下列条件才能进行施工招标:①招标人已经依法成立;②初步设计及概算应当履行审批手续的,已经批准;③有相应资金或资金来源已经落实;④有招标所需的设计图纸及技术资料。

4. 编制资格预审文件和招标文件并报行政主管部门审批

招标人应当根据招标项目的特点和需要编制招标文件,并报行政主管部门审批,审批同意后,可以发布招标公告和资格预审公告。招标文件应当包括招标项目的技术要求、对投标人资格审查的标准、投标报价要求和评标标准等所有实质性要求和条件以及拟签订合同的主要条款。招标项目需要划分标段、确定工期的,招标人应当合理划分标段、确定工期,并在招标文件中载明。招标人应当在招标文件中规定实质性要求和条件,并用醒目的方式标明。

5. 编制和公布标底

招标人可根据项目特点决定是否编制标底。编制标底的,标底编制过程和标底在开标前必须保密。标底应根据批准的初步设计、投资概算,依据有关计价办法,参照有关工程定额,结合市场供求状况,综合考虑投资、工期和质量等方面的因素进行合理地编制。标底由招标人自行编制或委托中介机构编制,一个工程只能编制一个标底。一般在工程项目开标时公布标底。

招标项目可以不设标底,进行无标底招标。如果招标人设有最高投标限价的,应当在招标文件中明确最高投标限价或者最高投标限价的计算方法;招标人不得规定最低投标限价。

6. 招标公告和投标邀请书的编制与发布

采用公开招标方式的,招标人应当发布招标公告,邀请不特定的法人或者其他组织投标;招标公告应当在国家指定的报刊和信息网络上发布或者其他媒介发布。采用邀请招标方式的,招标人应当向三家以上具备承担招标项目能力、资信良好的特定的法人或者其他组织发出投标邀请书。

工程建设项目施工招标公告或者投标邀请书应当至少载明下列内容:招标人的名称和地址;招标项目的内容、规模、资金来源;招标项目的实施地点和工期;获取招标文件或者资格预审文件的地点和时间;对招标文件或者资格预审文件收取的费用;对投标人资质等级的要求。

7. 投标人资格审查

资格审查分为资格预审和资格后审。资格预审是指在投标前对潜在投标人进行的资格审查;资格后审是指在开标后对投标人进行的资格审查。采取资格预审的,招标人应当在资格预审文件中载明资格预审的条件、标准和方法;采取资格后审的,招标人应当在招标文件中载明对投标人资格要求的条件、标准和方法。

资格审查的内容根据招标工程项目对投标人的要求进行确定,主要包括基本资格审查和专业资格审查两部分。基本资格审查是指对申请人的合法地位和信誉等进行的审查,包括:营业执照、资质等级、安全生产许可证、财务状况、技术状况、分包计划、履约情况等。专业资格审查是对已经具备基本资格的申请人履行招标项目能力的审查,包括:①施工经历,以往承担类似项目的业绩;②为履行招标项目所配备的人员状况,包括项目负责人与主要技术管理人员的简历、业绩;③为履行招标项目所配备的机械、设备以及施工方案等情况;④财务状况,包括申请人的资产负债表、现金流量表等。

经资格预审后,招标人应当向资格预审合格的潜在投标人发出资格预审合格通知书,告知获取招标文件的时间、地点和方法,并同时向资格预审不合格的潜在投标人告知资格预审结果。资格预审不合格的潜在投标人不得参加投标;经资格后审不合格的投标人的投标应予否决。

8. 发售招标文件

招标人应当按招标公告或者投标邀请书规定的时间、地点将招标文件、设计图和有关技术资料发售给通过资格预审获得投标资格的投标人。招标人也可以通过信息网络或者其他媒介发布招标文件,与书面招标文件具有同等法律效力,但出现不一致时以书面招标文件为准。

招标人对已发出的招标文件进行必要的澄清或者修改的,应当在招标文件要求提交投标文件截止时间至少 15 日前,以书面形式通知所有招标文件收受人。该澄清或者修改的内容为招标文件的组成部分。

9. 组织勘察现场、召开投标预备会

招标人根据招标项目的具体情况,可以组织潜在投标人踏勘项目现场,向其介绍工程场地和相关环境的有关情况。潜在投标人依据招标人介绍情况作出的判断和决策,由其自行负责。招标人不得单独或者分别组织任何一个投标人进行现场踏勘。

工程建设项目施工招标人应该向潜在投标人介绍的项目现场情况包括:施工现场是否达到招标文件规定的条件;施工现场的地理位置和地形、地貌;地质、水文情况;气候条件,如气温、湿度、风力、年雨雪量等;现场环境,如交通、饮水、污水排放、生活用电、通信等;工程在施工现场中的位置或布置;临时用地、临时设施搭建等。

对于潜在投标人在阅读招标文件和现场踏勘中提出的疑问,招标人可以书面形式或召开投标预备会的方式解答,但需同时将解答以书面方式通知所有购买招标文件的潜在投标人,该解答的内容作为招标文件的组成部分,具有同样的法律效力。

10. 接收投标文件

投标人应当按照招标文件的要求编制投标文件,并在招标文件要求提交投标文件的截止时间前,将投标文件密封送达投标地点。招标人收到投标文件后,应当向投标人出具标明签收人和签收时间的凭证,在开标前任何单位和个人不得开启投标文件。投标文件逾期送达或者未送达指定地点的,或者未按招标文件要求密封的,招标人应当拒收。

此外,投标人在招标文件要求提交投标文件的截止时间前,可以补充、修改、替代或者撤回已提交的投标文件,并书面通知招标人。补充、修改的内容为投标文件的组成部分。

11. 开标

开标应当在招标文件确定的提交投标文件截止时间的同一时间公开进行;开标地点应当为招标文件中预先确定的地点。开标由招标人主持,邀请所有投标人参加。开标时,由投标人或者其推选的代表检查投标文件的密封情况,也可以由招标人委托的公证机构检查并公证;经确认无误后,由工作人员当众拆封,宣读投标人名称、投标价格和投标文件的其他主要内容。开标过程应当记录,并存档备查。

投标文件有下列情形之一的,开标时由评标委员会初审后按废标处理:

(1) 无单位盖章并无法定代表人或法定代表人授权的代理人签字或盖章的;

(2) 未按规定的格式填写,内容不全或关键字迹模糊、无法辨认的;

(3) 投标人递交两份或多份内容不同的投标文件,或在一份投标文件中对同一招标项目报有两个或多个报价,且未声明哪一个有效,按招标文件规定提交备选投标方案的除外;

(4) 投标人名称或组织结构与资格预审时不一致的;

(5) 未按招标文件要求提交投标保证金的;

(6) 联合体投标未附联合体各方共同投标协议的。

12．评标

评标由招标人依法组建的评标委员会负责。评标委员会由招标人的代表和有关技术、经济等方面的专家组成,成员人数为五人以上单数,其中技术、经济等方面的专家不得少于成员总数的三分之二。评标委员会成员的名单在中标结果确定前应当保密。

评标委员会应当按照招标文件确定的评标标准和方法,对投标文件进行评审和比较;设有标底的,评标中应当参考标底,但不得作为评标的唯一依据。招标人应当采取必要的措施,保证评标在严格保密的情况下进行。评标委员会完成评标后,应当向招标人提出书面评标报告,并推荐合格的中标候选人(一至三人,并表明排列顺序),评标报告由评标委员会全体成员签字。招标人根据评标委员会提出的书面评标报告和推荐的中标候选人确定中标人;也可以授权评标委员会直接确定中标人。

13．定标

中标人确定后,招标人应当向中标人发出中标通知书,并同时将中标结果通知所有未中标的投标人。中标通知书对招标人和中标人均具有法律效力,中标通知书发出后,招标人改变中标结果的,或者中标人放弃中标项目的,应当依法承担法律责任。

14．提交招标投标报告

依法必须进行招标的项目,招标人应当自发出中标通知书之日起 15 日内,向有关行政监督部门提交招标投标情况的书面报告,至少应包括下列内容:招标范围;招标方式和发布招标公告的媒介;招标文件中投标人须知、技术条款、评标标准和方法、合同主要条款等内容;评标委员会的组成和评标报告;中标结果。

15．签订合同

招标人和中标人应当自中标通知书发出之日起 30 日内,按照招标文件和中标人的投标文件订立书面合同;招标人和中标人不得再行订立背离合同实质性内容的其他协议。招标人与中标人签订合同后 5 个工作日内,应当向中标人和未中标的投标人退还投标保证金及银行同期存款利息。

3.2.3　土木工程施工招标文件的编制

根据《中华人民共和国标准施工招标文件》,土木工程施工招标文件的编制,主要包括以下内容。

（1）招标公告或投标邀请书。包括:招标条件,项目概况与招标范围,投标人资格要求,招标文件的获取,投标文件的递交,发布公告的媒介(适用于公开招标),确认(适用于邀请招标),联系方式。

（2）投标人须知。包括:

① 总则:项目概况,资金来源和落实情况,招标范围、计划工期和质量要求,投标人资格要求,费用承担,保密,语言文字,计量单位,踏勘现场,投标预备会,分包,偏离;

② 招标文件:招标文件的组成,招标文件的澄清,招标文件的修改;

③ 投标文件：投标文件的组成，投标报价，投标有效期，投标保证金，资格审查资料，备选投标方案，投标文件的编制；

④ 投标：投标文件的密封和标识，投标文件的递交，投标文件的修改与撤回；

⑤ 开标：开标时间和地点，开标程序；

⑥ 评标：评标委员会，评标原则，评标；

⑦ 合同授予：定标方式，中标通知，履约担保，签订合同；

⑧ 重新招标和不再招标：重新招标，不再招标；

⑨ 纪律和监督：对招标人的纪律要求，对投标人的纪律要求，对评标委员会的纪律要求，对与评标活动有关的工作人员的纪律要求，投诉；

⑩ 需要补充的其他内容。

（3）评标办法。包括：评标方法，评审标准（初步评审标准，详细评审标准或分值构成与评分标准），评标程序（初步评审，详细评审，投标文件的澄清和补正，评标结果）。

（4）合同条款及格式。包括：通用合同条款，专用合同条款，合同附件格式。

（5）工程量清单。包括：工程量清单说明，投标报价说明，其他说明，工程量清单（工程量清单表、计日工表、暂股价表、投标报价汇总表、工程量清单单价分析表）。

（6）图纸。包括：图纸目录，图纸。

（7）技术标准和要求。

（8）投标文件格式。包括：投标函及投标函附录，法定代表人身份证明或附有法定代表人身份证明的授权委托书，联合体协议书，投标保证金，已标价工程量清单，施工组织设计，项目管理机构，拟分包项目情况表，资格审查资料，投标人须知规定的其他材料。

3.2.4 土木工程招投标评标方法

1. 经评审的最低投标价法

经评审的最低投标价法一般适用于具有通用技术、性能标准或者招标人对其技术、性能没有特殊要求的招标项目。采用这种评标方法，评标委员会应当根据招标文件中规定的评标价格修正与调整方法，对所有投标人的投标报价以及投标文件的商务部分作必要的价格调整，形成评标价。根据经评审的最低投标价法，能够满足招标文件的实质性要求，并且经评审的最低投标价的投标，应当推荐为中标候选人。此外，采用经评审的最低投标价法，中标人的投标应当符合招标文件规定的技术要求和标准，但评标委员会无需对投标文件的技术部分进行价格折算。根据经评审的最低投标价法完成详细评审后，评标委员会应当拟定一份"标价比较表"，连同书面评标报告提交招标人。"标价比较表"应当载明投标人的投标报价、对商务偏差的价格调整和说明以及经评审的最终投标价。

经评审的最低投标价法是世界银行、亚洲开发银行贷款项目的主要评标方法。采用这种评标方法，通常考虑的修正因素包括：一定条件下的优惠（如世界银行贷款项目对借款国国内投标人有 7.5% 的评标价优惠），工期提前的效益对报价的修正等。除报价外，评标时应考虑的因素一般包括：①内陆运输费用及保险费；②交货或竣工期；③支付条件；④零部件以及售后服务；⑤价格调整因素；⑥设备和工厂（生产线）运转和维护费用。应当注意，评标价仅是为投标文件评审时比较投标优劣的折算值，与中标人签订合同时，仍以投标价格为准。

经评审的最低投标价法的优点：①适合使用财政资金和其他共有资金而进行的采购招标，体现了"满足需要即可"的公共采购的宗旨；②在不违反法律法规原则的前提下，最大限度地满足招标人的要求和意愿；③能够体现招标节约资金的特点，根据统计，一般的节资率在10%左右；④评标比较科学、细致，可以告知每个投标人各自不中标的原因。缺点：①招标前的准备工作要求比较高，对关键的技术和商务指标，需要慎重考虑；②评标时，对评委的要求比较高，只有认真细致地考评和计算，才能得出准确的结果；③虽然多数情况下避免了"最高价者中标"的问题，但是通常难以准确地划定"技术指标"与价格的折算关系。比如，按照目前国际招标的办法，高水平的技术加价因素只有0.5%，有时难以反映技术偏差导致的真正的水平差距，致使招标人即使有资金有理由，也难以引进更先进而价格也稍高一点的设备和技术。

2. 综合评估法

土木工程项目招投标中，如果仅仅比较各投标人的报价或报价加商务部分，则对竞争性投标之间的差别不能做出恰如其分的评价。因此，在这些情况下，必须以价格加其他全部因素综合评标，即采用综合评估法评标。根据综合评估法，最大限度地满足招标文件中规定的各项综合评价标准的投标，应当推荐为中标候选人。

综合评估法评标一般是将各个评审因素在同一基础或者同一标准上进行量化，量化指标可以采取折算为货币的方法、打分的方法或者其他方法（需量化的因素及其权重应当在招标文件中明确规定），使各投标文件具有可比性；然后，评标委员会对技术部分和商务部分的量化结果进行加权，计算出每一投标的综合评估价或者综合评估分，以此确定中标候选人。

根据综合评估法完成评标后，评标委员会应当拟定一份"综合评估比较表"，连同书面评标报告提交招标人。"综合评估比较表"应当载明投标人的投标报价、所作的任何修正、对商务偏差的调整、对技术偏差的调整、对各评审因素的评估以及对每一投标的最终评审结果。

综合评估法最常用的是综合评标价法和综合评分法。①综合评标价法，也称最低评标价法，是把除报价外其他各种因素予以数量化，用货币计算其价格，与报价一起计算，然后按评标价高低排列次序。这是另一种以价格加其他因素评标的方法，也可以认为是扩大的经评审的最低投标价法。以这种方法评标，一般做法是以投标报价为基数，将报价以外的其他因素（包括商务因素和技术因素）数量化，并以货币折算成价格，将其加（减）到投标价上去，形成评标价，以评标价最低的投标作为中选投标。②综合评分法，也称打分法，是指评标委员会按预先确定的评分标准，对各投标书需评审的要素（报价和其他非价格因素）进行量化、评审记分，以投标书综合分的高低确定中标单位的评标方法。由于项目招标需要评定比较的要素较多，且各项内容的计量单位又不一致，如工期是天、报价是元等，因此综合评分法可以较全面地反映出投标人的素质。使用综合评分法，评审要素确定后，首先将需要评审的内容划分为几大类，并根据招标项目的性质、特点，以及各要素对招标人总投资的影响程度来具体分配分值权重（即得分）。然后再将各类要素细化成评定小项并确定评分的标准。这种方法往往将各评审因素的指标分解成100分，因此也称百分法。

综合评估法的优点：①比较容易制定具体项目的评标办法和评标标准；②评标时，评委容易对照标准"打分"。难点：①难以细致制定评分标准，精确到每一个分数值；②难以找出制定技术和价格等标准分值之间的平衡关系；③难以事先制定并且公布具体计算的"基准价格"等参数和计算办法，特别是在目前不正当竞争行为比较多的情况下，容易被个别的投标人或者评委人为地破坏；④难以在标准细化后，最大限度地满足招标人的愿望。缺点：①具体实施起来，评标办法和标准可能五花八门，很难统一与规范；②在没有资格预审的招标中，容易由于资格资质条件设置的不合理，导致"歧视性"条款，造成不公，引起质疑和投诉；③如果评分标准细化不足，则评标委员在打分时的"自由裁量权"容易过大；④容易发生"最高价者中标"现象，引起对于政府采购和招标投标的质疑。

3. 其他评标方法

（1）专家评议法。也称定性评议法或综合评议法，评标委员会根据预先确定的评审内容，如报价、工期、技术方案和质量等，对各投标书共同分项进行定性的分析、比较，进行评议后，选择投标书在各指标都较优良者为候选中标人，也可以用表决的方式确定候选中标人。这种方法实际上是定性的优选法，由于没有对各投标因素的量化（除报价是定量指标外）比较，标准难以确切掌握，往往需要评标委员会协商，评标的随意性较大。其优点是评标委员会成员之间可以直接对话与交流，交换意见和讨论比较深入，评标过程简单，在较短时间内即可完成；但当成员之间评标结果差距过大时，确定中标人较困难。专家评议法一般适用于小型项目或在无法量化投标条件的情况下使用。

（2）最低投标价法。是价格法的一种，也称合理最低投标价法，即能够满足招标文件的各项要求，投标价格最低的投标者应被推荐为中标候选人。最低投标价法一般适用于简单商品、半成品、原材料，以及其他性能、质量相同或容易进行比较的货物招标。这些货物技术规格简单，技术性能和质量标准及等级通常可采用国际（国家）标准，此时仅以投标价格的合理性作为唯一尺度定标。对于这类产品的招标，招标文件应要求投标人根据规定的交货条件提出标价。计算价格的方法通常情况是：如果所采购的货物从国外进口，则一般规定以买主国家指定港口的到岸价格报价；如果所采购货物来自国内，则一般要求以出厂价报价；如果所提供的货物是投标人早已从国外进口，目前已在国内的，则投标价应为仓库交货价或展室价。

（3）寿命周期成本评标法。是在综合评标价法的基础上，再加上一定运行年限内的费用作为评标价格。比如，采购整座工厂成套生产线或设备等，采购后若干年运转期内的各项后续费用（零件、油料、燃料、维修等）很大，有时甚至超过采购价；不同投标书提供的同一种设备，相互间运转期后续费用的差别，可能会比采购价格间的差别更为重要。在这种情况下，就应采取寿命周期成本法。采用设备寿命周期成本评标法，应首先确定一个统一的项目评审寿期，然后将投标报价和因为其他因素而需要调整（增或减）的价格，加上今后一定的运转期内所发生的各项运行和维护费用（如零部件、燃料、油料、电力等）再减去寿命期末项目的残值。计算运转期内各项费用，包括所需零部件、油料、维修费以及到期后残值等，都应按招标文件规定的贴现率折算成净现值，再计入评标价中。

（4）性价比法。是指按照要求对投标文件进行评审后，计算出每个有效投标人除价格因素外的其他各项评分因素（包括技术、财务状况、信誉、业绩、服务、对招标文件的响应程度等）的汇总得分，并除以该投标人的投标报价，以商数（评标总得分）最高的投标人为中标候选供应商或者中标供应商的评标方法。

（5）按照标底确定中标的方法。招标人自行或委托中介机构仔细测算工程的总费用，编制"标底"，开标唱标时宣布标底，由最接近标底的投标人中标。

（6）两阶段招标评标法或双信封评标法。先招标"技术方案"或者对"技术方案"进行分析比较；符合要求者，再对进行"商务报价"招投标与评标。

3.2.5　评标方法案例

 案例 3-1　某土木工程项目综合评估法评标方案的编制

1. 评标方法

本项目评标采用综合评估法。评标委员会对满足招标文件实质性要求的投标文件，将从工程造价、施工组织设计、工期、质量、项目负责人答辩、投标人经历及业绩计分等 6 个方面按照综合评估法评分标准进行综合计分，评分采用百分制，分项得分保留两位小数，并按得分由高到低顺序推荐中标候选人，或根据招标人授权直接确定中标人。综合评分相等时，以投标报价低的优先；投标报价也相等的，由招标人自行确定。

2. 评审标准

1）初步评审标准

评标委员会审查每一个投标文件，根据初步评审标准对投标文件进行初步评审，有一项不符合评审标准的，作废标处理。

评标委员会可以要求投标人提供评审标准规定的有关证明和证件的原件，以便核验。投标人不能说明理由又拒不提供有关证明和证件原件的，经评标委员会认定该项评审因素不符合评审标准的作废标处理。招标人需要投标人提供原件以备核验的，应在评审标准备注栏中明示。

（1）形式评审标准

表 3-1　形式评审标准示例

评审因素	评审标准	备注
投标人名称	与营业执照、资质证书、安全生产许可证一致	
投标函签字盖章	有法定代表人或其委托代理人签字并加盖单位章	
投标文件格式	符合招标文件要求	
报价唯一	只能有一个有效报价	

（2）资格评审标准

表 3-2　资格评审标准示例

评审因素	评审标准	备注
营业执照	具备有效的营业执照	
安全生产许可证	具备有效的安全生产许可证	

续表

评审因素	评审标准	备注
资质等级	企业具有市政公用工程施工总承包三级及以上企业资质	
类似项目业绩	近5年承担过200万元及以上道路或场地的类似工程(以竣工验收报告日期为准,需同时提供中标通知书、施工合同、竣工验收证明原件)	
项目负责人资格	小型项目管理师或二级及以上市政公用工程专业注册建造师资格,并具有有效的安全生产考核合格证	
项目负责人及委托代理人劳动合同及社会养老保险证明	投标人法人代表的授权委托代理人和项目负责人必须为本单位人员,且在投标时提供本年度本单位为其办理的每个月养老保险证明,证明以投标人当地保险管理部门出具的证明原件为准	
其他要求	1. 投标人具有有效的《×××市招投标市场准入资格证》 2. 招标人不接受投标人参加投标的情形 　(1) 有违反法律、法规行为,依法被取消投标资格且期限未满的 　(2) 因招标投标活动中有违法违规等不良行为,被招标投标管理部门公示限制且限制期限未满的	

(3) 响应性评审标准

表 3-3　响应性评审标准示例

评审因素	评审标准	备注
投标范围	道路、训练场、雨水污水管、场地等施工	
工期	100日历天	
工程质量	合格	
投标有效期	45日历天	
投标保证金	捌万元整	
权利义务	符合招标文件要求	
电子文件	符合招标文件要求	
已标价工程量清单	符合招标文件"工程量清单"给出的范围及数量	
技术标准和要求	符合招标文件要求	

2) 详细评审标准(分值构成与评分标准)

(1) 分值构成

施工组织设计20分,工程造价60分,工期3分,质量3分,项目负责人答辩5分,投标人经历及业绩9分,总分100分。

(2) 施工组织设计评审(20分)

表 3-4　施工组织设计评审标准示例

评审因素	评审标准
总体概述:施工组织总体设计,方案针对性及施工段划分	2分
施工现场平面布置和临时设施、临时道路布置	2分
施工进度计划和各阶段进度的保证措施	3分

续表

评 审 因 素	评 审 标 准
各分部分项工程的施工方案及质量保证措施	3 分
安全文明施工及环境保护措施	2 分
项目管理班子的人员配备、素质及管理经验	2 分
劳动力、机械设备和材料投入计划	2 分
关键施工技术、工艺及工程项目实施的重点、难点和解决方案	1 分
冬雨季施工、已有设施、管线的加固、保护等特殊情况下的施工措施	2 分
新技术、新产品、新工艺、新材料应用	1 分

评分标准:

① 以上某项内容较完整、详细具体、科学合理、措施可靠、组织严谨、针对性强,可得该项分值的 90% 以上;

② 以上某项内容完整、组织较严谨、针对性较强,可得该项分值的 70%～90%;

③ 以上某项内容一般、措施基本可行、针对性强、内容完整,可得该项分值的 50%～70%;

④ 以上某项无具体内容,该项不得分(此项应经评标委员会共同确认)。

此外,本工程采用远程评标,施工组织设计由技术标评委独立评分,汇总时必须在所有评审技术标的评标委员会成员的评分中去掉一个最高分和一个最低分后,再进行平均,计算各投标人实际得分。

(3) 投标报价评审(60 分)

① 评标委员会发现投标人的报价明显低于其他投标报价,使得其投标报价可能低于其成本的,应当要求该投标人做出书面说明并提供相应证明材料。投标人不能合理说明或者不能提供相应证明材料,由评标委员认定该投标人以低于成本报价竞标,其投标作废标处理。

② 评标基准价 = 各有效投标人报价中经评审的最低投标价格,但是投标价格低于成本的除外。招标人按照下列方法确定投标最低控制价。

以低于招标控制价的投标人投标报价的算术平均值(投标人为 7 家及以上时应去掉 1 个最高报价和 1 个最低报价)的 95% 作为投标最低控制价(投标最低控制价经 1 次计算确定后不得调整),低于投标最低控制价的视同低于成本,作废标处理。

③ 偏离程度的评标基准值。当参加评标的投标人多于 5 人(含 5 人)时,偏离程度的评标基准值为去掉最高报价和最低报价的各投标人的分部分项工程量清单综合单价的算术平均值;当参加评标的投标人少于 5 人时,偏离程度的评标基准值 = 各投标人的分部分工程量清单综合单价的算术平均值。

④ 投标人的投标报价与评标基准价相等的得 55 分;各投标人的投标报价与评标基准价相比较,每高出 1% 扣 0.5 分。不足 1% 的,采用插入法,得分保留小数点后两位。

⑤ 分部分项工程量综合单价的偏离程度得分(5 分)。

a. 基本分 5 分,因光盘数据不完整影响评标的,不参加偏离程度分析且不得基本分 5 分。

b. 与偏离程度基准值相比较误差在 ±15%(含 ±15%)以内的不扣分,超过 ±15%,每项扣 0.02 分,最多扣 5 分。

（4）工期（3分）

满足招标文件中工期要求的得基本分。

（5）质量（3分）

满足招标文件中质量要求的得基本分。

（6）项目负责人答辩（5分）

要求投标项目负责人在评标环节陈述施工组织设计的主要内容或者现场以书面方式回答评标委员会提出的问题，评分分值控制在5分以内。其中由项目负责人对项目实施的总体想法及施工组织设计的主要内容进行系统陈述3分，由投标项目负责人针对评标委员会讨论拟定的施工组织设计中关于现场平面布置，人员、机械设备，质量、安全、文明施工措施，工期控制及特殊工程的工艺、施工方法等问题进行答辩2分（答辩题目一般为2个，每个分值1分）。

项目负责人答辩评分独立汇总，汇总时必须在所有评审技术标的评标委员会成员的评分中去掉1个最高分和1个最低分后，再进行平均，计算各投标人实际得分。投标人拟选派的项目负责人未参加陈述及答辩的，不得推荐其为中标候选人。

（7）投标人经历和业绩计分（9分）

① 投标项目负责人近5年来承担过200万元及以上道路或场地类似工程业绩的每个可得3分，最多得9分（以竣工验收报告日期为准）。

② 业绩证明材料在投标文件内应装有复印件，评标时需提供原件以供评委验核，具体为：中标通知书、施工合同、竣工验收证明（需同时提供）。

③ 项目负责人变更并经招标投标管理部门备案的，该工程业绩属于变更后的项目负责人。

3. 投标文件的澄清和补正

（1）在评标过程中，评标委员会可以书面形式要求投标人对所提交的投标文件中不明确的内容进行书面澄清或说明，或者对细微偏差进行补正。评标委员会不接受投标人主动提出的澄清、说明或补正。

（2）澄清、说明和补正不得改变投标文件的实质性内容（算术性错误修正的除外）。投标人的书面澄清、说明和补正属于投标文件的组成部分。

（3）评标委员会对投标人提交的澄清、说明或补正有质疑的，可以要求投标人进一步澄清、说明或补正，直至满足评标委员会的要求。

4. 评标结果

（1）评标委员会按照得分由高到低的顺序推荐1～3名中标候选人。

（2）评标委员会完成评标后，应当向招标人提交书面评标报告。

 案例 3-2　某工程施工项目评标"详细评审"案例

1. 评标方法与分值构成

某工程施工项目采用资格预审方式招标，综合评估法评标。其中投标报价权重为60

分、技术评审权重为 40 分。共有 5 个投标人进行投标,所有 5 个投标人均通过了初步评审,评标委员会按照招标文件规定的评标办法对施工组织设计、项目管理机构、设备配置、财务能力、业绩与信誉进行详细评审打分。其中:施工组织设计 10 分,项目管理机构 10 分,设备配置 5 分,财务能力 5 分,业绩与信誉 10 分。

2. 详细评审标准

1) 投标报价评审(60 分)

(1) 除开标现场被宣布为废标的投标报价外,所有投标人的投标价去掉 1 个最高值和 1 个最低值的算术平均值即为投标价平均值(如果参与投标价平均值计算的有效投标人少于 5 个时,则计算投标价平均值时不去掉最高值和最低值)。

(2) 投标价平均值直接作为评标基准价。

(3) 评标委员会将首先按下述原则计算各投标文件的投标价得分:当投标人的投标价等于评标基准价 D 时得 60 分,每高于 D 一个百分点扣 2 分,每低于 D 一个百分点扣 1 分,中间值按比例内插(得分精确到小数点后 2 位,四舍五入)。用公式表示如下:

$$F_1 = F - \frac{|D_1 - D|}{D} \times 100 \times E$$

式中　F_1——投标价得分;

　　　F——当投标报价等于评标基准价时得满分,为 60 分;

　　　D_1——投标人的投标价;

　　　D——评标基准价;

　　　若 $D_1 \geqslant D$,则 $E = 2$;若 $D_1 < D$,则 $E = 1$。

2) 技术评审(40 分)

(1) 施工组织设计(10 分)

① 施工总平面布置基本合理,组织机构图较清晰,施工方案基本合理,施工方法基本可行,有安全措施及雨季施工措施,并具有一定的操作性和针对性,施工重点难点分析较突出、较清晰,得基本分 6 分;

② 施工总平面布置合理,组织机构图清晰,施工方案合理,施工方法可行,安全措施及雨季施工措施齐全,并具有较强的操作性和针对性,施工重点难点分析突出、清晰,得 7~8 分;

③ 施工总平面布置合理且周密细致,组织机构图很清晰,施工方案具体、详细、科学,施工方法先进,施工工序安排合理,安全措施及雨季施工措施齐全,操作性和针对性强,施工重点难点分析突出、清晰,对项目有很好的针对性和指导作用,得 9~10 分。

(2) 项目管理机构(10 分)

① 项目管理机构设置基本合理,项目经理、技术负责人、其他主要技术人员的任职资格与业绩满足招标文件的最低要求,得 6 分;

② 项目管理机构设置合理,项目经理、技术负责人、其他主要技术人员的任职资格与业绩高于招标文件的最低要求,评标委员会酌情加 1~4 分。

(3) 设备配置(5 分)。设备配置满足招标文件最低要求,得 3 分;设备配置超出招标文件最低要求,评标委员会酌情考虑加 1~2 分。

（4）财务能力（5分）。财务能力满足招标文件最低要求，得3分；财务能力超出招标文件最低要求，评标委员会酌情考虑加1～2分。

（5）业绩与信誉（10分）。业绩与信誉满足招标文件最低要求，得6分；业绩与信誉超出招标文件最低要求，评标委员会酌情考虑加1～4分。

3．详细评审

1）投标报价评审得分计算表（见表3-5）

表 3-5　本次评标投标报价评审得分计算结果

投 标 人	投标报价/万元	投标报价平均值/万元	投标报价得分
投标人 A	1000		$=60-0=60$
投标人 B	950		$=60-5\times1=55$
投标人 C	980	1000	$=60-2\times1=58$
投标人 D	1050		$=60-5\times2=50$
投标人 E	1020		$=60-2\times2=56$

2）技术评审得分计算表（见表3-6）

表 3-6　本次评标技术评审得分计算结果

序号	评标因素	满分	投标人 A	投标人 B	投标人 C	投标人 D	投标人 E
1	施工组织设计	10	8	9	8	7	8
2	项目管理机构	10	7	9	6	8	8
3	设备配置	5	4	4	3	3	4
4	财务能力	5	3	4	4	5	3
5	业绩与信誉	10	7	10	9	6	8
	合计	40	29	36	30	29	31

3）综合评分及排序表（见表3-7）

表 3-7　本次评标综合评分及排序结果

投 标 人	报价得分	技术评审得分	总 分	排 序
投标人 A	60	29	89	2
投标人 B	55	36	91	1
投标人 C	58	30	88	3
投标人 D	50	29	79	5
投标人 E	56	31	87	4

4．评标结果

根据综合评分排序，评标委员会依次推荐投标人 B、A、C 为中标候选人。

3.3　土木工程项目投标

3.3.1　土木工程项目投标程序

土木工程项目投标就是施工单位根据自身条件,按照招标文件的要求填写投标申请书,获取投标资料,然后在认真研究招标文件的基础上,掌握好工程价格、质量、工期和物资供应等几个关键因素,对招标项目进行成本估算和报价,编制投标文件,并在规定的时间内向招标单位递送投标材料,争取中标。土木工程项目投标具体流程如图 3-2 所示。

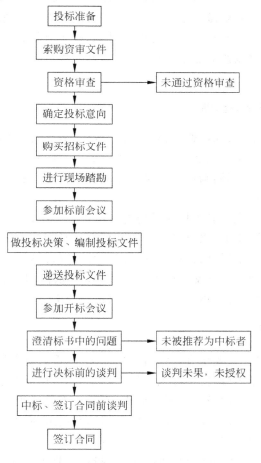

图 3-2　土木工程项目投标程序

因为工程项目投标程序与招标程序相对应,前文已有所说明,在此仅着重介绍投标程序中的几个重要步骤。

1.投标准备

在日常管理和经营中,项目承包单位应注意多方面搜集招标信息,在掌握招标信息来源之后,购买投标人资格预审资料之前,依据招标公告以及本单位对招标工程、业主情况的调研和了解,对投标与否进行论证。如果决定投标,则进行项目投标决策研究,即投什么性质的标,以及投标过程中采取的策略。

2. 资格审查

在编制资格预审申请书时,潜在投标人一定要针对资格预审文件的要求进行编制,如实地介绍自身的基本情况,包括资质等级、营业执照、安全生产许可、诚信文件等情况,以及类似的工程经验证明材料及获奖证书。同时,还要有财务状况、技术能力、公司组织机构、人员状况、设备装备等详细的资信信息。此外,编制资格预审申请书时,应针对招标项目特点加强分析,特别要反映出本单位对该招标项目的工程经验、技术水平和施工组织能力。

递交资格预审申请书后要做好跟踪工作,及时发现问题并补充材料。资格预审阶段还要与业主加强联系、沟通,尤其是业主权力很大时(如业主有权在所有资格预审合格的单位中选择 7 家参加投标),可以邀请业主参观、考察本单位及类似工程业绩,以增大资格预审过关几率。

3. 购买招标文件及现场踏勘

投标人通过资格预审后,即可购买招标文件。在购买招标文件时,投标人要参加招标人组织的投标预备会或招标文件交底会,了解工程概况以及招标文件中某些内容的修改或补充说明,同时对招标文件中不明确或有疑义部分向招标人进行提问,以充分理解招标内容,保证投标工作的顺利进行。

工程现场踏勘是投标人编制投标文件前的一项重要工作,主要对现场地点、场地环境和周围环境,包括地质地貌、交通、水电等情况和其他资源情况进行调查与研究。采用的方法包括拍照、实测实量,对照地质勘察资料进行查验,对周围材料、设备及人力资源供求关系的调研等。现场踏勘可以核对招标文件中的有关资料,并加深对招标文件的理解,以便对投标项目做出正确的判断,对投标策略、投标报价做出正确的决定。

4. 投标文件的编写

获取招标文件后,投标人要认真仔细研究招标文件,重点研究投标者须知、合同条款、设计图纸、工程范围、工程量表(即使招标人提供工程量清单,投标人也应依据设计文件对工程量进行核算,以确保其准确性)及技术规范要求,看是否有特殊要求。对有疑义或不明确的部分要形成书面材料,在招标人规定的时间内向招标人发出,取得澄清和答复。投标文件一般包括商务标、经济标和技术标。

(1)商务标主要包括投标书(含总投标报价、投标工期及相关说明)、投标书附录、法人证明、法人授权委托、企业资质、企业营业执照、安全生产许可、拟投入该工程的组织机构及人员配备、企业的业绩证明资料、经过审计的财务报表等相关内容。

商务标的编制主要体现对招标文件商务要求的符合性,要注意格式和文字上的准确,尤其是"投标书"、"投标书附录"、"投标担保"必须准确无误。此外,项目的组织机构、人员和设备要根据经验、实际计算及业主要求去配置,并与"技术标"相对应;同时还要考虑中标后是否可用,不能为了赢得中标而把企业最好的配置全写上,结果中标后标书中配置的人员、设备等不能按时进场,造成自身违约。

（2）经济标主要包括投标报价及报价分析。投标人在进行经济标编制时，要做到"知己知彼"，"知己"是对自身施工水平、施工能力、施工成本及预计工程利润的定位，这就要求投标人必须熟悉各种定额，充分考虑工程的制约因素及市场宏观经济环境，如投标工程实施有关的法律法规、劳动力及材料的供应状况、设备市场的租赁状况、专业施工公司的经营状况与价格水平等。

"知彼"主要是对业主方和竞争对手的调查。业主方（包括业主聘请的咨询公司、咨询工程师等）的情况，尤其是业主的资金落实情况、工程款的支付结算条件以及是否需要垫资，都应在投标报价中进行综合考虑。而竞争对手的施工能力，可能的报价水平或在其他项目报价中与己方报价的比较，以及竞争对手与其他承包商或分包商的关系等，也是报价中需要考虑的重要因素。

进行投标报价分析时，要根据评分办法，做好分析和测算工作。要正确分析自身的预算和实力，分析竞争对手情况以及竞争对手会做出怎样的报价决策，测算业主标底，然后根据不同的分析情况，结合历史经验以及商业情报，做出最终报价决策。此外，做报价决策时一定要做好保密工作，如果商业机密被竞争对手窃取，则会前功尽弃。

（3）技术标要充分反映企业的施工能力、施工方法与水平及施工工艺的科学性；同时技术标也是投标报价的基础和前提，不同的技术方案，对应不同的人工、机械与材料消耗，报价也不尽相同。因此，编制技术标时必须弄清分项工程的相关工作和内容，工程进度计划的各项要求，机械设备状态，劳动与组织等关键环节，要分析该项目的工程特点，施工重点是什么，施工难点是什么，施工方法、措施及进度要有针对性、可行性、科学性、合理性，不能照搬照抄施工规范。这样编制的施工方案在技术、工期、质量保证等方面对招标人才有吸引力，同时又有利于降低施工成本。

评标时，评标委员会会严格按照招标文件及评分办法评标，所以，投标文件一定要严格按照招标文件要求的顺序、内容，参考评分办法进行编制。而且一定要区分清楚"商务标"、"经济标"和"技术标"的内容，因为不同的地区、不同的招标人对此要求不同，一些小的疏漏往往就会导致废标或者少得分。此外，投标文件的份数、签署、装订、密封一定要按照招标文件的要求去做，否则就会导致废标。

投标文件编制完成后，应该对应招标文件对投标文件进行检查和复核，避免遗漏或多报，特别是要响应招标文件的要求，避免因提交资料不全或者对招标文件有不符合之处而被作为废标处理。

5. 递送投标文件

投标文件编制完毕后，投标人应当在招标文件要求提交投标文件的截止时间前，将投标文件密封送达投标地点。

为了保证招投标的顺利进行，防止投标人在投标有效期内撤回投标书或中标人不签约而造成招标人的损失，在递交投标文件前，招标人一般要求投标人递交投标保函。投标保函可采用现金、银行汇票、支票、信用证或银行保函的形式，数额一般不超过投标总价的2%，具体形式和数额，一般在招标文件中有详细规定。投标人要在规定时间内递交投标保证金，否则投标文件不予受理。

6. 投标后的后续工作

评标前,投标人应根据招标文件要求及评分办法,将要核验的原件备齐;如果要求答辩,需事先准备好答辩大纲;如果公布的评分结果与自己所测算的结果有误差,应主动提出质疑。

若中标,投标人在收到中标通知书后,应在 30 天内以中标通知书及投标文件、招标文件等为依据,与招标人签订工程合同,并对投标报价作进一步分析,进行盈亏预测,然后进行施工前的准备。而未中标的投标人在收到未中标通知书后,一般要进行未中标的原因分析与总结,并将自身的报价与中标人的报价进行比较,这有利于以后的投标工作。同时,按相关规定取回投标保函。

3.3.2 土木工程项目投标决策

1. 投标决策含义与决策阶段

市场经济条件下,承包商通过投标获得工程项目,但承包商并不是每标必投,应根据实际情况进行投标决策。投标决策包括三方面内容:①针对项目招标确定是否投标;②倘若投标,投什么性质的标;③投标中的策略和技巧。投标决策的正确与否,直接关系到投标人能否中标和中标后的效益,以及企业的发展前景和职工的经济利益,因此必须充分认识到投标决策的重要意义。投标决策可分为前期和后期两个阶段。

投标决策的前期阶段,主要是根据招标公告,通过对招标项目、业主情况的调研和了解,研究是否参与投标的问题。本阶段一般在购买投标人资格预审资料前完成。

通常情况下,如果招标项目符合以下条件,应选择参加投标:

(1) 本企业可以顺利通过资格预审,未超越企业经营范围和资质等级要求;

(2) 项目规模适度,本企业对招标项目适应性强,技术、装备等实际施工能力能够满足工程项目要求;

(3) 项目资金状况比较理想,企业能通过项目实施取得经济利益;

(4) 公关方向明确,能与业主建立沟通渠道,有比较可靠的社会基础;

(5) 相比竞争对手,明显处于优势;

(6) 实施项目能有较好的社会效益,有辐射效应。

如果有下列情况,应选择放弃投标:

(1) 本企业主营和兼营范围之外的项目;

(2) 工程规模和技术要求超过本企业资质等级的项目;

(3) 本企业生产任务饱满,而招标项目为盈利水平较低或风险较大的项目;

(4) 本企业技术水平、业绩、信誉等明显不如竞争对手的项目;

(5) 业主方资金、材料不落实,而本企业又无资金和材料垫付能力,或者本企业资源投入量过大的项目;

(6) 业主方的工作态度不利于本企业承包的项目。

如果决定投标,即进入投标决策的后期阶段,是指从申报资格预审至投标报价(递送标书)前完成的决策研究阶段。这个阶段主要研究倘若投标,投什么性质的标,即投风险标、保险标还是常规标，投盈利标、保本标还是亏本标；以及在投标中如何采用以长制短、以优胜劣的策略和技巧。

2. 投标决策的影响因素分析

土木工程项目涉及工程所在地方法规、地质、技术要求、民情、气候条件等诸多方面问题，使承包商常常处于纷繁复杂和变化多端的环境中。投标商如果想在投标过程中取得胜利，必须对影响投标决策的主客观因素进行细致分析与研究。

（1）影响投标决策的主观因素。即投标商现有的资源条件，包括企业目前的技术实力、经济实力、管理实力、社会信誉等。

① 技术实力方面：是否具有招标项目需要的各类专业技术人员，是否具有解决招标项目专业技术难题的能力，是否具有类似工程的承包经验，是否具有一定技术实力的合作伙伴。技术实力是实现较低的价格、较短的工期、优良的工程质量的保证，直接关系到企业投标中的竞争能力。

② 经济实力方面：是否具有垫付资金的实力，是否具有一定的固定资产和机具设备及临时租赁设备所需的资金，是否具有一定的资金周转用来支付施工用款或筹集承包国际工程所需外汇，是否具有支付投标保函、履约保函、预付款保函、缺陷责任期保函等各种担保的能力，是否具有支付关税、进口调节税、营业税、印花税、所得税、建筑税及排污税等各种税费和保险的能力，是否具有承担各种风险，特别是不可抗力带来的风险的能力等；此外，承担国际工程是否具有重金聘请有丰富经验或有较高地位的代理人及支付其他"佣金"的能力。

③ 管理实力方面：是否具有高素质的项目管理人员，特别是懂技术、会经营、善管理的项目经理人员，是否具有健全的管理措施和规章制度等。

④ 社会信誉方面：良好的信誉和社会形象、遵纪守法、认真履约、保证工程安全、工期和质量。

（2）影响投标决策的客观因素。即与投标工程相关的一切外界信息，包括项目基本情况、业主以及其他合作伙伴的诚信、竞争对手情况、当地市场环境情况以及法律、法规等。

① 项目的难易程度。如质量要求、技术要求、结构形式、工期要求等。

② 业主和其他合作伙伴的情况。如业主的合法地位、支付能力和信誉、履约能力；合作伙伴如监理工程师处理问题的公正性、合理性及与本企业的关系等。

③ 竞争对手的数量、实力、优势、投标目标，及招标项目投标环境的优劣情况。

④ 法律、法规的情况。尤其国际工程承包，涉及法律适用问题，原则包括：强制适用工程所在地法的原则、意思自治原则、最密切联系原则、适用国际惯例原则、国际法效力优于国内法效力的原则。

⑤ 风险问题。尤其国际工程承包，存在着政治风险、经济风险、技术风险、商务及公共关系风险和管理方面的风险等。投标决策中应对拟投标项目的各种风险因素进行辨识，以便有效地防范风险，避免或减少经济损失。

3. 投标决策方法

（1）评分法。根据投标决策影响因素分析，制定相关指标评分标准，运用专家评价方法确定是否参加投标。具体步骤如下：

① 确定投标的相关指标。即根据投标决策影响因素分析和以往经验判定影响招标项目投标的相关指标,如管理水平、技术水平、机械设备条件、招标项目条件、利润与后期影响力、施工经验、业主和监理声誉、竞争对手和竞争形势等。

② 制定指标评分标准。影响投标决策的诸多指标很难定量表示,因此各指标评分标准通常采用专家评价方法制定。首先,按照所确定的指标对本企业完成招标项目的相对重要程度分别确定权数,且权数之和为1。然后,用各项指标对投标项目进行衡量,将标准划分等级,每个等级赋予定量数值。比如将标准划分为好、较好、一般、较差、差五个等级,分别按1.0、0.8、0.6、0.4、0.2打分。

③ 评分。将每项指标权数与等级分相乘,求出该指标得分,全部指标得分之和即为该项目投标机会总分。

④ 确定是否参加投标。将总得分与以往其他投标情况相比较或者与预先制定的最低得分标准相比较,确定是否参加投标。如项目评分大于最低得分标准,则可以参加投标,否则不参加投标。

(2) 决策树法

在招标投标过程中,如果有多个招标项目公告同期发布,承包商对这几个招标项目都有能力投标,但没有能力同时承担全部项目,只能在其中选择一个或两个项目。如何选择最优的且中标几率最大的项目进行投标?通常采用决策树法。

决策树法是模拟树枝成长过程,从出发点开始不断分支来表示所分析问题的各种发展可能性,并以各分枝期望利润值最大者作为选择的依据。此处,用决策树法进行投标决策的基本假定为:①投标目标是尽可能地扩大近期利润;②最低投标报价者中标,标价提高则中标概率降低,落标则利润为零。则可以采用式(3-1)估算各行动方案在不同自然状态的预期损益值 E。

$$E = B \cdot P_i \tag{3-1}$$

式中,E 为预期损益值;B 为估算工程造价;P_i 为估算不同报价的利润比例;i 为拟定的行动方案数($i=1,2,3,\cdots$)。

通过逐步计算各“分支”的预期损益值,得出期望利润最大者。采用决策树法进行投标决策的具体实施步骤如下:

① 明确目标。确定目标是投标决策的前提,目标要具体明确,要考虑全面,要把整体与局部、长远与近期、实际与可能的利益结合起来。

② 拟定多个行动方案。根据确定的目标,拟定多个行动方案,这是科学决策的关键。

③ 探讨并预测未来可能的自然状态。所谓自然状态是指那些对实施行动方案有影响而决策者又无法控制和改变的因素所处的状况。这些因素包括的范围很广,如气候、物价、市场状况和企业的经营状况、竞争对手情况等。尽管影响决策问题的客观因素可能很多,但通常只选择对行动结果有重大影响的因素,以这个因素或这些因素的集合状态作为该决策问题的自然状态。

④ 估计各自然状态出现的概率。可以采用主观概率估算或根据历史统计资料直接估计。

⑤ 计算各个行动方案在不同自然状态下的损益值。

⑥ 决策分析,选择出满意的投标方案。

案例 3-3　投标决策案例分析

　　某工程承包商,近几年经营状况与信誉良好,现有若干个备选项目可以投标,由于近期在建工程饱满,受企业资源限制,只能选择其中一项工程进行投标。经过技术经济人员核算:项目 A 估算工程造价 1500 万元(其中主材占 60%),高价竞标利润为 11%,中标概率为 0.3;低价竞标利润为 7%,中标概率为 0.6,为投标所需支付的全部费用为 10 万元。项目 B 估算工程造价 1200 万元(其中主材占 60%),高价竞标利润为 10%,中标概率为 0.4;低价竞标利润为 5%,中标概率为 0.7,为投标所需支付的全部费用为 8 万元。A、B 工程招标文件均明确规定采用固定总价合同,中标价既为合同价,且原则上不调整。根据同期国家公布的物价指数预测,在工程施工期间材料价格的浮动区间为 -2% ~ +8%。下面对企业的投标报价风险决策进行理论分析。

1. 估算不同自然状态的损益值

　　项目 A:

　　高报价材料降价时利润 $= 1500 \times 11\% - 1500 \times 60\% \times (-2\%) = 183$ 万元(好);

　　高报价材料价不变时利润 $= 1500 \times 11\% = 165$ 万元(中);

　　高报价材料涨价时利润 $= 1500 \times 11\% - 1500 \times 60\% \times (8\%) = 93$ 万元(差);

　　低报价材料降价时利润 $= 1500 \times 7\% - 1500 \times 60\% \times (-2\%) = 123$ 万元(好);

　　低报价材料价不变时利润 $= 1500 \times 17\% = 105$ 万元(中);

　　低报价材料涨价时利润 $= 1500 \times 7\% - 1500 \times 60\% \times 8\% = 33$ 万元(差)。

　　项目 B:以此类推,可计算出 B 项目的相关损益值。

　　如此获得项目 A、B 不同竞标方案的承包效果、概率(由以往工程经验获取)和损益值,如表 3-8 所示。

表 3-8　项目 A、B 不同竞标方案的承包效果、概率和损益值

方案	投标费用/万元	承包效果	概率	损益值/万元
项目 A 高价竞标	10	好	0.3	183
		中	0.5	165
		差	0.2	93
项目 A 低价竞标	10	好	0.2	123
		中	0.7	105
		差	0.1	33
项目 B 高价竞标	8	好	0.4	134.4
		中	0.5	120
		差	0.1	62.4
项目 B 低价竞标	8	好	0.2	74.4
		中	0.5	60
		差	0.3	2.4
不投标	0			0

2．计算各机会点的期望值

将表 3-8 所列数据标注在图 3-3 的决策树中,然后计算各机会点的期望值,并标注到决策树中。

点⑦为 $183\times0.3+165\times0.5+93\times0.2=156$ 万元;同理,点⑧为 101.4 万元,点⑨为 120 万元,点⑩为 45.6 万元。

点②为 $156\times0.3-10\times0.7=39.8$ 万元;同理,点③为 56.84 万元,点④为 43.2 万元,点⑤为 29.52 万元,点⑥为 0 万元。

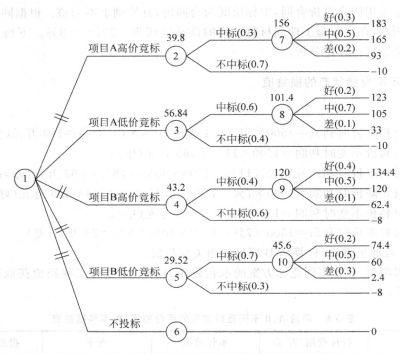

图 3-3　投标决策树与期望值结果

3．决策

通过计算,点③的期望利润值最大,因此承包商应按低报价投标项目 A。

3.3.3　土木工程项目投标报价

1．明确投标的目标

通常在保证招标人对工程质量和工期要求的前提下,投标获胜的关键性因素是报价。而承包商采用低价竞标还是高价竞标,首先会考虑其长远目标、当前经营状况和参加投标的目的。

(1)投标的目标仅在于使企业有任务、能生存下去或取得最低利润。这种投标目标往往是在该企业不景气或有生产能力但在建工程任务严重不足的情况下产生的。

（2）投标的目标在于开拓新业务、打开新局面，争取长期利润。这种投标目标往往是在该企业为扩大经营范围与影响，选择把握大的项目和提高企业信誉的情况下产生的。

（3）投标的目标在于薄利多销，扩大长期利润。这种投标目标往往是在该企业的业务能力与其他竞争对手相比没有太大的优势，行业市场竞争激烈的情况下产生的。

（4）投标的目标在于取得较大的近期利润。这种投标目标往往是在该企业当前经营状况良好、信誉颇佳，在建工程任务饱满，主要是为了提高企业的经济效益的情况下产生的。

2. 投标报价技巧

报价技巧运用得是否得当，在一定程度上可以决定投标项目能否中标和赢利，因此，它也是投标决策中不可忽视的一个环节。通常，投标报价技巧有以下几种：

（1）不平衡报价法。也叫前重后轻法，是指一个招标项目的投标报价，在总价基本确定的前提下，调整内部子项报价，使之既不提高总价、影响中标，又能在结算时得到更为理想的经济效益。通常可在以下几个方面考虑采用不平衡报价法。

① 能够早日结账收款的子项（如开办费、土石方工程、基础工程等）可适当提高单价，以利于资金周转；后期子项（如机电设备安装工程、装饰工程等）可适当降低单价。

② 根据经验，预计以后工程量会增加的子项，可适当提高单价；而将工程量可能减少的子项，可适当降低单价。

③ 设计图纸不明确或有错误，估计以后会有所修改的子项，可适当提高单价，以有利于索赔。

④ 没法确定工程量的子项（如疏浚工程中的淤泥开挖）及零星工作，可适当提高单价，这样做既不影响投标总价，以后发生时又可获得较高的利润。

⑤ 暂定项目（又称任意项目或选择项目）要做具体分析，因为这类项目要开工后再由业主研究决定是否实施，由哪家承包商实施。如果工程不分标，只由中标承包商实施，则其中估计要做的部分可适当提高单价，不一定做的部分可降低单价。如果工程分标，该暂定项目也可能由其他承包商实施时，则不宜提高单价，以免抬高总报价。

但是不平衡报价一定要建立在对招标文件中工程量仔细核对分析的基础上，特别是对报低单价的子项，如果在实施中工程量增多将造成承包商的重大损失。同时不平衡报价要控制在合理幅度内（一般在 10% 左右），以免引起业主反感，甚至导致废标；而且有时业主会挑选出报价过高的子项，要求投标者进行单价分析，然后围绕单价过高的内容进行压价，致使承包商得不偿失。

（2）多方案报价法。如果招标文件中某些条款不清楚或不公正，或技术规范要求过于苛刻时，可以在充分估计投标风险的基础上，按多方案报价法处理。即按照原招标文件报一个价，然后再提出："如果对某些条款进行修改，报价可降低多少……"，这样可以降低总价，吸引业主。

另外，投标人研究发现招标文件中的设计和施工方案不尽合理，且招标文件规定可以提出建议方案，则投标人可以提出一个更合理的方案和与之对应的报价，供业主比较。当然建议方案相比原方案一般可以降低总造价或提前竣工或使工程运行更合理。但要注意的是，采用多方案报价法时一定要对原招标方案进行报价，否则会被作为废标处理。

（3）突然降价法。投标过程中，竞争对手会通过各种渠道、手段刺探己方报价情况，为迷惑对方,可表现出不打算投标或准备报高价的假象,到投标截止时,再突然压低标价竞标。采用这种方法,要在准备投标报价的过程中考虑好降价的幅度,在临近投标截止日期前,根据情报信息与分析判断作最后决策。

(4)低投标价夺标法。如果企业大量窝工,为了减少亏损,或为了开拓新的建筑市场,或为了挤走竞争对手保住自己的地盘,而采取的一种不惜代价,只求中标的低价报价方案。采用这种方法的承包商必须要有一定的经济实力、较好的资信条件,并为招标项目提出先进可行的实施方案;同时要加强宣传,否则即使标价低,也不一定会被业主选中。

(5)联合保标法。在竞争对手众多的情况下,几家实力雄厚的承包商联合起来控制标价,一家出面争取中标,再将其中部分项目转让给其他承包商分包,或轮流相互保标。国际上这种做法较常见,但如果被业主发现,则有可能被取消投标资格。

(6)议标谈判技巧。议标谈判中,可以通过降低投标利润、降低经营管理费和设定降价系数调整最终总价。此外,议标谈判中还可以补充投标优惠条件,如缩短工期、提高工程质量、提出新技术和新设计方案、降低支付条件要求以及提供补充物资和设备等,争取中标。

3.3.4 有关投标人的法律禁止性规定

1. 禁止投标人之间串通投标

(1)投标人之间相互约定抬高或压低投标报价;

(2)投标人之间相互约定,在招标项目中分别以高、中、低价位报价;

(3)投标人之间先进行内部竞价,内定中标人,然后再参加投标;

(4)投标人之间其他串通投标报价的行为。

2. 禁止投标人与招标人之间串通投标

(1)招标人在开标前开启投标文件,并将投标情况告知其他投标人,或者协助投标人撤换投标文件,更改报价;

(2)招标人向投标人泄露标底;

(3)招标人与投标人商定,投标时压低或抬高标价,中标后再给投标人或招标人额外补偿;

(4)招标人预先内定中标人。

3. 其他串通投标行为

(1)投标人不得以行贿的手段谋取中标;

(2)投标人不得以低于成本的报价竞标;

(3)投标人不得以非法手段骗取中标。

4. 其他禁止行为

(1)非法挂靠或借用其他企业的资质证书参加投标;

(2)投标文件中故意在商务上和技术上采用模糊的语言骗取中标,中标后提供低档劣质货物、工程或服务；

（3）投标时递交假业绩证明、资格文件，假冒法定代表人签名，私刻公章，递交假的委托书等。

本章习题

一、名词解释

招标、投标、邀请招标、专家评议法、不平衡报价法

二、单项选择题

1. 大型工程规划、设计任务的委派常采用哪种方式（　　）。

　　A. 公开招标　　　　　B. 比价议标　　　　C. 方案竞赛议标　　D. 直接邀请议标

2. 招标投标过程中的资格审查一般在（　　）工作之后进行。

　　A. 接收投标文件　　B. 发布招标广告　　C. 发售招标文件　　D. 开标

3. 下列哪种情形（　　），必须进行招标。

　　A. 抢险救灾　　　　　　　　　　　B. 使用不可替代技术

　　C. 合同估算价为 30 万的勘察项目　D. 国际组织贷款项目

4. （　　）是招标人按照招标文件的要求，由专门的评标委员会，对合格的投标人所报送的投标资料进行全面审查，择优选择中标人的行为。

　　A. 投标　　　　　　　B. 标底　　　　　　C. 招标　　　　　　D. 评标

三、多项选择题

1. 招标、投标活动应当遵循的基本原则有（　　）。

　　A. 公开原则　　　　　B. 公平原则　　　　C. 公正原则　　　　D. 诚实信用原则

　　E. 等价有偿原则

2. 《工程建设项目施工招标投标办法》规定，工程建设项目具备下列哪些条件才能进行施工招标：（　　）。

　　A. 招标人已经依法成立

　　B. 编制招标公告并已发布

　　C. 初步设计及概算应当履行审批手续的，已经批准

　　D. 有相应资金或资金来源已经落实

　　E. 有招标所需的设计图纸及技术资料

3. 法律禁止投标人之间串通投标的行为：（　　）。

　　A. 投标人不得以行贿的手段谋取中标

　　B. 投标人之间相互约定抬高或压低投标报价

　　C. 投标人之间相互约定，在招标项目中分别以高、中、低价位报价

　　D. 投标人之间先进行内部竞价，内定中标人，然后再参加投标

　　E. 投标人之间其他串通投标报价的行为

4. 工程项目详细评审中"技术评审"部分主要包括：（　　）。

　　A. 施工组织设计　　B. 投标报价　　　　C. 设备配置　　　　D. 财务能力

　　E. 投标人答辩

5. 影响投标人投标决策的客观因素包括：（　　　）。

 A. 项目的难易程度,如质量要求、技术要求、结构形式、工期要求等

 B. 经济实力方面

 C. 管理实力方面

 D. 业主和其他合作伙伴的情况,如业主的合法地位、支付能力和信誉、履约能力

 E. 竞争对手的数量、实力、优势、投标目标及招标项目投标环境的优劣情况

四、简答题

1. 简述招标的组织形式。

2. 绘图并简述土木工程项目公开招标基本程序。

3. 简述土木工程施工项目招标专业资格审查内容。

4. 简述经评审的最低投标价法概念、考虑因素及优缺点。

5. 简述投标文件中经济标的概念与撰写内容。

6. 简述企业应该明确放弃投标的情况。

7. 简述投标决策树法的基本假定与决策实施步骤。

8. 简述投标报价技巧。

习题答案

一、名词解释(答案略)

二、单项选择题

1. C 2. B 3. D 4. D

三、多项选择题

1. ABCD 2. ACDE 3. BCDE 4. ACD 5. ADE

四、简答题(答案略)

第4章

土木工程项目合同管理

教学要点和学习指导

本章叙述了合同的基本概念,土木工程合同的分类,合同管理的原则,合同的审查,谈判与签订,履行与变更,解除与终止;介绍了土木工程施工、监理、勘察设计、物资采购、保险、借贷等合同与相应的示范文本,以及 FIDIC、AIA、JCT、NEC 等国际上常用的土木工程合同条件;叙述了索赔的概念及特征,索赔的原因、分类、依据与证据,索赔文件与程序,以及索赔争议及其解决方式。

在本章的学习中,要重点掌握土木工程合同的分类,熟悉合同谈判、签订、履行、变更、解除与终止的流程;应结合课本知识和具体的合同示范文本、合同条件,了解土木工程合同的主要条款(如双方的权利和义务、工期、质量、工程转包和分包、合同价款与支付、竣工验收与结算、索赔与争议等);另外,重点掌握索赔的分类、证据与索赔程序,以及争议的解决方式,并能通过本章所学内容对土木工程合同管理案例进行具体分析。

4.1 概述

4.1.1 合同和土木建设工程合同的基本概念

合同是平等主体的自然人、法人、其他组织之间设立、变更、终止民事权利义务关系的协议。

土木建设工程合同是承包人进行土木工程建设、发包人支付价款的合同,主要包括工程勘察、设计、施工合同。土木建设工程合同是一种诺成合同,合同订立生效后,双方应当严格履行;土木建设工程合同也是一种双务、有偿合同,当事人双方在合同中都有各自的权利和义务,在享有权利的同时必须履行义务。

土木建设工程合同当事双方分别称为发包人和承包人。发包人是指具有土木工程发包主体资格和支付工程价款能力的当事人以及取得该当事人资格的合法继承人,有时也称发包单位、建设单位或业主、项目法人。承包人是指被发包人接受的具有工程承包主体资格的当事人以及取得该当事人资格的合法继承人,有时也称承包单位、施工企业、施工人。土木建设工程合同的承包人必须具有企业法人资格,同时持有工商行政管理机关核发的营业执照和建设行政主管部门颁发的资质证书,在核准的资质等级许可范围内承揽工程。

4.1.2 土木工程合同的分类

1. 按承发包范围划分

(1) 全过程承发包合同。又称为总承包、统包、交钥匙合同,是指发包人只是提出使用要求、竣工期限或对其他重大决策性问题做出决定,承包人对项目建议书、可行性研究、勘察设计、材料设备采购、工程施工、竣工验收、投产使用和建设后评估等全过程实行总承包,全面负责对各项分包任务和参与部分工程建设的发包人进行统一组织、协调和管理。

(2) 阶段承发包合同。是指发包人和承包人就工程建设过程中某一阶段或某些阶段的工作,如勘察、设计、施工、材料设备供应等签订的合同。在施工阶段,依据承发包的具体内容还可再细分为包工包料合同、包工部分包料合同、包工不包料合同。

(3) 专项合同。是指发包人和承包人就某建设阶段中的一个或几个专门项目签订承发包合同。专项合同主要适用于可行性研究阶段的辅助研究项目;勘察设计阶段的工程地质勘察、供水水源勘察,基础或结构工程设计、工艺设计,供电系统设计等;施工阶段的深基础施工、金属结构制作和安装、通风设备和电梯安装;建设准备阶段的设备选购和生产技术人员培训等专门项目。

2. 按计价方式划分

(1) 总价合同。适用于规模较小,工期较短,技术简单,风险不大,设计图纸准确、详细的工程项目,又分为固定总价合同和可调总价合同。

① 固定总价合同。是指承包工程的合同价款总额已经确定,工程结算款不随物价上涨及工程量的变化而变化。

② 可调总价合同。是指在固定总价合同的基础上增加合同履行过程中因市场价格浮动、通货膨胀等因素对承包价格调整的条款;另外,由于设计变更、工程量变化和其他工程条件变化所引起的费用变化也可以进行调整。因此,采用可调总价合同,通货膨胀等不可预见因素的风险由业主承担,不利于业主进行投资控制,但对承包商而言,风险相对较小。

(2) 单价合同。是指签约时双方在合同中明确每一个单项工程的单价,工程完工时按照实际完成工程量乘以单项工程单价计算结算款。适用于招标文件中已列出分部、分项工程量,但整体工程量由于建设条件限制尚未最后确定的工程项目,又分为固定单价合同和可调单价合同。

① 固定单价合同。是指工程实施中合同所确定的各项单价保持不变,工程量调整时按合同单价追加合同价款,工程全部完工时按竣工图的工程量结算工程款。

② 可调单价合同。是指签约时按照时价暂定某些分部、分项工程单价,工程实施中如果物价等不确定性因素发生变化,则根据合同约定调整单价,结算工程款。

(3) 成本加酬金合同。是指成本费按承包人的实际支出由发包人支付,另外,发包人同时向承包人支付一定数额或百分比的利润。

① 成本加固定百分比酬金合同。是指发包人对承包人支付的人工、材料和施工机械使用费、其他直接费和施工管理费等按实际成本全部据实补偿,同时按照实际成本的固定百分比付给承包人一笔酬金,作为承包人的利润。计算公式为:

$$C = C_d(1 + P) \qquad (4-1)$$

式中，C 为工程总造价；C_d 为实际发生的工程成本；P 为固定的百分比。

②　成本加固定酬金合同。该合同中发包人付给承包人的酬金是一笔固定金额。计算公式为：

$$C = C_d + F \qquad (4-2)$$

式中，F 为固定酬金（通常按估算的工程成本的一定百分比确定）。

③　成本加浮动酬金合同。签约时双方首先确定限额成本、报价成本和最低成本。当实际成本低于最低成本时，承包人除了得到实际成本和酬金的补偿外，还与发包人一起分享节约额；当实际成本高于最低成本而低于报价成本时，承包人可以得到实际成本和酬金的补偿；当实际成本高于报价成本而低于最高限额成本时，则承包人只能得到全部实际成本的补偿；当实际成本超过最高限额成本，则超过部分发包人不予支付。

3. 土木工程项目其他合同

土木工程项目除了工程勘察、设计、施工合同，还包括：工程监理合同、物资采购（租赁）合同、工程保险合同、工程借贷合同、工程担保合同、工程咨询合同、工程分包合同、劳务分包合同等。

4.1.3　土木工程项目合同管理的原则及法律依据

1. 土木工程项目合同管理的基本原则

（1）遵守法律法规原则。合同的主体、内容、形式和程序等都要符合法律法规规定，这样才能受到国家法律的保护，保障当事双方预期目标的实现。

（2）平等自愿原则。签约各方在法律地位上是完全平等的，任何一方都不能将己方意愿（如单方提出不平等条款）强加于另一方；而且当事人根据自己的意愿签订合同，有权选择订立合同的对象、条款内容、订立时间及依法变更和解除合同，任何单位和个人不得非法干预。

（3）公平原则。民事主体必须按照公平的观念设立、变更或者取消民事法律关系。土木工程项目签订合同时应贯彻公平原则，即签约各方的权利和义务要对等、不能有失公平，从而反映出商品交换等价有偿的客观规律和要求。

（4）诚实信用原则。订立合同时要求当事人实事求是地向对方介绍己方的条件、要求和履约能力，充分表达己方的真实意愿，不得有隐瞒、欺诈的成分；拟定合同条款时，要充分考虑对方的合法权益和实际困难，以善意的方式设定合同权利和义务。

（5）等价有偿的原则。民事主体在从事民事活动中，除法律另有规定或者当事人另有约定外，应当按照价值规律的要求，取得他人财产利益或者得到他人劳务，均应当向对方支付相应的代价。

（6）不得损害社会公共利益和扰乱社会经济秩序原则。当事人订立、履行合同，应当尊重社会公德，不得扰乱社会经济秩序，损害社会公共利益。

（7）全面履行原则。当事人应当按照合同约定的标的、数量、质量、价款或者报酬等，在约定的履行期限、履行地点，以约定的履行方式，全面完成合同义务的履行原则。

2．土木工程项目合同管理的法律依据

我国规范土木工程项目合同管理的法律体系主要包括：

（1）《中华人民共和国合同法》。简称《合同法》，是规范我国市场经济财产流转关系的基本法。土木工程项目涉及的所有合同的订立和履行均应遵守《合同法》的基本规定。

（2）《中华人民共和国民法通则》。简称《民法通则》，是调整平等主体的公民之间、法人之间、公民与法人之间的财产关系和人身关系的基本法律；《民法通则》对规范合同关系做出了原则性的规定。

（3）《中华人民共和国招标投标法》。简称《招标投标法》，是规范土木工程建设市场的主要法律，能够有效地实现公开、公平、公正的竞争；而合同的订立和履行也必须遵守《招标投标法》的规定。

（4）《中华人民共和国建筑法》。简称《建筑法》，是规范建筑活动的基本法律，土木工程项目合同的订立和履行作为一种建筑活动，必须遵守《建筑法》的规定。

（5）其他法律。土木工程项目合同管理还应遵守其他法律的相关规定。例如：土木工程项目合同的订立和履行中需要提供担保的，应当遵守《中华人民共和国担保法》的规定；需要投保的，应当遵守《中华人民共和国保险法》的规定；需要建立劳动关系的，应当遵守《中华人民共和国劳动法》的规定；如果涉及合同的公证和鉴证，应当遵守国家对公证和鉴证的规定；如果合同履行中发生争议，协商调解不成的，当事双方应当按照《中华人民共和国仲裁法》的规定进行仲裁；如果合同中没有仲裁条款，当事双方也未达成仲裁协议，则应按照《中华人民共和国民事诉讼法》向有管辖权的法院提起诉讼，作为争议的最终解决方式。

4.1.4 土木工程项目合同审查、谈判与签订

1．合同审查

土木工程项目合同订立前，当事双方应从履约角度对合同文件进行全面审查，主要包括：

1）合同效力审查

合同能否产生法律效力，主要看其是否符合法律规定。合同效力审查包括：

（1）合同主体资格审查。承发包双方作为土木工程项目合同关系的主体，发包人应具有发包工程、签订合同的资格和权能，承包人应具备相应的民事权利能力（营业执照、许可证），并在其民事行为能力（资质等级证书）许可的业务范围内承揽工程。

（2）合同客体资格审查。土木工程项目作为合同的客体，应具备招标和签订合同的所有条件。例如：项目的初步设计与概算等已获批准并列入年度计划；工程建设许可证、建设规划文件、设计文件等已获批准；建设资金及主要建筑材料和设备的来源已落实等。

（3）合同内容合法性审查。主要审查合同条款和所涉及的行为是否符合国家法律、行政法规及社会公共利益。例如：《招投标法》规定，招标人和中标人应当按照招标文件和中标人的投标文件订立书面合同，不得再行订立背离合同实质性内容的其他协议。

（4）有些需要公证或官方批准方可生效的合同，是否已获证明或批准。

2）合同整体性和完备性审查

合同条款是一个整体，各条款之间必须相互配合、相互支持，共同规范一个合同事件。合同完备性审查主要是对合同文件完备性和合同条款完备性的审查。

（1）合同所包括的各种文件齐全，一般包括合同协议书、中标函、投标书、工程设计、规范、工程量清单和合同条款等。

（2）对各有关问题进行规定的条款要齐全。若采用标准合同文件，如 FIDIC 合同条款，虽然其"通用条款"部分条款齐全，对于一般的工程项目而言，内容已较完整，但对于某一特定的工程，根据工程具体情况和合同双方的特殊要求，还必须补充合同"专用条款"。若未采用标准合同文本，则应以标准文本作样本，对照所签合同，寻找缺陷，补齐必需的条款。若尚无标准合同文本，如联合体协议、劳务合同，则须收集同类工程合同文本，相互补充，以保证所签合同的完备性。

3）合同条款公正性审查

合同当事双方法律地位平等，合同订立和履行中，当事双方的权利和义务应该是对等的、平衡的、相互制约的。当事人一方不得故意刁难、强加给对方严重失衡的不合理条款；不得采用欺诈、胁迫或乘人之危要求与对方签订违背对方意愿的合同；合同规定了一项权利或义务，则同时应规定行使该项权利应承担的责任或完成该项义务所必需的权利。

例如：我国《建设工程施工合同（示范文本）》中规定，监理人按照法律规定和发包人授权对工程的所有部位及其施工工艺、材料和工程设备进行检查和检验，承包人应为监理人的检查和检验提供方便。同时也规定，监理人的检查和检验不应影响施工正常进行。监理人的检查和检验影响施工正常进行的，且经检查检验不合格的，影响正常施工的费用由承包人承担，工期不予顺延；经检查检验合格的，由此增加的费用和（或）延误的工期由发包人承担。

4）合同间协调性审查

一个土木工程项目往往要签订若干个合同，在整个项目体系中，相关的同级合同之间，主合同与分合同之间关系复杂，必须进行周密的分析与协调，做到既有整体的合同策划，又有具体的合同管理。

5）合同应变性审查

土木工程项目一般规模较大、工期较长，受各方面（工程环境、合同条件、合同实施方案和合同价格等）的影响较多，因此在合同履行过程中，其合同状态会经常发生变化。合同的应变性审查，就是审查合同对这些变化的处理原则和措施。

6）合同用词准确性审查

工程中，承发包双方经常会因为对合同中某条款文字的不同理解而发生争执，给合同管理带来不便。因此，起草合同时，应准确地界定合同条款，使用规范性专业术语，不用或少用有歧义的汉字，使合同具备表达意思的唯一性。

2．合同谈判

合同谈判是当事双方就土木工程项目合同的主要条款进行具体商谈。主要包括：

（1）当事人的名称或者姓名和住所。

（2）标的。即合同权利义务所指的对象，应力求叙述完整、准确，不得出现遗漏及概念混淆的现象。

（3）质量和数量。土木工程项目合同中应严格注明标的的数量及质量标准与规范。

（4）价款或者酬金。价款或酬金是合同谈判最主要的议项之一。首先要确定合同采用何种货币计算、支付，其次应掌握市场动态，把握各类产品价格。

（5）履约期限、方式和地点，合同谈判中应逐项予以明确规定。

（6）验收方法。合同谈判中应明确规定何时验收，验收标准及验收人员或机构。

（7）违约责任。针对当事一方在合同履行过程中可能出现的错误，影响到项目顺利实施，而订立的违约责任条款。

（8）解决争议的方法。

3．合同签订

合同的签订过程也就是合同的形成、协商与订立过程，方式各不相同，有的通过口头或书面往来协商谈判，有的通过拍卖、招标投标。但不管采取何种方式，都必然经过要约和承诺两个阶段。

（1）要约。是希望和他人订立合同的意思表示，即一方当事人以缔结合同为目的，向对方当事人所作的意思表示。发出要约的人称为要约人，接受要约的人则称为受要约人、相对人和承诺人。要约是订立合同的必经阶段，不经过要约的阶段，合同是不可能成立的，要约作为一种订约的意思表示，它能够对要约人和受要约人产生一种拘束力。尤其是要约人在要约的有效期限内，必须受要约内容的拘束。

（2）承诺。承诺是受要约人同意要约的意思表示。承诺也是一种法律行为，"要约"一经"承诺"，就被认为当事人双方已协商一致，达成协议，合同即告成立。

4.1.5　土木工程项目合同履行与变更

1．合同的履行

土木工程项目合同的履行，是指合同当事双方根据土木工程项目合同的规定在适当的时间、地点、以适当的方式全面完成自己所承担的义务。因此，合同当事双方必须共同按计划履行合同，实现合同所要达到的各项预定目标。土木工程项目合同的履行除应遵守平等、公平、诚实信用等民法基本原则外，还应遵循以下特有原则，即适当履行原则、协作履行原则、经济合理原则和情势变更原则。

（1）实际履行原则。是指当事人必须严格按照合同规定的标的履行自己的义务。未经权利人同意，不得以其他标的代替履行或者以支付违约金和赔偿金来免除合同规定的义务。

（2）适当履行原则。又称全面履行原则，是指当事人应按照合同约定的标的及其质量、数量，由适当的主体在适当的履行期限、地点，以适当的履行方式，全面完成合同义务的原则。

（3）协作履行原则。是指当事人不仅适当履行自己的合同债务，而且应基于诚实信用原则的要求协助对方当事人履行其债务的履行原则。

（4）情势变更原则。合同依法成立后，因不可归责于双方当事人原因的客观变化，致使合同履行基础动摇或丧失，如果继续履行合同将造成显失公平的后果，则允许当事人变更或解除合同以避免违约责任的承担。

（5）经济合理原则。是指在合同履行过程中,当事双方应讲求经济效益,以最少的成本取得最佳的合同效益,并维护对方的利益。

2．合同的变更

1）合同变更的概念

合同变更是指有效成立的合同在尚未履行或未履行完毕之前,由于一定法律事实的出现而使合同内容发生改变,即权利和义务变化的民事法律行为。合同的变更包括合同内容的变更与合同主体的变更,而合同主体的变更又称为合同的转让。

土木工程施工合同变更的内容通常包括:①增加或减少合同中任何工作,或追加额外的工作;②取消合同中任何工作,但转由他人实施的工作除外;③改变合同中任何工作的质量标准或其他特性;④改变工程的基线、标高、位置和尺寸;⑤改变工程的时间安排或实施顺序。

2）土木工程项目合同变更的分类

（1）设计变更。是指土木工程项目合同履约过程中,由工程不同参与方提出,最终由设计单位以设计变更或设计补充文件形式发出的工程变更指令。设计变更是合同变更的主体内容,常见的设计变更有:因设计计算错误或图示错误发出的设计变更通知书,因设计遗漏或设计深度不够而发出的设计补充通知书,以及应业主、承包商或监理方请求对设计所作的优化调整等。

（2）施工方案变更。是指在施工过程中承包方因工程地质条件变化、施工环境改变等因素影响,向监理工程师和业主提出的改变原施工措施方案的过程。施工措施方案的变更应经监理工程师和业主审查同意后实施,否则引起的费用增加和工期延误将由承包方自行承担。施工方案变更存在于合同履约的全过程,例如:人工挖孔桩桩孔开挖过程中出现地下流沙层或淤泥层,需采取特殊支护措施,方可继续施工;公路或市政道路工程路基开挖过程中发现地下文物,需停工采取特殊保护措施;建筑物主体施工过程中,因市场原因引起的不同规格型号材料之间的代换等。

（3）条件变更。是指合同履行过程中,因业主未能按合同约定提供必需的条件以及不可抗力发生导致工程无法按预定计划实施。例如:业主承诺交付的工程后续施工图纸未到,致使工程中途停顿;业主提供的施工临时用电因社会电网紧张而断电导致施工生产无法正常进行;特大暴雨或山体滑坡导致工程停工。

（4）进度计划变更。是指合同履行过程中,业主因上级指令、技术因素或经营需要,调整原定进度计划,改变施工顺序和时间安排。

（5）新增工程。是指合同履行过程中,业主扩大建设规模,增加原招标工程量清单之外的建设内容。

3）土木工程项目合同变更程序

根据建设工程施工合同（示范文本）,发包人和监理人均可以提出合同变更。变更指示均通过监理人发出,监理人发出变更指示前应征得发包人同意。承包人收到经发包人签认的变更指示后,方可实施变更。未经许可,承包人不得擅自对工程的任何部分进行变更。涉及设计变更的,应由设计人提供变更后的图纸和说明。如变更超过原设计标准或批准的建设规模时,发包人应及时办理规划、设计变更等审批手续。

(1)发包人提出变更。发包人提出变更的,应通过监理人向承包人发出变更指示,变更指示应说明计划变更的工程范围和变更的内容。

(2)监理人提出变更建议。监理人提出变更建议的,需要向发包人以书面形式提出变更计划,说明计划变更工程范围和变更的内容、理由,以及实施该变更对合同价格和工期的影响。发包人同意变更的,由监理人向承包人发出变更指示。发包人不同意变更的,监理人无权擅自发出变更指示。

(3)变更执行。承包人收到监理人下达的变更指示后,认为不能执行,应立即提出不能执行该变更指示的理由。承包人认为可以执行变更的,应当书面说明实施该变更指示对合同价格和工期的影响,且合同当事人应当按照合同变更估价约定确定变更估价。

(4)变更估价的原则与程序。变更估价原则:已标价工程量清单或预算书有相同项目的,按照相同项目单价认定;已标价工程量清单或预算书中无相同项目,但有类似项目的,参照类似项目的单价认定;变更导致实际完成的变更工程量与已标价工程量清单或预算书中列明的该项目工程量的变化幅度超过 15% 的,或已标价工程量清单或预算书中无相同项目及类似项目单价的,按照合理的成本与利润构成的原则,由合同当事人商定变更工作的单价。变更估价程序:承包人应在收到变更指示后 14 天内,向监理人提交变更估价申请。监理人应在收到承包人提交的变更估价申请后 7 天内审查完毕并报送发包人,监理人对变更估价申请有异议,通知承包人修改后重新提交。发包人应在承包人提交变更估价申请后 14 天内审批完毕。发包人逾期未完成审批或未提出异议的,视为认可承包人提交的变更估价申请。因变更引起的价格调整应计入最近一期的进度款中支付。

4.1.6 土木工程项目合同解除与终止

1. 合同解除的概念

合同解除是指合同有效成立后,因当事人一方或双方的意思表示,消灭合同关系、终止合同效力的法律行为。《合同法》规定,有下列情形之一的,当事人可以解除合同:①因不可抗力致使不能实现合同目的;②在履行期限届满之前,当事人一方明确表示或者以自己的行为表明不履行主要债务;③当事人一方迟延履行主要债务,经催告后在合理期限内仍未履行;④当事人一方迟延履行债务或者有其他违约行为致使不能实现合同目的;⑤法律规定的其他情形。

2. 土木工程项目合同解除的条件

土木工程项目合同解除的法定条件除了《合同法》规定的上述情形外,承包人具有下列情形之一的,发包人可以解除合同:①明确表示或者以行为表明不履行合同主要义务的;②合同约定的期限内没有完工,且在发包人催告的合理期限内仍未完工的;③已经完成的建设工程质量不合格,并拒绝修复的;④将承包的建设工程非法转包、违法分包的。发包人具有下列情形之一,致使承包人无法施工,且在催告的合理期限内仍未履行相应义务,承包人可以请求解除合同:①未按约定支付工程价款的;②提供的主要建筑材料、建筑构配件和设备不符合强制性标准的;③不履行合同约定的协助义务的。

3.合同的终止

合同终止是指合同当事人双方在合同关系建立以后,因一定的法律事实的出现,使合同确立的权利义务关系消灭。《合同法》规定,有下列情形之一的,合同的权利义务终止:①债务已经按照约定履行;②合同解除;③债务相互抵销;④债务人依法将标的物提存;⑤债权人免除债务;⑥债权债务同归于一人;⑦法律规定或者当事人约定终止的其他情形。

4.2　我国土木工程主要合同

当前,土木工程项目建设规模日趋庞大,结构日趋复杂、多样化,一些大型项目往往会签订数十份、上百份、甚至上千份合同(图 4-1)。本节主要介绍我国土木工程项目常用的一些合同(注:因篇幅限制,本书仅简要介绍土木工程主要合同的概念及示范文本等,具体条款内容不做阐述,读者在学习过程中可结合案例分析对合同管理具体内容进行细致学习)。

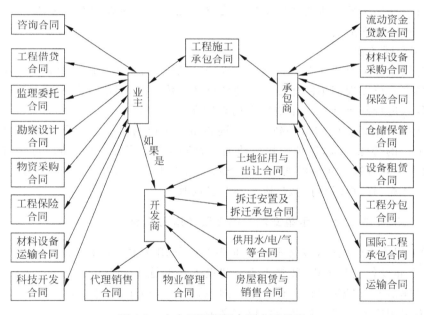

图 4-1　土木工程项目主要合同关系

4.2.1　土木工程施工合同

土木工程施工合同是发包人和承包人为完成商定的土木建筑安装工程,明确双方的权利义务关系而签订的合同。我国当前采用《建设工程施工合同(示范文本)》(GF—2013—0201),是由住房和城乡建设部、国家工商行政管理总局依据《中华人民共和国合同法》、《中华人民共和国建筑法》、《中华人民共和国招标投标法》以及相关法律法规制定的。

1.《建设工程施工合同(示范文本)》的组成

《建设工程施工合同(示范文本)》由合同协议书、通用合同条款和专用合同条款三部分组成。

1）合同协议书

《建设工程施工合同（示范文本）》合同协议书共计13条，主要包括：工程概况、合同工期、质量标准、签约合同价和合同价格形式、项目经理、合同文件构成、承诺、词语含义、签订时间、签订地点、补充协议、合同失效及合同份数等重要内容，集中约定了合同当事人基本的合同权利义务，是经合同双方签字和盖章认可而使合同成立的重要文件。

2）通用合同条款

通用合同条款是合同当事人根据《中华人民共和国建筑法》《中华人民共和国合同法》等法律法规的规定，就工程建设的实施及相关事项，对合同当事人的权利义务作出的原则性约定。

通用合同条款共计20条，具体条款分别为：一般约定、发包人、承包人、监理人、工程质量、安全文明施工与环境保护、工期和进度、材料与设备、试验与检验、变更、价格调整、合同价格、计量与支付、验收和工程试车、竣工结算、缺陷责任与保修、违约、不可抗力、保险、索赔和争议解决。前述条款安排既考虑了现行法律法规对工程建设的有关要求，也考虑了建设工程施工管理的特殊需要。

3）专用合同条款

专用合同条款是对通用合同条款原则性约定的细化、完善、补充、修改或另行约定的条款。合同当事人可以根据不同建设工程的特点及具体情况，通过双方的谈判、协商对相应的专用合同条款进行修改补充。在使用专用合同条款时，应注意：①专用合同条款的编号应与相应的通用合同条款的编号一致；②合同当事人可以通过对专用合同条款的修改，满足具体建设工程的特殊要求，避免直接修改通用合同条款；③在专用合同条款中有横道线的地方，合同当事人可针对相应的通用合同条款进行细化、完善、补充、修改或另行约定；如无细化、完善、补充、修改或另行约定，则填写"无"或画"/"。

2.《建设工程施工合同（示范文本）》的性质和适用范围

《建设工程施工合同（示范文本）》为非强制性使用文本，适用于土木工程、房屋建筑工程、线路管道和设备安装工程、装修工程等建设工程的施工承发包活动，合同当事人可结合建设工程具体情况，根据《建设工程施工合同（示范文本）》订立合同，并按照法律法规规定和合同约定承担相应的法律责任及合同权利义务。

3．土木工程施工合同文件构成

组成合同的各项文件应互相解释，互为说明。除专用合同条款另有约定外，土木工程施工合同文件及优先解释顺序如下：①合同协议书；②中标通知书（如果有）；③投标函及其附录（如果有）；④专用合同条款及其附件；⑤通用合同条款；⑥技术标准和要求；⑦图纸；⑧已标价工程量清单或预算书；⑨其他合同文件。

上述各项合同文件包括合同当事人就该项合同文件所作出的补充和修改，属于同一类内容的文件，应以最新签署的为准。此外，在合同订立及履行过程中形成的与合同有关的文件均构成合同文件组成部分，并根据其性质确定优先解释顺序。

4.2.2　土木工程监理合同

土木工程监理合同是指土木工程发包人聘请监理人代其对工程项目进行管理,明确双方的权利义务关系而签订的合同。为规范建设工程监理活动,维护建设工程监理合同当事人的合法权益,住房和城乡建设部、国家工商行政管理总局制定了《建设工程监理合同(示范文本)》(GF—2012—0202)。

1.《建设工程监理合同(示范文本)》的组成

《建设工程监理合同(示范文本)》由协议书、通用条件和专用条件三部分组成。

1) 协议书

《建设工程监理合同(示范文本)》协议书共计 8 条,包括:工程概况、词语限定、组成本合同的文件、总监理工程师、签约酬金、期限、双方承诺、合同订立等内容。

2) 通用条件

通用条件适用于所有工程监理业务的委托,是所有签约工程都应遵守的基本条件。通用条件共计 20 条,分别为:定义与解释、监理人的义务、委托人的义务、违约责任、支付、合同生效、变更、暂停、解除与终止、争议解决和其他需要明确的内容。

3) 专用条件

专用条件是在通用条件的基础上,结合委托监理工程的项目特点、地域特点、专业特点等对通用条件中的某些条款进行补充、修改或细化。

2.土木工程监理合同文件构成

土木工程监理合同文件及优先解释顺序如下:①协议书;②中标通知书(适用于招标工程)或委托书(适用于非招标工程);③专用条件及附录 A(相关服务的范围和内容)、附录 B(委托人派遣的人员和提供的房屋、资料、设备);④通用条件;⑤投标文件(适用于招标工程)或监理与相关服务建议书(适用于非招标工程)。

本合同签订后,双方依法签订的补充协议也是本合同文件的组成部分。

3.监理合同与土木工程其他合同的区别

发包人与监理人签订的监理合同,与土木工程其他合同的最大区别表现为标的性质上的差异。土木工程施工合同、勘察设计合同、物资采购合同等的标的是产生新的物质成果或信息成果,而监理合同的标的是服务,即监理人受委托人的委托,依照法律法规、工程建设标准、勘察设计文件及合同,在施工阶段对建设工程质量、进度、造价进行控制,对合同、信息进行管理,对工程建设相关方的关系进行协调,并履行建设工程安全生产管理法定职责的服务活动。

监理合同表明,监理人不是土木建筑产品的直接经营者,不向发包人承诺工程造价。如果由于监理人的有效管理或者监理人提出的合理化建议,使工程在保证质量的前提下节约了投资或缩短了工期,则发包人可以按照监理合同的约定给予监理人一定的奖励。监理人与承包人是监理与被监理的关系,双方没有经济利益的关系,当承包人因接受监理人的建议而节省了投入时,监理人不参与承包人的盈利分成。

4.2.3 土木工程勘察设计合同

1. 勘察、设计合同概念

（1）勘察合同。是指发包人和勘察人为查明、分析、评价建设工程地质地理环境特征和岩土工程条件，明确双方的权利义务关系而签订的合同。

（2）设计合同。是指发包人和设计人为综合分析、论证建设工程所需的技术、经济、资源、环境等条件，明确双方的权利义务关系而签订的合同。

勘察或设计合同的发包人应当是法人或者自然人，是建设单位或项目管理部门；勘察人或设计人必须具有法人资格，是持有建设行政主管部门颁发的工程勘察或设计资质证书、工程勘察或设计收费资格证书及工商行政管理部门核发的企业法人营业执照的工程勘察或设计单位。

2. 建设工程勘察、设计合同（示范文本）

为了加强工程勘察设计市场管理，规范市场行为，保证勘察、设计合同的内容完备、责任明确、风险分担合理，原建设部和原国家工商行政管理局制定了《建设工程勘察合同（示范文本）》和《建设工程设计合同（示范文本）》。

1)《建设工程勘察合同（示范文本）》

《建设工程勘察合同（示范文本）》按照委托勘察任务的不同分为两个版本。《建设工程勘察合同（示范文本）》（GF—2000—0203）适用于岩土工程勘察、水文地质勘察（含凿井）工程测量、工程物探，共计 10 条 27 款，主要条款内容包括：①工程概况；②发包人应提供的资料文件；③勘察人应提交的勘察成果资料与质量；④提交勘察成果的时间、收费标准及付费方式；⑤发包人、勘察人责任；⑥违约责任；⑦未尽事宜的约定；⑧其他约定事项；⑨合同争议解决方法；⑩合同生效与终止。《建设工程勘察合同（示范文本）》（GF—2000—0204）适用于岩土工程设计、治理、检测，共计 14 条 35 款，除了（GF—2000—0203）应具备的条款外，增加了变更及工程费的调整，材料设备供应，报告、成果、文件检查验收等内容。

2)《建设工程设计合同（示范文本）》

《建设工程设计合同（示范文本）》按照适用工程种类的不同分为两个版本。

《建设工程设计合同（示范文本）》（GF—2000—0209）适用于民用建设工程设计，共计 8 条 26 款，主要条款内容包括：①签订合同依据；②委托设计任务的范围和内容；③发包人应提供的有关资料和文件；④设计人应交付的资料和文件；⑤设计费的支付；⑥双方责任；⑦违约责任；⑧其他。《建设工程设计合同（示范文本）》（GF—2000—0210）适用于专业建设工程设计，共计 12 条 32 款，除了（GF—2000—0209）应具有的条款外，还增加了设计依据，合同文件的优先次序，保密等内容。

4.2.4 土木工程物资采购合同

1. 土木工程物资采购合同概念

土木工程物资采购合同是指具有平等主体的自然人、法人、其他组织之间，为实现土木工程物资的买卖，设立、变更、终止相互权利义务关系的协议。合同中，出卖人转移土木工程物资的所有权于买受人,买受人接受土木工程物资并支付价款。土木工程物资采购合同属于买卖合同,具有买卖合同的一般特征。土木工程物资采购合同按照标的所属建设物资的种类不同可分为材料采购合同和设备采购合同。

2. 土木工程物资采购合同的主要内容

(1)材料采购合同。是指以工程项目所需材料为标的,以材料买卖为目的,明确当事双方的权利义务关系而签订的合同。土木工程材料采购合同的主要条款内容包括:①当事双方基本情况;②合同标的;③技术标准和质量要求;④材料数量及计量方法;⑤材料的包装;⑥材料支付方式;⑦材料的交货期限;⑧材料的价格;⑨结算;⑩违约责任;⑪特殊条款;⑫争议解决方式等。

(2)设备采购合同。是指以工程项目所需设备为标的,以设备买卖为目的,明确当事双方的权利义务关系而签订的合同。土木工程设备采购合同的主要条款内容包括:①定义;②技术规范及标准;③知识产权;④包装要求;⑤装运条件及运输;⑥交货验收;⑦保险;⑧价款支付;⑨质量保证;⑩检验、安装、调试与保修;⑪违约责任;⑫不可抗力;⑬履约保证金;⑭争议解决方式;⑮因破产而终止合同;⑯合同修改;⑰转让或分包;⑱适用法律;⑲有关税费;⑳合同生效、修改等其他内容。

4.2.5　土木工程保险合同

1. 土木工程保险合同概念

保险合同是投保人与保险人之间设立、变更、终止保险法律关系的协议。依照保险合同,投保人承担向保险人交纳保险费的义务,保险人在保险标的发生约定事故时,承担钱财补偿责任或者履行给付义务。

土木建筑工程保险是指以各类民用、工业用和公用事业用的土木建筑工程项目为标的的保险,保险人承担被保险人在工程建设过程中由自然灾害和意外事故引起的一切损失的经济赔偿责任。土木建筑工程保险一般以工期的长短作为确定保险责任期限的依据,即由保险人承保从工程开工之日起到竣工验收合格的全过程。

2. 建筑工程一切险保险合同的主要内容

建筑工程一切险是土木工程项目管理过程中最重要的保险合同,它的主要条款内容包括①总则;②第一部分——物质损失保险部分,包括:保险标的,保险责任,责任免除,保险金额与免赔额(率),赔偿处理;③第二部分——第三者责任保险部分,包括:保险责任,责任免除,责任限额与免赔额(率),赔偿处理;④第三部分——通用条款,包括:责任免除,保险期间,保险人义务,投保人、被保险人义务,赔偿处理,争议处理,其他事项,释义。

4.2.6　土木工程借贷合同

1. 土木工程借贷合同概念

借贷合同是在借款人和贷款人之间为实现商定数额的货币借贷,明确当事双方的权利义务关系而签订的合同。根据该合同,借款人从贷款人处取得合同规定的货币数额,经过规定期限后,借款人向贷款人归还相同数额货币,并支付相应利息。

土木工程建设过程中,发包人为了筹集建设资金的不足部分,承包人为了解决工程前期资金的紧张,均可与金融机构签订借贷合同。土木工程借贷合同中,贷款人是指依法设立经营贷款业务的金融机构;借款人应为实行独立核算并能承担经济责任的全民(或集体)所有制企业、经国家批准的建设单位或中外合资(合作)企业。

2．土木工程借贷合同的主要内容

土木工程借贷合同的主要条款内容包括:①借款种类;②借款用途;③借款金额;④借款利率和利息;⑤借款期限;⑥还款资金来源和还款方式;⑦担保或合同保证条款;⑧合同的变更;⑨合同违约责任;⑩贷款人的权利;⑪争议解决方式;⑫合同效力;⑬双方当事人商定的其他条款。

4.3 国际常用的土木工程合同条件

随着土木工程项目国际合作和承包的规模越来越大、投资越来越多、管理越来越复杂,一些国际组织和土木工程师协会、施工承包商联合会等机构为国际或本国的工程设计咨询、施工承包、设备采购等编制了各种合同条件和协议范本及标准格式。例如:国际咨询工程师联合会(FIDIC)编制的各类合同条件,美国建筑师学会的"AIA 合同条件",英国土木工程师学会的"ICE 土木工程施工合同条件",英国皇家建筑师学会的"RIBA/JCT 合同条件",美国承包商总会的"AGC 合同条件",美国工程师合同文件联合会的"EJCDC 合同条件",美国联邦政府发布的"SF-23A 合同条件"等。

4.3.1 FIDIC 合同条件

1．FIDIC 简介

FIDIC 是国际咨询工程师联合会(Fédération Internationale Des Ingénieurs Conseils)的法文缩写,该联合会于 1913 年成立,目前会员遍布 60 多个国家和地区,中国工程咨询协会于 1996 年正式加入。FIDIC 是国际上最具权威的咨询工程师组织,推动了全球工程咨询服务业向高质量、高水平发展。

FIDIC 设有多个专业委员会,如业主与咨询工程师关系委员会(CCRC)、合同委员会(CC)、执行委员会(EC)、风险管理委员会(RMC)、质量管理委员会(QMC)、环境委员会(ENVC)等。

2．FIDIC 主要合同条件

为了规范国际工程咨询和承包活动,FIDIC 编制了很多重要的管理文件和标准化的合同文件范本,比如:适用于工程咨询的《业主/咨询工程师标准服务协议书》(白皮书);适用于施工承包的《土木工程施工合同条件》(红皮书)、《电气与机械工程合同条件》(黄皮书)、《设计-建造与交钥匙合同条件》(橘皮书)和《土木工程施工分包合同条件》(与红皮书配套使用)等。1999 年 9 月 FIDIC 又出版了新的《施工合同条件》(新红皮书)、《生产设备与设计-

施工合同条件》(新黄皮书)、《EPC/交钥匙合同条件》(银皮书)及《合同简短格式》(绿皮书)。这些合同条件不仅被 FIDIC 成员国所采用,也为世界银行、亚洲开发银行、非洲开发银行等金融组织以及一些非 FIDIC 成员国所广泛采用。

1) 业主/咨询工程师标准服务协议书条件(Client/Consultant Model Services Agreement)

FIDIC 业主/咨询工程师标准服务协议书条件由协议书,第一部分——标准条件,第二部分——特殊应用条件和附注等组成,共计 44 条。并通过业主/咨询工程师标准服务协议书应用指南加以具体指导。

2) 设计-建造与交钥匙工程合同条件(Conditions of Contract for Design,Build and Turnkey)

FIDIC 设计-建造与交钥匙工程合同条件是适用于总承包的合同文本,承包工作内容包括设计、设备采购、施工、物资供应、安装、调试和保修。这种承包模式可以减少设计与施工之间的脱节或矛盾,而且有利于节约投资。该合同条件是基于不可调价的总价承包编制的合同条件。土建施工和设备安装部分的责任,基本上套用"施工合同条件"和"生产设备和设计-施工合同条件"的相关约定。交钥匙合同条件既可以用于单一合同施工的项目,也可以用于作为多合同项目中的一个合同,如承包商负责提供各项设计、单项构筑物或整套设施的承包。

该合同条件包括①第一部分——通用条件:合同,雇主,雇主代表,承包商,设计,职员与劳工,工程设备、材料和工艺,开工、延误和暂停,竣工检验,雇主的接收,竣工后的检验,缺陷责任,合同价格与支付,变更,承包商的违约,雇主的违约,风险和责任,保险,不可抗力,索赔、争端与仲裁;②第二部分——特殊应用条件编制指南、投标书与协议书格式等。

3) 施工合同条件(Conditions of Contract for Construction)

FIDIC 施工合同条件适用于由雇主或其代表工程师设计的房屋建筑或土木工程,主要采用单价合同。在这种合同形式下,承包商一般都按照雇主提供的设计进行施工,而工程中的某些土木、机械、电气和建造工程也可以由承包商设计。

该合同条件包括:通用条件(一般规定,雇主,工程师,承包商,指定分包商,职员和劳工,永久设备、材料和工艺,开工、延误和暂停,竣工检验,雇主的接收,缺陷责任,测量和估价,变更和调整,合同价格和支付,雇主提出终止,承包商提出暂停和终止,风险和责任,保险,不可抗力,索赔、争端和仲裁);附录——争端裁决协议书的通用条件;专用条件编制指南;附件——保证格式;投标函、合同协议书和争端裁决协议书格式。

4) 生产设备和设计-施工合同条件(Conditions of Contract for Plant and Design-Build)

FIDIC 生产设备和设计-施工合同条件适用于电气或机械设备供货及建筑或工程的设计与施工,通常采用总价合同,可以调价,部分工程可用单价合同。在这种合同形式下,一般都是由承包商按照雇主的要求,设计和提供生产设备和其他工程(可能包括由土木、机械、电气和建造工程的任何组合),进行工程总承包;但也可以对部分工程采用单价合同。该合同条件共计 20 条,主要条款与施工合同条件类似。

5) EPC/交钥匙合同条件(Conditions of Contract for EPC/Turnkey Projects)

FIDIC 的 EPC/交钥匙合同条件适用于以交钥匙方式提供工厂或类似设施的加工或动力设备,或进行基础设施项目或其他类型的开发项目的实施,采用总价合同,一般不调价。这种合同条件适用的项目:①对最终价格和工期的确定性要求较高;②由承包商承担项目实施的全部责任,雇主介入少。在交钥匙项目中,一般由承包商进行所有的设计、采购和施工,最后在"交钥匙"时,提供一个配备完整、可以投产运行的设施。该合同条件共计20条,主要条款与施工合同条件类似。

(6)简明合同格式(Short Form of Contract)

FIDIC简明合同格式适用于投资金额较小的建筑或工程项目。根据工程的类型和具体情况,这种合同格式也可用于投资金额较大的工程,特别是较简单的、或重复性的、或工期短的工程。在此合同格式下,一般都由承包商按照雇主或其代表工程师提供的设计实施工程,但对于部分或完全由承包商设计的土木、机械、电气和建造工程,此合同也同样适用。该合同条件共计15条。

3. FIDIC合同条件主要特点

(1)内容完整、条款齐全、文字严谨,对工程实施中可能遇到的各种情况都进行了描述与规定,处理方法具体而详细,可操作性强,但老版本过于烦琐。

(2)FIDIC合同条件是基于全球的业主方、承包商方、咨询方、政府方等各方意见编制的,具有广泛的代表性。

(3)作为国际工程惯例,适用性广,而且不少国家的土木工程标准合同条件或文件,都是以FIDIC为蓝本,结合本国法律、法规、规范制定的。

(4)公平合理、科学公正地反映合同双方的经济、责任、权利关系。主要体现在:①业主、承包商、工程师的职责分工明确;②工程风险和义务分担合理;③推行施工监理制度、合同担保制度、工程保险制度有利于合同的履行;④新版FIDIC合同条件根据不同适用性采用不同的计价方式,使合同更加公正。

(5)新版FIDIC合同条件更加条理、清晰、详细、实用,语言趋于简单、现代化、易于理解。

4.3.2 AIA合同条件

1. AIA简介

AIA合同条件是美国建筑师协会(American Institute of Architect,AIA)为适应美国建筑业需要编制的标准合同范本。早在1911年,AIA就出版了"General Conditions of Construction"。作为建筑界的专业学术团体,AIA时刻关注建筑业的最新发展动态,并参考最新的法律变更与不断变化的科技和建筑工业实践,及时对合同范本进行持续的更新和增删以反映业界的最新要求。AIA编制的正在使用中的合同文本有90余个,这些文本基本涵盖了各种承发包方式和建筑活动中几乎所有的重要文书,对美国乃至整个美洲地区建筑业有着深远的影响,在国际工程承包界享有很高的声誉。

2. AIA主要合同条件

AIA文件分为A、B、C、D、F、G系列。其中A系列是用于业主与承包商的标准合同文件,不仅包括合同条件,还包括承包商资格申报表,保证标准格式;B系列主要用于业主与建筑师之间的标准合同文件,其中包括专门用于建筑设计、室内装修工程等特定情况的标准合同文件；C 系列主要用于建筑师与专业咨询机构之间的标准合同文件；D 系列是建筑师行业内部使用的文件；F 系列，是财务管理表格；G 系列是建筑师企业及项目管理中使用的文件。

1）AIA-A201 工程承包合同通用条款（General Conditions of Contract for Construction）

AIA-A201 工程承包合同通用条款是 AIA 合同范本系列的核心文件，经不断修订与完善，2007 年发布第 15 版，共计 15 章，包括：一般条款，业主，承包商，建筑师，分包商，业主或独立承包商负责的施工，工程变更，期限，付款与完工，人员与财产的保护，保险与保函，工程的剥露及其修正，混合条款，合同的终止或停工，索赔和争议。

2）AIA-A401 总承包商与分包商协议书标准格式（Standard Form Of Agreement Between Contractor And Subcontractor）

AIA-A401 承包商与分包商协议书标准格式共计 16 章，包括：分包合同文件，双方权利和责任，总承包商，分包商，工程变更，调解和具有约束力争议的解决，分包合同的终止、暂停和转让，分包工程项目内容，开工和基本竣工时间，分包合同总价，进度付款，最终付款，保险和保函，临时设施和工作条件，混合条款，分包合同文件名录。

3）其他主要的 AIA 合同

条件包括：A101 业主与承包商约定总价协议书标准格式（Standard Form of Agreement Between Owner and Contractor where the basis of payment is a Stipulated Sum）；A102 业主与承包商约定成本加酬金协议书标准格式（Standard Form of Agreement Between Owner and Contractor where the basis of payment is the Cost of the Work Plus a Fee）；A141 业主与设计—建造商协议书（Agreement Between Owner and Design-Builder）；B101 业主与建筑师协议书标准格式（Standard Form of Agreement between Owner and Architect）；C401 建筑师与咨询师协议书标准格式（Standard Form of Agreement between Architect and Consultant）等。

3. AIA 合同条件主要特点

（1）AIA 合同文件在美国建筑业及国际工程承包界，特别在美洲地区具有较高的权威性，应用广泛。

（2）适用于不同项目管理模式和计价模式的 AIA 合同族为业主提供了充分的选择余地，而且 AIA 合同对条款的规定更加自由和宽泛，给予双方更多自行选择的机会，包括合同价格确定方式、付款方式、争端解决方式等。

（3）语言简练、清晰，方便用户使用。

（4）合同双方权利义务对等，公正合理。

（5）美国各州均有独立立法权和司法权，所以 AIA 合同条件在编制中均设有适用复杂法律关系与环境的相关条款。

4.3.3　JCT 合同条件

1. JCT 合同简介

JCT 合同条件是由英国合同审定联合会（The Joint Contract Tribunal）编制的，适用于私人和公共建筑的标准合同文本体系。JCT 于 1931 年成立，由英国多家与建筑有关的协会所组成,包括英国皇家建筑师学会(RIBA)、英国皇家特许测量师学会(RICS)、咨询工程师联合会(ACE)、英国财产联合会(BPF)、地方政府协会(LGA)、建造联盟(CC)、国家行业承包商理事会(NSCC)、建筑业雇主联合会(BEC)和苏格兰建筑合同委员会(SBCC),以及业主、咨询工程师、承包商和分包商的代表等。JCT 制定的合同文本是由建筑业各参与方的代表经过反复讨论协商后颁发的,充分考虑了各方利益的平衡,易于业主和承包商双方接受,具有广泛的代表性。

2. JCT 主要合同条件

JCT 制订了多种为全世界建筑业普遍使用的标准合同文本、业界指引及其他标准文本,涵盖了工程建设领域几乎所有可能应用的合同条件,包括:Standard Building Contract (SBC)、Intermediate Building Contract(IC)、Minor Works Building Contract(MW)、Design and Build Contract(DB)、Major Project Construction Contract(MP)、JCT-Constructing Excellence Contract(CE)、Construction Management(CM)、Management Building Contract (MC)、Prime Cost Building Contract(PCC)、Measured Term Contract(MTC)、Repair and Maintenance Contract(Commercial)(RM)、Adjudication Agreement(Adj)、Framework Agreement(FA)、Pre-Construction Services Agreement(PCSA)、Consultancy Agreement (CA)。其中 Standard Building Contract 是 JCT 合同的核心文本,应用最为普遍。

3. JCT 合同条件主要特点

(1) 采用 JCT 合同条件时,除业主和总承包商,还需建立其他一些合同关系,比如业主与建筑师、业主和估算师之间的合同关系,总承包商与分包商、总承包商和供货商之间的合同关系等,如图 4-2 所示。

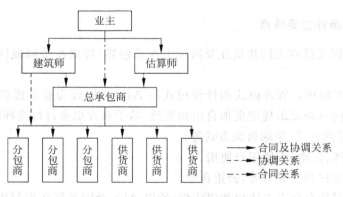

图 4-2 JCT 合同各方关系图

(2) 采用 JCT 合同条件时,通常由业主指定的建筑师和估算师(工料测量师)进行工程合同管理;建筑师既是业主的代理人,又应以独立的职业标准和理念提出观点,做出决定。

(3) JCT 合同条件规则详细、适用性强,使用者可将有关法律、法规附于专用条款部分。

(4) JCT 合同条件规定的"工程规范"为建筑师和估算师(工料测量师)组织编写的有关项目技术、质量、工艺的要求,具有很强的针对性。

(5) JCT 合同条件严格并详细地规定了索赔的条件和程序。

4.3.4　NEC 合同条件

1. NEC 简介

NEC(New Engineering Contract,NEC)是英国土木工程师学会(The Institution of Civil Engineers,ICE)制定的适用于国际工程采购和承包领域影响比较广泛的标准系列合同。NEC 首先引入"合伙合作(Partnering)"的思路来管理工程项目,以减少和避免争端。NEC 合同规定:"雇主、承包商、项目经理和监理工程师应按本合同的规定,在工作中互相信任、相互合作。裁决人应按本合同的规定独立工作。"NEC 作为满足业主与承包商合作新形式的合同文本,适用于各类型工程,已在很多国家不同类型的工程中得到广泛使用。

2. NEC 主要合同条件

NEC 包括六种主要选项条款(合同形式),九项核心条件,十五项次要选项条款,雇主可以从中选择合适的条款。下面以 NEC 合同族的核心——工程施工合同(Engineering and Construction Contract,ECC)为例,介绍 NEC 合同条件。

NEC 工程施工合同以计价方式分为六个主要选项条款,不同选项提供了雇主和承包商之间不同的风险分摊方案,由于风险分摊不一样,每个选项使用不同的付款方式。

（1）六种主要选项条款(合同形式)包括:总价合同,单价合同,目标总价合同,目标单价合同,成本加酬金合同,工程管理合同。雇主可以可根据自己的需求,从中做出选择。

（2）九项核心条款包括:总则,承包人的主要职责,工期,检验与缺陷,支付,补偿,权利,风险与保险,争端与终止。

（3）十五项次要选择包括:完工保证,总公司担保,工程预付款,结算币种(多币种结算),部分完工,设计责任,价格波动,保留(留置),提前完工奖励,工期延误赔偿,工程质量,法律变更,特殊条件,责任赔偿,附加条款。

3. NEC 合同条件主要特点

（1）NEC 合同的指导思想是主张工程合同各方从传统的"对立"转向"合作",强调沟通、合作与协调,更有利于保证工程按期、保质并在合同价内完成。

（2）灵活、适用范围广。NEC 合同可用于土木、电气、机械和房屋建筑等所有工程领域;可用于承包商承担部分、全部设计责任或无设计责任的承包模式;六种主要选项和十五项次要选择可以根据需要任意组合;可使用合同数据表,形成具体合同的特定数据等。

（3）NEC 合同立足于工程实践,主要条款都用非技术语言编写,避免特殊的专业术语和法律术语;NEC 合同是根据合同中指定的当事人将要遵循的工作程序流程图起草的,有利于简化合同结构。

4.4　索赔与争议

4.4.1　索赔的概念及特征

土木工程索赔是指在合同履行过程中,合同当事一方因对方不履行或未能正确履行合同或者由于非自身因素而受到经济损失或权利损害时,通过合同约定的程序向对方提出经济或时间补偿要求的行为。

土木工程索赔的特征:

(1)土木工程项目实施过程中,当工程技术条件、气候条件、进度和物价等发生变化,以及合同条款、规范、标准文件和工程图纸等发生变更时,索赔不可避免。索赔是业主、承包商和监理工程师之间一项正常的、经常发生的且普遍存在的合同管理业务;是一种以法律和合同为依据的正当的权利要求。

(2)索赔是双向的。合同当事双方均可以向对方提出索赔,被索赔方可以对索赔提出异议,阻止对方不合理的索赔要求,被索赔方反击、反驳、阻止索赔的这种行为,通常称为反索赔。此外,土木工程合同管理中还经常按照索赔的对象来界定索赔与反索赔,通常承包商向业主提出的补偿要求称为索赔,业主向承包商提出的补偿要求称为反索赔(本书提到的索赔一般指前者)。实践中,业主向承包商提出索赔的频率相对较低,并且在对承包商违约行为的索赔处理中,业主通常处于主动和有利地位,他可以直接从应付工程款中扣抵、扣留保留金或通过履约保函向银行索赔来实现自己的索赔要求。因此工程实施过程中频繁发生的、处理比较困难的是承包商向业主的索赔,这也是监理工程师进行合同管理的重点内容之一。承包商的索赔范围非常广泛,一般只要因非承包商自身责任造成其工期延长或成本增加,都有可能向业主提出索赔,如业主违反合同,未及时交付工程图纸、提供合格施工场地及决策错误等造成工程修改、停工、返工、窝工,未按合同规定支付工程款等;以及应由业主承担的风险,如恶劣气候条件、国家法规修改等造成的承包商损失或损害时,承包商均可以向业主提出补偿要求。

(3)只有实际发生了经济损失或权利损害,当事方才能向对方提出索赔。经济损失是指因对方责任造成了合同外的额外支出;权利损害是指虽然没有经济损失,但造成一方权利上的损害,比如不可预见的恶劣天气严重地影响了工程进度,承包商有权要求延长工期。有时经济损失和权利损害同时存在,例如:业主未及时提供合格的施工现场,既造成承包商的经济损失,又侵犯了承包商的工期权利,因此,承包商可同时提出经济赔偿和工期延长;有时上述两者单独存在,如不可预见的恶劣天气、不可抗力事件等,承包商根据合同规定或惯例只能要求延长工期,不应提出经济补偿。

(4)索赔是一种未经对方确认的单方行为。它与通常所说的工程签证不同,工程签证是承发包双方就额外费用补偿或工期延长等达成一致的书面证明材料和补充协议,它可以直接作为工程款结算或最终增减工程造价的依据,而索赔则是单方面行为,对对方尚未形成约束力,这种索赔要求必须要通过双方确认(如双方协商、谈判、调解或仲裁、诉讼)后才能实现。

4.4.2 索赔的原因

引起索赔的原因很多,从现代土木工程项目特点分析,包括:

(1)现代土木工程项目的特殊性。项目规模大、技术性强、投资高、工期长;项目的差异性大、综合性强、风险大,实施中的不确定因素多。

(2)项目内外部环境的复杂性和多变性。项目技术环境、经济环境、社会环境、法律环境的变化,使实际情况与计划不一致,导致工期和费用的变化。

（3）项目实施主体的多元性。项目参与单位多、关系复杂、相互影响、协调不一致，易导致索赔。

（4）合同的复杂性及易出错性。土木工程项目签订的合同多而且复杂，容易造成合同当事人对合同条款理解差异，提出索赔。

（5）投标的竞争性。竞争激烈，承包人利润低，索赔成为工程风险再分配的手段。

承包商向业主提出索赔的频率较高，引起这类索赔的原因主要包括：

（1）业主违约。主要表现为业主或其代理人未能按合同规定向承包商提供必要的条件，或未能在规定的时间内付款。比如业主没有在规定的时间向承包商提供场地使用权，材料供给发生延误或不符合合同标准，拖欠支付工程款；监理工程师没有在规定的时间内发出有关图纸、指示、指令或批复，拖延发布各种证书（如形象进度付款签证、移交证书、缺陷责任合格证书等），及其不恰当的决定和苛刻检查等。

（2）合同和设计缺陷。常常表现为合同条款用词不够严谨、有漏洞，甚至前后矛盾、存在错误与缺陷，设计与现场实际地质环境存在差异，设计图纸与技术规范和施工说明不相符，对设备、材料规格型号表达不细致等。业主通常要对合同和设计缺陷负责，除非合同或设计中有明显的含糊条款或缺陷，根据法律可以推定承包商有义务在投标前发现并及时向业主指出，但没有指出的情况。

（3）国家政策及法律、法规变更。通常是指直接影响到工程造价的某些政策及法律、法规的变更，比如限制进口、外汇管制或税收及其他收费标准的提高。国际工程合同通常规定，如果工程所在国法律和政策的变化导致承包商费用增加，则业主应该向承包商补偿其增加值；相反，则应由业主受益。而国内工程可以根据国务院各有关部委、各级建设行政管理部门或其授权的工程造价管理部门公布的价格调整，比如定额、取费标准、税收、上缴的各种费用等，调整合同价款，如未予调整，承包商可以要求索赔。

（4）工程和合同变更。土木工程项目实施过程中，变更不可避免。工程和合同变更包括工程设计变更、工程质量标准变更、施工方法和施工顺序变更、工程量变更，以及工程师指令变更（如工程师指令增加新的工作，更换某些材料，暂停或加速施工）等，当这些变更增加了工程费用或延长了工程工期，承包商有权提出索赔，以弥补自己不应承担的损失。

（5）不可预见因素与客观障碍。是指投标时根据业主所提供的资料及现场调查，有经验的承包商也无法预料到的不利自然条件与因素，如地质断层、溶洞、沉陷、地下水、流沙、地震等，以及地下构筑物和其他客观存在的障碍物，如下水道、坑、井、废弃隧道、水泥砖砌物、古建筑物、树根等。

（6）其他原因。①与业主签约的其他分包商（供货商）违约；②业主指定的分包商（供货商）违约；③与项目有关的其他第三方问题引起的不利影响，如银行付款及邮局延误、材料与设备压港等。由于这些原因引发的索赔，业主给予承包商补偿后，应该根据合同或法律规定再向分包商（供货商）或第三方追加补偿。

4.4.3　索赔的分类

索赔可以从不同的角度、按不同的标准进行分类：

1. 按索赔的目的分类

（1）费用索赔。也称经济索赔，是承包商向业主要求补偿不应该由承包商承担的额外费用支出或者经济损失。承包商提出索赔时，索赔费用应该是承包商为了保证合同顺利履行所必需的费用，承包商不应由索赔事件的发生而额外受益。

（2）工期索赔。是承包商在索赔事件发生后向业主要求延长工期、推迟竣工时间的索赔，目的是避免承担不能按原计划施工、完工而需要承担的违约责任。对于应由业主而不应由承包商承担责任的工期延误，业主应给予延长工期。

2. 按索赔的依据分类

（1）合同明示的索赔。承包商提出的索赔要求，在项目的合同中有文字依据，承包商可以据此提出索赔，并取得经济补偿，这种索赔不易发生争议。这些在合同中有文字规定的合同条款，称为明示条款。

（2）合同默示的索赔。承包商提出的索赔要求，在项目的合同中没有专门的文字叙述，但可以依据合同的某些条款含义或法律、法规、规范，推论出承包商拥有索赔权。这种索赔要求，同样具有法律效力，有权得到相应的经济补偿。这些具有补偿含义的合同条款，称为默示条款或隐含条款。

（3）道义索赔。又称通融索赔或优惠索赔，这种索赔找不到合同依据和法律基础，但承包商确实蒙受了损失，并尽最大努力去满足业主要求，因而认为自己有提出索赔的道义基础，对其损失寻求优惠性补偿。有的业主通情达理，会给予承包商适当补偿。

3. 按索赔的有关当事人分类

可分为承包商与业主之间的索赔，总承包商与分包商之间的索赔，业主或承包商与供应商或运输公司之间的索赔，业主或承包商向保险公司的索赔。前两种又称为工程索赔，后两种称为商务索赔。

4. 按索赔的处理方式分类

（1）单项索赔。一事一索赔，即在索赔事项发生后，立即报送索赔意向书，编报索赔报告，要求单项解决处理，不与其他索赔事项混在一起。

（2）总索赔。又称综合索赔或一揽子索赔，即对整个工程（或某项工程）中所发生的数起索赔事项，综合在一起进行索赔。

5. 按照索赔事件的性质分类

可分为工程延误索赔，工程变更索赔，工程中断索赔，工程终止索赔，不可预见因素索赔，以及由于物价涨跌、汇率变化、货币贬值、政策法令变化等引起的索赔。

6. 按照索赔发生的时间分类

可分为合同履行期间的索赔，合同终止后的索赔。

4.4.4 索赔的依据与证据

索赔的依据主要是双方签订的土木工程合同文件,以及法律、法规和工程建设惯例。不同的工程项目签订的合同文件不同,索赔的依据也就不完全相同,合同当事双方的索赔权利也不相同。国际和国内的土木工程合同条件或示范文本,对承包商向业主的索赔依据以及业主向承包商的索赔依据,都有明确的条款规定。

索赔证据是当事人用以支持其索赔成立的证明文件和资料。作为索赔文件的重要组成部分,索赔证据在很大程度上决定了索赔的成败。除了合同文件和法律、法规等,土木工程项目在实施过程中还应注意做好相应记录,以便为索赔提供充分的证据(表 4-1)。

表 4-1 土木工程施工项目索赔证据

施工记录	①投标前业主提供的参考资料和现场资料,②工程进度计划、施工图纸、方案及施工组织设计,③施工日志,④工程照片及声像资料,⑤实际工程进度与现场记录,⑥往来信函、文件及电话记录,⑦会谈记录与纪要,⑧业主或监理工程师的各种指令和确认书,尤其变更指令,⑨气象报告和资料,⑩工程设备和材料使用记录,⑪各种检查、验收报告和技术鉴定报告,⑫工程备忘录及各种签证等
财务记录	①投标书中的财务部分,②施工预算,③工程结算资料,④工程进度款支付申请单,⑤会计日报表,⑥会计往来信函及文件,⑦工人劳动计时卡与工资单,⑧材料、设备、配件等的采购单与付款单据,⑨有关财务报告及各类财务凭证,⑩官方发布的物价指数、通用货币汇率、工资指数等

4.4.5 索赔文件及索赔程序

索赔文件是承包商向业主索赔的正式书面材料,也是业主审议承包商索赔请求的主要依据,它包括索赔信、索赔报告、附件三部分。

(1)索赔信。承包商致业主或监理工程师的简短信函,包括:①说明索赔事件;②列举索赔理由;③提出索赔金额与工期;④索赔附件说明。

(2)索赔报告。索赔文件的正文,包括:①报告的标题,简明地概括索赔的核心内容;②事实与理由,陈述客观事实,引用合同规定,建立事实与索赔之间的因果关系,说明索赔的合理合法性;③损失计算及要求补偿的金额与工期,在此只需列举各项明细数字及汇总即可。

编制索赔报告时应注意:①索赔事件要真实、证据确凿;②责任分析要透彻,报告中要明确对方的全部责任;③详细阐述干扰事件的影响,证明其与索赔有直接的因果关系,叙述要清晰,说服力要强;④索赔计算结果要合理、准确;⑤索赔报告要简明扼要。

(3)附件。包括:①索赔报告中所列举事实、理由、影响等相应证明文件和证据;②详细计算书(为简明直观可引用大量图表)。

索赔文件编制完成后,应及时提交监理工程师和业主,程序索赔见图 4-3。

4.4.6 争议及其解决方式

1. 合同争议及其特点

合同争议又称合同纠纷,是指合同当事双方因合同订立、权利行使、义务履行与利益分

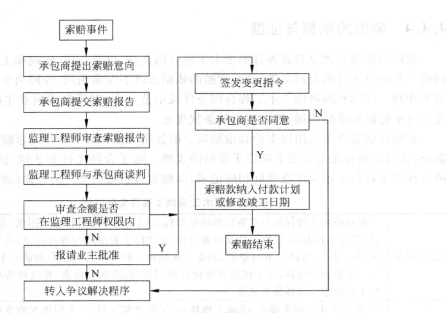

图 4-3　土木工程项目索赔程序

配等存在不同的观点、意见、请求的法律事实。

合同争议的特点：①合同争议发生于合同的订立、履行、变更、解除以及合同权利的行使过程中；②合同争议双方必须是合同法律关系的主体,此类主体可以是自然人,也可以是法人或其他组织；③合同争议的内容主要表现为争议主体对导致合同法律关系产生、变更与消灭的法律事实以及法律关系的内容有着不同的观点与看法。

2. 土木工程合同争议内容

土木工程项目常见的合同争议主要有以下内容：

（1）承包商向业主提出费用索赔,经监理工程师审查,上报业主后,业主不予承认,或者业主同意支付的金额与承包商的索赔金额差距较大,双方不能达成一致。

（2）承包商提出的延长工期的索赔申请,业主不予承认,双方对工期延误责任归属意见分歧严重。比如,承包商认为工期延误是业主拖延交付场地、拖延交付图纸,监理工程师拖延材料样品和现场工序检验等；而业主则认为是承包商开工延误、劳力不足、材料短缺、调度指挥失误等。

（3）业主根据监理工程师的证明,要求承包商对施工缺陷,或者提供的材料或设备性能不合格的部分,进行赔偿、降价或更换；承包商则认为缺陷业已改正,或者不属于承包商的责任或检验指标错误等,产生意见分歧,造成争议。

（4）业主提出承包商拖延工期,除了要从承包商应得款项中扣除工期延误违约赔偿金,还要求承包商对由于工期延误造成的业主利益损害进行赔偿；承包商则引用合同条款和免责条款提出反索赔。

（5）其他争议。例如：由工程变更、分包、合同转让等引发的争议；由合同中止或终止等引发的争议；出现特殊风险和不可抗力后,善后处理不当引发的争议等。

3．争议的解决方式

合同争议的解决主要通过以下方式：

（1）和解。是指合同争议双方依据有关的法律规定和合同约定，在互谅互让的基础上，经过谈判和协商，自愿就争议事项达成协议，解决合同争议。和解的特点：无须第三方介入，简便易行，能经济、及时地解决争议，并有利于双方的协作和合同的继续履行。但和解必须以双方自愿为前提，如果双方分歧严重，而一方或双方不愿协商解决争议时，和解就受到限制。

（2）调解。当争议双方自行谈判和解未果时，为了友好地解决争议，可以邀请个人，如监理工程师，或者提交社会组织，如经济合同管理部门、DAB（争端裁决委员会）、DRB（争议评审委员会）等予以调解和裁决。该裁决没有最终的法律约束力，但按照调解裁决程序解决工程出现的纠纷或争议，有利于合同的管理和履行。如果当事一方或双方不愿调解，或调解不成时，争议双方应依据合同条款的约定及时提请仲裁或诉讼以最终解决合同争议。

（3）仲裁。亦称"公断"，是指争议双方根据合同约定或争议发生后达成的协议，自愿将争议提交给中立的、无利害关系的第三者进行裁决，并按裁决书自动履行义务的争议解决方式。

土木工程合同当事双方选择仲裁的，应当在合同专用条款或仲裁协议中明确：请求仲裁的意思表示，仲裁事项，选定的仲裁委员会（仲裁没有法定管辖，当事双方应指明仲裁委员会）。仲裁机构做出的裁决具有法律效力，当事双方应自动履行，如果一方拒不执行，另一方可向有管辖权的人民法院申请强制执行。

（4）诉讼。争议双方没有订立仲裁协议或仲裁协议无效时，当事一方可以向有管辖权的人民法院提起诉讼，法院依照国家相关法律和司法程序对索赔争议进行审判处理。一般经过法庭调查与辩论，首先进行司法调解，调解不成则依法做出判决，该判决具有最终的强制性的法律效力。诉讼和仲裁只能二选一，当事人可以根据实际情况进行选择。

需要强调的是，仲裁和诉讼往往要花费很长的时间，很多的精力和财力，给工程顺利实施造成诸多不利影响，有时甚至非常严重。因此，对合同实施中出现的纠纷，争议双方应尽量争取在最早的时间、最低的层次，友好协商解决。

争议发生后，双方通常都应继续履行合同，保持施工连续，并保护好已完工程。当出现下述情况时，当事人可以停止履行工程合同。①单方违约导致合同确已无法履行，双方协议停止施工；②调解要求停止施工，并且合同双方都接受调解；③仲裁机关要求停止施工；④法院要求停止施工。

本章习题

一、名词解释

合同、总价合同、合同变更、FIDIC 合同条件、索赔、仲裁

二、单项选择题

1．在合同中明确每一个单项工程的单价，工程完工时按照实际完成工程量乘以单项工程单价计算结算款的合同是（　　　）。

A. 总价合同　　　　　　　　　　　　B. 单价合同

C. 成本加酬金合同　　　　　　　　　D. 诺成合同

2. (　　)是规范我国市场经济财产流转关系的基本法。

A.《中华人民共和国合同法》　　　　B.《中华人民共和国民法通则》

C.《中华人民共和国建筑法》　　　　D.《中华人民共和国招标投标法》

3. 发生下列情形,合同权利义务不需要终止的(　　)。

A. 债务已经按照约定履行

B. 债权债务同归于一人

C. 书面合同丢失

D. 法律规定或者当事人约定终止的其他情形

4. 下面哪一项不是《建设工程施工合同(示范文本)》的组成部分(　　)。

A. 合同协议书　　　　　　　　　　　B. 通用合同条款

C. 专用合同条款　　　　　　　　　　D. 标准文本

5. AIA 是指(　　)。

A. 美国建筑师协会　　　　　　　　　B. 国际咨询工程师联合会

C. 英国合同审定联合会　　　　　　　D. 英国土木工程师学会

6. 下列不属于承包商向业主提出索赔的原因(　　)。

A. 业主违约　　　　　　　　　　　　B. 国家政策及法律、法令变更

C. 与承包商签约的分包商违约　　　　D. 工程和合同变更

三、多项选择题

1. 土木工程合同按承发包范围可分为(　　)。

A. 全过程承发包合同　　　　　　　　B. 阶段承发包合同

C. 固定总价合同　　　　　　　　　　D. 专项合同

E. 可调单价合同

2. 土木工程项目合同变更分为(　　)。

A. 设计变更　　　B. 施工方案变更　　　C. 进度计划变更　　　D. 承包商变更

E. 分包商变更

3.《建设工程监理合同(示范文本)》组成部分包括(　　)。

A. 投标文件　　　B. 协议书　　　C. 中标通知书　　　D. 通用条件

E. 专用条件

4. 下列关于 FIDIC 合同条件的叙述哪些是正确的(　　)。

A. FIDIC 施工合同条件主要采用单价合同

B. FIDIC 施工合同条件主要采用总价合同

C. FIDIC 生产设备和设计—施工合同条件通常采用总价合同

D. FIDIC 生产设备和设计—施工合同条件通常采用成本加酬金合同

E. FIDIC 的 EPC/交钥匙合同条件通常采用总价合同

5. 合同争议的解决方式主要包括:(　　)。

A. 指令　　　B. 和解　　　C. 调解　　　D. 仲裁

E. 解除合同

四、简单题

1. 简述土木建设工程合同的基本概念及分类。

2. 简述我国土木工程项目合同管理的法律依据。

3. 简述合同审查的主要内容。

4. 简述土木工程施工合同变更的内容。

5. 简述土木工程项目合同解除的条件。

6. 简述《建设工程勘察合同(示范文本)》的主要条款。

7. 简述 JCT 合同条件主要特点。

8. 简述现代土木工程项目索赔的原因。

9. 简述土木工程项目索赔和争议解决程序。

习题答案

一、名词解释(答案略)

二、单项选择题

1. B　　2. A　　3. C　　4. D　　5. A　　6. C

三、多项选择题

1. ABD　　2. ABC　　3. BDE　　4. ACE　　5. BCD

四、简答题(答案略)

第 **5** 章

土木工程项目进度管理

教学要点和学习指导

本章叙述了工程项目进度中常用的基本概念,工期和进度的区别,工期影响的因素,进度与费用、质量目标的关系,工程目标工期的决策分析,以及工程项目进度计划的编制、检查与分析、调整与优化等工程项目进度控制内容。

在本章的学习中,要重点掌握流水施工原理,流水施工的基本方式,网络进度计划技术的编制方法、步骤及应用。熟悉工程项目进度控制的流程,工程项目进度检查和分析方法,工程项目进度计划的调整和优化。最后,通过本章所学内容对土木工程项目进度管理案例进行具体分析。

5.1 概述

工程项目进度管理是工程项目建设中与工程项目质量管理、工程项目费用管理并列的三大管理目标之一。工程项目进度管理是保证工程项目按期完成,合理配置资源,确保工程项目施工质量、施工安全、节约投资、降低成本的重要措施,是体现工程项目管理水平的重要标志。

5.1.1 进度与工期

工程项目实施过程中要综合消耗时间、劳动力、材料、费用等资源,以期达到工程项目实施结果的进展情况,即工程项目进度。通常工程项目的实施结果以项目任务的完成情况(工程的数量)来表达,但由于工程项目技术系统的复杂性,有时很难选定一个恰当的、统一的指标来全面反映工程的进度,工程实物进度与工程工期及费用不相吻合。在此意义上,人们赋予进度综合的含义,将工期与工程实物、费用、资源消耗等统一起来,全面反映项目的实施状况。可以看出,工期和进度是两个既互相联系,又有区别的概念。

工期常作为进度的一个指标(进度指标还可以通过工程活动的结果状态数量、已完成工程的价值量、资源消耗指标等描述),项目进度控制是目的,工期控制是实现进度控制的一个手段。进度控制首先表现为工期控制,有效的工期控制才能达到有效的进度控制;进度的拖延最终一定会表现为工期的拖延;对进度的调整常表现为对工期的调整,为加快进度,改变施工次序,增加资源投入,完成实际进度与计划进度在时间上的吻合,同时保持一定时间内工程实物与资源消耗量的一致性。

5.1.2　项目工期影响因素

在工程项目的施工阶段,施工工期的影响因素一般取决于其内部的技术因素和外部的社会因素。工期影响因素见表 5-1。

表 5-1　项目工期影响因素

影 响 因 素	影 响 内 容
工程内部因素 (技术因素)	(1) 工程性质、规模、高度、结构类型、复杂程度
	(2) 地基基础条件和处理的要求
	(3) 建筑装修装饰的要求
	(4) 建筑设备系统配套的复杂程度
工程外部因素 (社会因素)	(1) 社会生产力,尤其建筑业生产力发展的水平
	(2) 建筑市场的发育程度
	(3) 气象条件以及其他不可抗力的影响
	(4) 工程投资者和管理者主观追求和决策意图
	(5) 施工计划和进度管理

5.1.3　进度与费用、质量目标的关系

根据工程项目管理的基本概念和属性,工程项目管理的基本目标是在有效利用合理配置有限资源,确保工程项目质量的前提下,用较少的费用(综合建设方投资和施工方的成本)和较快的速度实现工程项目的预定功能。因此,工程项目的进度目标、费用目标、质量目标是实现工程项目基本目标的保证。三大目标管理相互影响互相联系,共同服务于工程项目的总目标。同时,也是相互矛盾的。许多工程项目,尤其大型重点建设项目,一般项目工期要求紧张,工程施工进度压力大,经常性地连续施工。为加快施工进度而进行的赶工,一般都会对工程施工质量和施工安全产生影响,并会引起建设方投资加大或施工方成本的增加。

综合工程项目目标管理与工程项目进度目标、费用目标和质量目标之间相互矛盾又统一协调的关系,在工程项目施工实践中,需要在确保工程质量的前提下,控制工程项目的进度和费用,实现三者的有机统一。

5.1.4　工程目标工期的决策分析

1. 项目总进度目标

工程项目总进度目标指在项目决策阶段项目定义时决定的整个项目的进度目标。其范围从项目开始至项目完成整个实施阶段,包括设计前准备阶段的工作进度,设计工作进度,招标工作进度,施工前准备工作进度,工程施工进度,工程物资采购工作进度,项目动用前的准备工作进度等。

建设项目总进度目标的控制是业主方项目管理的任务。在对其进行实施控制之前,需

要对上述工程实施阶段的各项工作进度目标实现的可能性以及各项工作进度的相互关系进行分析和论证。

项目总进度目标设定时,工程细节尚不确定,包括详细的设计图纸,有关工程发包的组织、施工组织和施工技术方面的资料,以及其他有关项目实施条件的资料。因此,此阶段,主要是对项目实施的条件和项目实施策划方面的问题进行分析、论证并进行决策。

2．总进度纲要

大型建设项目总进度目标的核心工作是以编制总进度纲要为主分析并论证总进度目标实现的可能性。总进度纲要的主要内容有:项目实施的总体部署;总进度规划;各子系统进度规划;确定里程碑事件(主要阶段的开始和结束时间)的计划进度目标;总进度目标实现的条件和应采取的措施等。主要通过对项目决策阶段与项目进度有关的资料及实施的条件等资料收集和调查研究,对整个工程项目的结构逐层分解,对建设项目的进度系统分解,逐层编制进度计划,协调各层进度计划的关系,编制总进度计划,出现不符合项目总进度目标要求时,设法调整,进度目标无法实现时,报告项目管理者进行决策。

3．建设工程项目进度计划系统

建设工程项目进度计划系统是由多个相互关联的进度计划组成的系统。它是项目进度控制的依据。由于各种进度计划编制所需要的必要资料是在项目进展过程中逐步形成的,因此项目进度计划系统的建立和完善也有一个过程,是逐步形成的。建设项目进度计划系统的建立可以按照不同的计划目的等进行划分。进度计划系统分类见 5.3.1 节,建设项目进度计划系统示例见图 5-1。

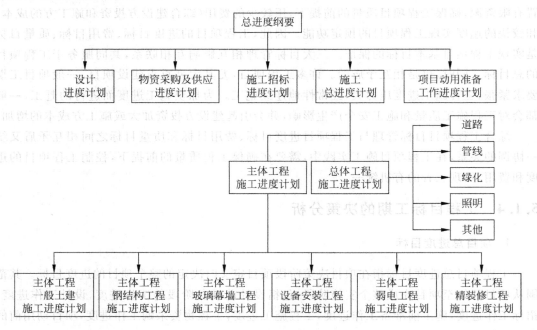

图 5-1　建设项目进度计划系统示例

4．施工项目目标工期

施工阶段是工程实体的形成阶段，做好工程项目进度计划并按计划组织实施，是保证项目在预定时间内建成并交付使用的必要工作，也是工程项目进度管理的主要内容。为了提高进度计划的预见性和进度控制的主动性，在确定工程进度控制目标时，必须全面细致地分析影响项目进度的各种因素，采用多种决策分析方法，制定一个科学、合理的工程项目目标工期。

（1）以企业定额条件下的工期为施工目标工期；

（2）以工期成本最优工期为施工目标工期；

（3）以施工合同工期为施工目标工期。

在确定施工项目工期时，应充分考虑资源与进度需要的平衡，以确保进度目标的实现，还应考虑外部协作条件和项目所处的自然环境、社会环境和施工环境等。

5.2　工程项目进度控制措施

工程项目进度控制是项目管理者围绕目标工期的要求编制进度计划、付诸实施，并在实施过程中不断检查进度计划的实际执行情况，分析产生进度偏差的原因，进行相应调整和修改的过程。通过对进度影响因素实施控制及各种关系协调，综合运用各种可行方法、措施，将项目的计划工期控制在事先确定的目标工期范围之内。在兼顾费用、质量控制目标的同时，努力缩短建设工期。参与工程项目建设活动的建设单位、设计单位、施工单位、工程监理单位均可构成工程项目进度控制的主体。根据不同阶段不同的影响因素，提出针对性的工程项目进度控制措施。

5.2.1　进度目标的确定与分解

工程项目进度控制经由工程项目进度计划实施阶段，是工程项目进度计划指导工程建设实施活动，落实和完成计划进度目标的过程。工程项目管理人员根据工程项目实施阶段、工程项目包含的子项目、工程项目实施单位、工程项目实施时间等设立工程项目进度目标。影响工程项目施工进度的因素有很多，如人为因素、技术因素、机具因素、气象因素等，在确定施工进度控制目标时，必须全面细致地分析与工程项目施工进度有关的各种有利因素和不利因素。

1．工程施工进度目标的确定

作为一个施工项目，总有一个时间限制，即为施工项目的竣工时间。而施工项目的竣工时间就是施工阶段的进度目标。有了这个明确的目标以后，才能进行针对性的进度控制。确定施工进度控制目标的主要依据有：建设项目总进度目标对施工工期的要求；施工承包合同要求，工期定额、类似工程项目的施工时间；工程难易程度和工程条件的落实情况、企业的组织管理水平和经济效益要求等。

2．施工阶段进度目标的分解

项目可按进展阶段的不同分解为多个层次，项目进度目标可据此分解为不同进度分目

标。项目规模大小决定进度目标分解层次数目,一般规模越大,目标分解层次越多。施工阶段进度目标可以从以下几个方面进行分解:

(1) 按施工阶段分解;

(2) 按施工单位分解;

(3) 按专业工种分解;

(4) 按时间分解。

建设工程施工进度控制目标体系如图 5-2 所示。

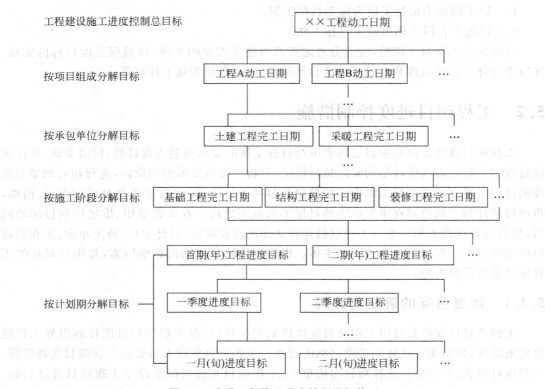

工程建设施工进度控制总目标 —— ××工程动工日期

按项目组成分解目标 —— 工程A动工日期 | 工程B动工日期 …

按承包单位分解目标 —— 土建工程完工日期 | 采暖工程完工日期 …

按施工阶段分解目标 —— 基础工程完工日期 | 结构工程完工日期 | 装修工程完工日期 …

首期(年)工程进度目标 | 二期(年)工程进度目标 …

按计划期分解目标 —— 一季度进度目标 | 二季度进度目标 …

一月(旬)进度目标 | 二月(旬)进度目标 …

图 5-2 建设工程施工进度控制目标体系

5.2.2 进度控制的流程和内容

由工程项目进度控制的含义,结合工程项目概况,工程项目经理部应按照以下程序进行进度控制:

(1) 根据签订的施工合同的要求确定施工项目进度目标,明确项目分期分批的计划开工日期、计划总工期和计划竣工日期。

(2) 逐级编制施工指导性进度计划,具体安排实现计划目标的各种逻辑关系(工艺关系、组织关系、搭接关系等),安排制定对应的劳动力计划、材料计划、机械计划及其他保证性计划。如果工程项目有分包人,还需编制由分包人负责的分包工程施工进度计划。

(3) 在实施工程施工进度计划之前,还需要进行进度计划的交底,落实相关的责任,并报请监理工程师提出开工申请报告,按监理工程师开工令进行开工。

(4) 按照批准的工程施工进度计划和开工日组织工程施工。工程项目经理部首先要建立进度实施和控制的科学组织系统及严密的工作制度,然后依据工程项目进度管理目标体系,对施工的全过程进行系统控制。正常情况下,进度实施系统应发挥检测、分析职能并循环运行,即随着施工活动的进行,信息管理系统会不断地将施工实际进度信息,按信息流动程序反馈至进度管理者,经统计分析,确定进度系统无偏差,则系统继续进行。如发现实施进度与计划进度有偏差,系统将发挥调控职能,分析偏差产生的原因,偏差产生后对后续工作的影响和对总工期的影响,一般需要对原进度计划进行调整,提出纠正偏差方案和实施技术、经济、合同保证措施,以及取得相关单位支持与配合的协调措施,确保采取的进度调整措施技术可行、经济合理后,将调整后的进度计划输入到进度实施系统,施工活动继续在新的控制系统下运行。当出现新的偏差时,重复上述偏差分析、调整、运行的步骤,直到施工项目全部完成。

(5) 施工任务完成后,总结并编写进度控制或管理的报告。

5.2.3　进度控制的方法和措施

工程项目进度控制本身就是一个系统工程,包括工程进度计划、工程进度检测和工程进度调整三个相互作用的系统工程,其作用原理见图 5-3。同样,工程项目进度控制的过程实质上也是对有关施工活动和进度的信息不断搜集、加工、汇总和反馈的过程。信息控制系统将信息输送出去,又将其作用结果返送回来,并对信息的再输出施加影响,起到控制作用,以期达到预定目标。

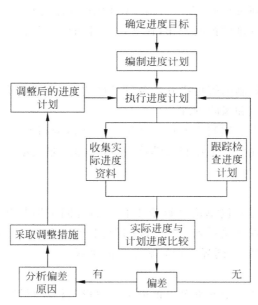

图 5-3　系统控制流程图

1. 工程项目进度控制方法

工程项目进度控制方法,依照工程项目进度控制的系统工程理论、动态控制理论和信息反馈理论等,主要的控制方法有规划、控制和协调。工程项目进度控制目标的确定和分级进度计划的编制,为工程项目进度的"规划"控制方法,体现为工程项目进度计划系统的制定。

工程项目进度计划的实施,实际进度与计划进度的比较和分析,出现偏差时采取的调整措施等,属于工程项目进度控制的"控制"方法,体现了工程项目的进度检测系统和进度调整系统。在整个工程项目的实施阶段,从计划开始到实施完成,进度计划、进度检测和进度调整,每一过程或系统都要充分发挥信息反馈的作用,实现与施工进度有关的单位、部门和工作队组之间的进度关系的充分沟通协调,此为工程项目进度控制的"协调"方法。工程项目进度控制方法见图 5-4。

图 5-4 工程项目进度控制方法

2．工程项目进度控制措施

工程项目进度控制采取的主要措施有组织措施、管理措施、技术措施、经济措施和合同措施。

1）组织措施

正如前文所述,组织是目标能否实现的决定性因素,为实现项目的进度目标,应充分健全项目管理的组织体系。

整个组织措施在实现过程中,在项目组织结构中,都需要有专门的工作部门和符合进度控制岗位资格的专人负责进度控制工作,在项目管理组织设计的任务分工表和管理职能分工表中标示和落实。

2）管理措施

建设工程项目进度控制的管理措施涉及管理的思想、管理的方法、管理的手段、承发包模式、合同管理、信息管理和风险管理。

用工程网络计划的方法编制进度计划必须很严谨地分析和考虑工作之间的逻辑关系,通过工程网络计划可发现关键工作和关键路线,也可知道非关键工作可使用的时差,有利于实现进度控制的科学化。

3）合同管理措施

合同管理措施是指与分包单位签订施工合同的合同工期与项目有关进度目标的协调性。承发包模式的选择直接关系到工程实施的组织和协调。为了实现进度目标,应选择合理的合同结构,避免过多的合同界面而影响工程的进展。

4）经济措施

经济措施是实现进度计划的资金保证措施。建设工程项目进度控制的经济措施主要涉及资金需求计划、资金供应计划和经济激励措施等。

5）技术措施

技术措施主要是采取加快施工进度的技术方法。包括尽可能地采用先进施工技术、方法和新材料、新工艺、新技术,保证进度目标的实现;落实施工方案,在发生问题时,能适时调整工作之间的逻辑关系,加快施工进度。

5.3　工程项目进度计划的编制

在工程项目管理中,进度计划是最广泛使用的用于分步规划项目的工具。通过系统的分析各项工作、前后相邻工作相互衔接关系及开竣工时间,项目经理在投入资源之前在纸上对拟建项目作统筹安排。把拟建工程项目中需要的材料、机械设备、技术和资金等资源和人员组织集合起来并指向同一个工程目标,利用通用的工具确定投入和分配问题,提高工作效率。确定在有些工作出现拖延的情况下,对整个项目的完成时间造成的不利影响等。对于成功地完成任何一个复杂的项目,进度计划都是必不可少的。

5.3.1　进度计划的分类与编制依据

在工程项目施工阶段,工程项目进度计划是工程项目计划中最重要的组成部分,是在项目总工期目标确定的基础上,确定各个层次单元的持续时间、开始和结束时间,以及机动时间。工程项目进度计划随着工程项目技术设计的细化,项目结构分解的深入而逐步细化。工程项目进度计划经由从总体到细节的过程,经历了工程项目总工期目标和项目主要阶段进度计划,以及详细的工期计划。

1. 工程项目进度计划的类型

根据工程项目进度控制不同的需要和不同的用途,工程项目进度计划的类型详见图 5-5,各项目参与方可以制定多个相互关联的进度计划构成完整的进度管理体系。一般用横道图方法或网络计划进行安排。工程项目进度计划体系示例见图 5-1。

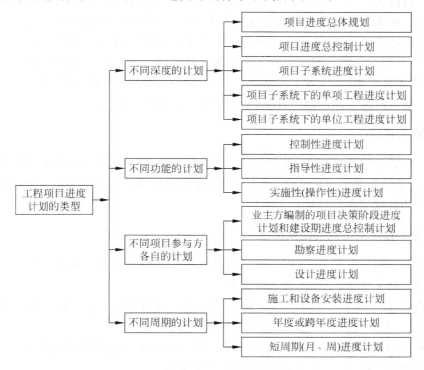

图 5-5　工程项目进度计划的类型

2. 工程项目进度计划的编制依据

工程项目进度计划与进度安排起始于施工前阶段,从确立目标、识别工作、确定工作顺序、确定工作持续时间、完成进度计算,并结合具体的工程项目配备的资源情况,进行进度计划的修正和调整。工程项目进度计划系统,从确定各主要工程项目的施工起止日期,综合平衡各施工阶段的工程量和投资分配的施工总进度计划,到为各施工过程指明一个确定的施工工期,并确定施工作业所必需的劳动力及各种资源的供应计划的单位工程进度计划。进度计划的编制依据一般有:

(1) 拟建项目承包合同中工期要求;

(2) 拟建项目设计图纸及各种定额资料,包括工期定额、概预算定额、施工定额及企业定额等;

(3) 已建同类项目或类似项目的资料;

(4) 拟建项目条件的落实情况和工程难易程度;

(5) 承包单位的组织管理水平和资源供应情况等。

5.3.2 工程项目进度计划的编制程序

工程项目进度计划的编制,结合工程项目建设程序、工程项目管理的基本任务要求,编制工程项目进度计划,要满足以下要求:满足合同工期要求;合理组织施工组织设计,设置工作界面,保证施工现场作业人员和主导施工机械的工作效率;力争减少临时设施的数量,降低临时设施费用;符合质量、环保、安全和防火要求。

随着项目的进展,技术设计的深化,结构分解的细化,可供计划使用的数据越来越详细,越来越准确。根据项目工作分解结构及对工作的定义,计划工作量,确定各工程活动(工程项目不同层次的项目单元)或工作之间的逻辑关系,按照各工程活动(工程项目不同层次的项目单元)或工作的工程量和资源投入量计划计算持续时间,统筹工程项目的建设程序、合同工期、建设各方要求,确定各工程活动详细的时间安排,即具体的持续时间、开竣工时间及机动时间。输出横道图和网路图,同时,得到相应的资源使用量计划。

1. 计算工程量

依据工程施工图纸及配套的标准图集,工程量清单计价规范或预算定额及其工程量计算规则,建设单位发布的招标文件(含工程量清单),承包单位编制的施工组织设计或施工方案,结合一定的方法,进行计算。

2. 确定工程活动之间的逻辑关系

工程活动之间的逻辑关系,指工程活动之间相互制约或相互依赖的关系。表现为工程活动之间的工艺关系、组织关系和一般关系。

工艺关系,由工作程序或生产工艺确定的工程活动之间的先后顺序关系。如基础工程施工中,先进行土方开挖,后进行基础砌筑。

组织关系,工程活动之间由于组织安排需要或资源配置需要而规定的先后顺序关系。在进度计划中均表现出工程活动之间的先后顺序关系。

一般关系,工程活动在实际运行中,活动逻辑关系一般可表达为平行关系、顺序关系和搭接关系三种形式。据此组织工程活动或作业,基本方式归纳起来有三种,分别是依次作业、平行作业和流水作业。以工程项目施工为例,其具体组织方式和特点如下。

1) 依次作业

依次施工作业的组织方式是将拟建工程项目的整个建造过程分解成若干个施工过程,按照一定的施工顺序,前一个施工过程完成后,后一个施工过程才开始施工的作业组织方式。它是一种最基本的、最原始的施工作业组织方式。

某住宅区拟建三幢结构相同的建筑物,其编号分别为Ⅰ、Ⅱ、Ⅲ。各建筑物的基础工程均可分解为挖土方、浇混凝土基础和回填土三个施工过程,分别由相应的专业队按施工工艺要求依次完成,每个专业队在每幢建筑物的施工时间均为5周,各专业队的人数分别为15人、20人和10人。三幢建筑物基础工程依次施工的组织方式如图5-6中"依次施工"栏所示。

施工组织方式				依次施工									平行施工			流水施工				
编号	施工过程	人数	施工周数	进度计划/周									进度计划/周			进度计划/周				
				5	10	15	20	25	30	35	40	45	5	10	15	5	10	15	20	25
Ⅰ	A	15	5																	
	B	20	5																	
	C	10	5																	
Ⅱ	A	15	5																	
	B	20	5																	
	C	10	5																	
Ⅲ	A	15	5																	
	B	20	5																	
	C	10	5																	
资源需要量/人				15	20	10	15	20	10	15	20	10	45	60	30	15	35	45	30	10
工期				T=45周									T=15周			T=25周				

注：施工过程A、B、C分别代表挖土方、浇基础和回填土三个施工过程。

图 5-6　施工组织方式比较图

2) 平行作业

平行施工是全部工程的各施工段同时开工、同时完工的一种施工组织方式。这种方法的特点是:

(1) 充分利用工作面,争取时间,缩短工期;

(2) 工作队不能实现专业化生产,不利于提高工程质量和劳动生产率;

(3) 工作队及其工人不能连续作业;

(4) 单位时间内投入施工的资源数量大,现场临时设施也相应增加;

(5) 施工现场组织、管理复杂。

3) 流水作业

流水作业是将拟建工程在平面上划分成若干个作业段,在竖向上划分成若干个作业层,所有的施工过程配以相应的专业队组,按一定的作业顺序(时间间隔)依次连续地施工,使同一施工过程的施工班组保持连续、均衡,不同施工过程尽可能平行搭接施工,从而保证拟建工程在时间和空间上,有节奏、连续均衡地进行下去,直到完成全部作业任务的一种作业组织方式。流水作业的技术经济效果:

(1) 科学地利用了工作面,缩短了工期,可使拟建工程项目尽早竣工,交付使用,发挥投资效益。

(2) 工程活动或作业班组连续均衡的专业化施工,加强了施工工人的操作技术熟练性,有利于改进施工方法和机具,更好地保证工程质量,提高了劳动生产率。

(3) 单位时间内投入施工的资源较为均衡,有利于资源的供应管理,结合工期相对较短、工作效率较高等,可以减少用工量和管理费,降低工程成本,提高利润水平。

工程活动的逻辑关系中,一般表现为顺序施工、平行施工、流水施工三种作业方式,需要明确组织施工的条件中施工过程、施工段、流水节拍和流水步距等参数,具体解释详见5.3.4节。

3. 计算持续时间

工程活动持续时间是完成一项具体活动需要花费的时间。随着新的建造方式和技术创新,工作日逐渐成为标准的时间单位。持续时间可以通过下列方式来计算:

(1) 对于有确定的工作范围和工程量,又可以确定劳动效率(单位时间内完成的工程数量或单位工程量的工时消耗,用产量定额或工时定额表示,参照劳动定额或经验确定)的工程活动,可以比较精确地计算持续时间。

$$持续时间 \ t(天) = \frac{工程量 \ Q}{班次投入人数 \times 每天班次 \ N \times 产量定额 \ S}$$
$$= \frac{Q}{R \cdot N \cdot S}$$

如某工程基础混凝土 400 m³,投入 3 个混凝土小组,每组 10 个人,预计人均产量定额为 3.0 m³/工时。则混凝土浇捣的持续时间为:$T = 400/(3.0 \times 10 \times 3) = 4.4$(天)$\approx 5$(天)。

(2) 对比类似工程项目计算持续时间。许多项目重复使用同样的工作(定量化或非定量化工作),只要做好记录,项目经理就能准确地预测出持续时间。

(3) 有些工程活动由于其工作量和生产效率无法定量化,其持续时间也无法定量计算得到,对于这些可以考虑:经常在项目中重复出现的工作,可以采用类似项目经验或资料分析确定。有些项目涉及分包商、供应商、销售商等由其他部门来完成的工作,通过向相关人进行询问、协商确定,确定这些工作的持续时间。参照合同中对工程活动的规定,查找对应的工程活动的开始、完成时间以及工程活动的持续时间。

(4) 对于工作范围、工程量和劳动效率不确定的工程活动,以及对于采用新材料新技术等的情况,采用德尔菲(Delphi)专家评议法。请有实践经验的工程专家对持续时间进行评议。较多地采用三种时间的估计办法,即对一个活动的持续时间分析各种影响因素,得出一个最乐观的(一切顺利,时间最短)的时间 a,最悲观的(各种不利影响都发生,时间最长)的

时间 c,以及最大可能的时间 b,则取持续时间 $t=\dfrac{a+4b+c}{6}$。

如某基础工程混凝土施工,施工期在 5 月份,若一切顺利(如天气晴朗,没有周边环境干扰),需要的施工工期为 50 天;若出现最不利的天气条件,同时发生一些周边环境的干扰,施工工期为 60 天;按照过去的气象统计资料以及现场可能的情况分析,最大可能的工期为 56 天。则取持续时间为:

$$t=\frac{a+4b+c}{6}=\frac{50+4\times56+60}{6}=56(天)。$$

这种方法在实际工作中用得较多。这里的变动幅度($a\sim c$)对后面的工期压缩有很大的作用。

4. 计算进度计划

工程项目进度计划的计算,主要是解决三个方面的问题:
(1) 项目的计算工期是多长;
(2) 各项工程活动或作业开始时间和结束时间的安排;
(3) 各项工程活动或作业是否可以延期,如果允许,可以延期多久,即时差问题。

对于项目经理来说,在项目开始前了解项目中各工程活动的开始时间、结束时间和时差,按照建设程序及工程特点安排工程项目进度,尤其是知道哪些地方存在时差,非常重要。没有时差或时差最小的工作被定义为关键工作,必须要密切注意,如果关键工作实际开始时间滞后,整个项目就会延期,对进度控制至关重要。

5. 修正

经过项目进度计划计算,确定各工程活动或作业的开始时间、结束时间、时差及项目的计算工期。一般来说,最初的进度计划很少能满足所有项目参与方的要求,即计算工期满足不了要求工期。此时,项目团队就需要调整和优化原进度计划。此外,一般施工单位的项目经理还会根据招标文件中工期的相关要求研究提前完成项目可能带来的好处,提前完工能够减少项目的间接成本。但是加速项目进度,人员加班成本、机械设备工作效率降低以及管理成本的增加以致项目的直接成本的大幅增加。所以项目经理结合招标文件的工期要求及项目资源限制,必须寻求成本相对更小的工期 $T_{优}$,见图 5-7。

项目计划完成后,将形成符合项目目标的进度计划、费用计划和资源配置计划。接下来就是按照项目计划实施工程项目,为保证实施计划的顺利进行,项目经理需要对实施进度进行监控检查,需要针对实际情况进行调整,包括专业工种人员数量、工作时间表、机械设备供应、工作计划等都会随工程进展而做出改变。出现争议时,需要及时准确记录整个过程。工程项目控制循环详见第 7 章。针对目前比较流行的网络进度计划,其

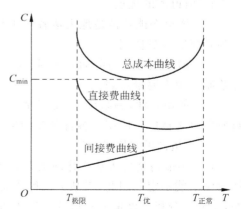

图 5-7　工程成本与工期的关系

编制程序详见表 5-2。

表 5-2　工程项目进度计划编制程序

编 制 阶 段	编 制 步 骤
计划准备阶段	(1) 调查研究
	(2) 确定网络计划目标
绘制网络图阶段	(3) 进行项目分解
	(4) 分析逻辑关系
	(5) 绘制网络图
计算时间参数及确定关键线路阶段	(6) 计算工作持续时间
	(7) 计算网络计划的时间参数
	(8) 确定关键线路和关键工作
编制正式网络计划阶段	(9) 优化网络计划
	(10) 编制正式网络计划

5.3.3　工程项目进度计划的种类

进度计划的种类有很多,常见的有横道图、里程碑图、网络图三种。

1. 横道图

横道图是进度计划编制中最常见且被最广泛应用的一种工具。横道图是用水平线条表示工作流程的一种图表。它是由美国管理学家甘特提出的,故横道图也称甘特图。横道图将计划安排和进度管理两种职能组合在一起,通过日历形式列出工程项目活动期相应的开始和结束日期。

在图中,项目活动在图的左侧纵向列出,图中的每个横道线代表一个工程活动或作业,横道线的长度为活动的持续时间,横道线出现的位置表示活动的起止时间,图底部的横向代表的是时间轴,依据计划的详细程度不同,可以是年、月、周等时间单位。横道图示例见图 5-8。

通过横道图的含义,可以看出横道图具体很多优点,同时也有自身的缺点。

1) 横道图的优点

(1) 横道图能够清楚地表达各项工程活动的起止时间,内容排列整齐有序,形象直观,能为各层次人员使用。

(2) 横道图可以与劳动力计划、资源计划、资金计划相结合,计算各时段的资源需要量,并绘制资源需要量计划。

(3) 使用方便,编制简单,易于掌握。正是由于横道图这些非常明显的优点,使横道图自发明以来被广泛应用于各行各业的生产管理活动中,直到现在仍被普遍使用着。

2) 横道图的局限性

(1) 不能清楚地表达工作间的逻辑关系,即工程活动之间的前后顺序及搭接关系通过横道图不能确定。因此,当某个工程活动出现进度偏差时,表达不出偏差对哪些活动会有影响,不便于分析进度偏差对后续工程活动及项目工期的影响,难以调整进度计划。

(2) 不能反映各项工程活动的相对重要性,如哪些工程活动是关键性的活动,哪些工程

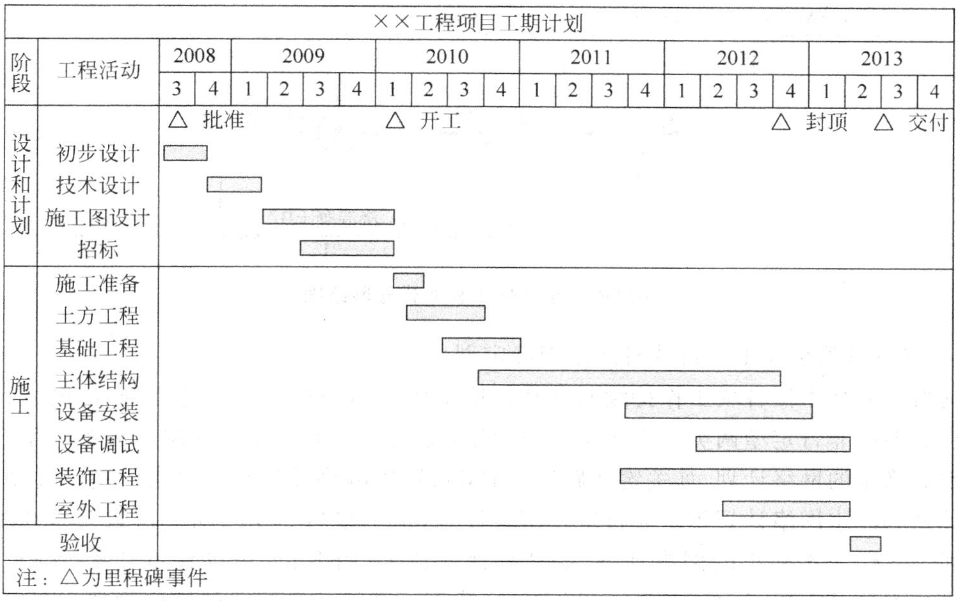

××工程项目工期计划

阶段	工程活动	2008		2009				2010				2011				2012				2013			
		3	4	1	2	3	4	1	2	3	4	1	2	3	4	1	2	3	4	1	2	3	4
		△批准				△开工										△封顶		△交付					
设计和计划	初步设计																						
	技术设计																						
	施工图设计																						
	招标																						
施工	施工准备																						
	土方工程																						
	基础工程																						
	主体结构																						
	设备安装																						
	设备调试																						
	装饰工程																						
	室外工程																						
	验收																						

注：△为里程碑事件

图 5-8　某工程横道图示例

活动有推迟或拖延的余地,及余地的大小,不能很好地掌握影响工期的主要矛盾。

(3)对于大型复杂项目,由于计划内容多,逻辑关系不明,表达的信息少,不便对项目计划进行处理和优化。

鉴于横道图本身的特点,决定了横道图比较适合于规模小、简单的工程项目;或者在项目初期,尚无详细的项目结构分解,工程活动之间复杂的逻辑关系尚未分析出来时编制的总进度计划。

2. 里程碑图

里程碑图是以工程项目中某些重要事件的完成或开始时间(没有持续时间)作为基准形成的计划,是一个战略计划或项目框架,以中间产品或可实现的结果为依据。项目的里程碑事件,通常是项目的重要事件,是重要阶段或重要工程活动的开始或结束,是项目全过程中关键的事件。工程项目中常见的里程碑事件有:批准立项、初步设计完成、总承包合同签订、现场开工、基础完工、主体结构封顶、工程竣工、交付使用等,见图5-8。

里程碑事件与项目的阶段结果相联系,作为项目的控制点、检查点和决策点。通常依据工程项目主要阶段的划分、项目阶段结果的重要性,以及过去工程的经验来确定。对于上层管理者,掌握项目里程碑事件的安排对进度管理非常重要。工程项目的进度目标、进度计划的审查、进度控制等就是以项目的里程碑事件为对象。

3. 网络图

网络图是由箭线和节点组成,用来表示工作流程的有向的、有序的网状图形。一个网络图表示一项计划任务,常见的网络计划技术见图5-9。网络计划技术的种类,根据不用的分类方式,分类有很多。

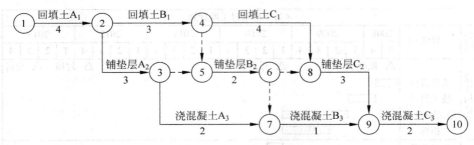

图 5-9 某基础工程双代号网络图

1）按逻辑关系及工作持续时间是否确定划分

网络计划技术按各项工作持续时间和各项工作之间的相互关系是否确定,网络计划可分为肯定型和非肯定型两类。肯定型网络计划,是工作与工作之间的逻辑关系和工作持续时间都能确定的网络计划,如关键线路法(CPM)、搭接网络计划和有时限的网络计划、多级网络计划和流水网络计划等。非肯定型网络计划,是工作与工作之间的逻辑关系和工作持续时间三者任一不确定的网络计划,如计划评审技术(PERT)、风险评审技术(VERT)、决策网络技术法(DN)和仿真网络计划技术等。本章主要是施工阶段的进度管理,故只讨论肯定型网络计划。

2）按工作的表示方式不同划分

按工作的表示方式不同,网络计划可分为双代号网络计划和单代号网络计划。

3）按目标的多少划分

按目标的多少,网络计划可分为单目标网络计划和多目标网络计划。

4）按其应用对象不同划分

按其应用对象的不同,分为分部工程网络计划、单位工程网络计划和群体工程网络计划。

5）按表现形式不同划分

按表现形式不同,可分为双代号网络图、双代号时标网络图、单代号搭接网络图、单代号网络图。这几类网络计划技术为工程中常用的形式,为本章讨论的重点。

网络进度计划最常用的为关键路线方法(CPM),由节点和箭线组成,由一个对整个项目的各个方面都非常了解的管理团队编制。一份完整的网络进度计划要求所有工作都按照确定的目标有组织地完成。用确定的各项活动的持续时间以及相互之间的逻辑关系,考虑必需的资源,用箭线将工程活动自开始节点到结束节点连接起来,形成有向、有序的各条线路组成的网状图形——网络图。其特点有:

(1)利用网络图,可以明确地表达各项工程活动之间的逻辑关系;

(2)通过网络进度计划,可以确定工程的关键工作和关键线路;

(3)掌握机动时间,合理配置资源;

(4)网络图根据国家相关标准规范的规定,可以利用计算机辅助手段,进行网络计划的调整和优化。

网络进度计划技术是进度计划表现形式的一种,故网络图在绘制时要注意,表示时间的不可逆性,网络计划的箭线只能是从左往右,工程活动名称的唯一性,以及工程活动的开始、结束节点只能分别是一个的特性。

5.3.4 项目进度计划的编制——横道图

1. 流水参数

工程项目进度计划横道图的编制,本文主要从组织项目流水施工作业方面来讲。在组织拟建工程流水施工时,需要表达流水施工的流水参数,在工艺流程、空间布置和时间安排等方面开展状态的参数,主要包括工艺参数、空间参数和时间参数三类。

1)工艺参数

在组织流水施工时,用以表达流水施工在施工工艺上开展顺序和特征的参数称为工艺参数,主要是施工过程数。参与一组流水的施工过程数,一般以 n 表示。施工过程根据计划的需要确定其粗细程度。施工过程范围可大可小,既可以是分部工程、分项工程,又可以是单位工程和单项工程,详见图 5-10 所示建设工程项目施工过程分解图。

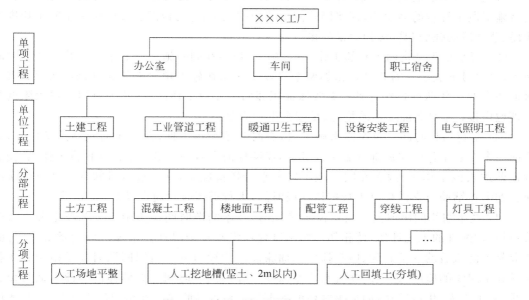

图 5-10 建设工程项目施工过程分解图

2)空间参数

在组织流水施工时,空间参数是指用于表达流水施工在空间布置上所处状态的参数,主要有工作面、施工段和施工层。

工作面是指某专业工种的工人在从事建筑产品施工生产过程中,所必须具备的操作空间,如砌砖墙 7~8m/人。

施工段是为有效地组织施工,对拟建工程项目在平面上划分成若干个劳动量大致相等的施工段落,一般以 m 表示施工段数。划分施工段,要满足一定的要求:

(1)专业工作队在各个施工段上的劳动量要大致相等,以便组织均衡、连续、有节奏的流水施工。

(2)一个施工段内可以安排一个施工过程的专业工作队进行施工,使容纳的劳动力人数或机械台数,能满足合理劳动组织的要求,充分发挥工人、主导机械的效率。

（3）划分施工段时，尽量保证拟建工程项目的结构整体，施工段的分界线应尽可能与结构的自然界线（如沉降缝、伸缩缝等）相一致。如住宅可按单元、楼层划分；厂房可按跨、生产线划分等。

（4）对于多层拟建工程项目，即要划分施工段，又要划分施工层，且为保证相应的专业工作队在施工层之间连续施工，施工段数（m）与施工过程数（n）应满足，$m \geqslant n$。

施工层在组织流水施工时，为了满足专业工作队对操作高度和施工工艺的要求，结合拟建工程项目建筑物的高度和楼层等实际情况在竖向上划分成若干个操作层，即为施工层，一般以 r 表示。

3）时间参数

组织流水施工时，用以表达时间排序的参数，常见的类型有流水节拍和流水步距。

（1）流水节拍是指某个专业队在某一个施工段上的作业持续时间，通常用 t 表示。工程项目施工时采取的施工方案，各施工段投入的劳动力人数或施工机械台数，工作班次，以及该施工段工程量的多少等，都将影响流水节拍的大小，并可以综合反映出流水施工速度的快慢、节奏感的强弱和资源消耗量的多少。

（2）流水步距是指两个相邻工作队（或施工过程）在同一施工段上相继开始作业的时间间隔，以符号 k 表示。需要满足相邻两个专业工作队在施工顺序上的相互制约关系；需要保证各专业工作队能连续作业；需要保证相邻两个专业工作队，在开工时间上最大限度及合理地搭接；需要保证工程质量，满足安全生产需要。

（3）平行搭接时间。组织流水施工时，有时为了缩短工期，在工作面允许的条件下，如果前一个专业工作队完成部分施工任务后，能够提前为后一个专业工作队提供工作面，使后者提前进入该工作面，两者在同一施工段上平行搭接施工，这个搭接时间称为平行搭接时间。如绑扎钢筋与支模板可平行搭接一段时间，平行搭接时间通常以 $C_{j,j+1}$ 表示。

（4）技术组织间歇时间。组织流水施工时，技术间歇时间是由施工工艺技术要求或建筑材料、构配件的工艺性质，使相邻两施工过程在流水步距以外需增加一段间歇等待时间。如混凝土浇筑后的养护时间、砂浆抹面和油漆面的干燥时间。组织间歇时间是由于施工技术或施工组织的原因，造成的在流水步距以外增加的间歇时间。如墙体砌筑前的墙身位置弹线、施工工人、机械转移，回填土之前的地下管道检查验收等。在组织流水施工时，技术间歇时间和组织间歇时间都属于在流水步距外增加的不可或缺的等待时间，其对流水施工工期的影响结果是相同的，将技术组织间歇时间统一以 $Z_{j,j+1}$ 表示。

（5）流水施工工期。流水施工工期是指从第一个专业工作队投入施工开始，到最后一个专业工作队完成施工为止的整个持续时间，一般以 T 表示。由于一项建设工程往往包含有许多流水组，故流水施工工期一般不是整个工程项目的总工期。

2．流水施工的组织形式

在组织流水施工时，根据施工过程时间参数的不同特点，如流水节拍的节奏特征等，可以组成多种不同的流水施工组织形式，常见的流水作业组织形式主要有全等节拍流水作业、成倍节拍流水作业和分别流水作业三种。

1）全等节拍流水作业

所有的施工过程在各个施工段上的流水节拍彼此相等，这时组织的流水施工方式称为全等节拍流水或固定节拍流水。

（1）全等节拍流水施工的特点：所有施工过程在各个施工段上的流水节拍均相等；相邻施工过程的流水步距相等，且等于流水节拍；专业工作队数等于施工过程数（每一施工过程由一专业施工队施工，且该施工队完成相应施工过程在所有施工段上的任务），各个专业施工队在各施工段上能够连续作业，施工段之间没有空闲时间。

组织达到这种理想的全等节拍流水的效果，必须要做到三点：首先，尽量使各施工段的工程量基本相等；其次，要先确定主导施工过程的流水节拍；第三，可通过调节各专业队的人数，使其他施工过程的流水节拍与主导施工过程的流水节拍相等。

（2）全等节拍流水施工的组织流程，详见表 5-3。

表 5-3　全等节拍流水施工的组织流程

序号	内　　容
1	确定项目施工起点及流向，分解施工过程
2	确定施工顺序，划分施工段。施工段的划分，根据层间关系、施工层的有无，以及技术、组织间歇时间和平行搭接时间等参数的不同，施工段数与施工过程数之间的关系，见表 5-4
3	确定流水节拍，根据全等节拍流水要求，应使各流水节拍 t 相等
4	确定流水步距，$k = t$
5	计算流水施工的工期。流水施工的工期可按下式进行计算 $$T = (r \cdot m + n - 1) \cdot k + \sum Z_1 - \sum C$$ 式中，T 为流水施工总工期；r 为施工层数；m 为施工段数；n 为施工过程数；k 为流水步距；Z_1 为两施工过程在同一层内的技术组织间歇时间；C 为同一层内两施工过程间的平行搭接时间
6	绘制流水施工指示图表

表 5-4　施工段数 m 与施工过程数 n 之间的关系

条　　件	m 和 n 的关系
无层间关系和施工层	$m = n$
有层间关系和施工层时，且有技术组织间歇和平行搭接时间	$m \geq n + \dfrac{\sum Z_1}{k} + \dfrac{\sum Z_2}{k} - \dfrac{\sum C}{k}$

注：$\sum Z_1$ 为一个楼层内各施工过程间的技术组织间歇时间之和；$\sum Z_2$ 为楼层间技术组织间歇时间之和；k 为流水步距；$\sum C$ 为一层内平行搭接时间之和。为方便组织流水施工，上式一般取等号。

（3）全等节拍流水施工应用

【例 5-1】　某项目有Ⅰ、Ⅱ、Ⅲ三个施工过程，分两个施工层组织流水施工，施工过程Ⅱ完成后需养护 1 天，下一个施工过程Ⅲ才能施工，且层间技术间歇为 1 天，流水节拍均为 1 天。试确定施工段数，计算工期，绘制流水施工进度表。

【解】　根据题目给出的条件和要求，此项目组织流水施工为全等节拍流水施工。有 2 个施工层，有技术组织间歇时间，无平行搭接时间。由其特点可知：

（1）确定流水节拍：$t_i = t = 1$ 天

（2）确定流水步距：$k = t = 1$ 天

（3）确定施工段：

$$m = n + \frac{\sum Z_1}{k} + \frac{\sum Z_2}{k} - \frac{\sum C}{k} = 3 + (1/1) + (1/1) - (0/1) = 5$$

（4）计算流水工期：

$$T = (r \cdot m + n - 1) \cdot k + \sum Z_1 - \sum C = (2 \times 5 + 3 - 1) \times 1 + 1 - 0 = 13（天）$$

（5）绘制分层有技术组织间歇时间的流水施工横道图，见图 5-11。

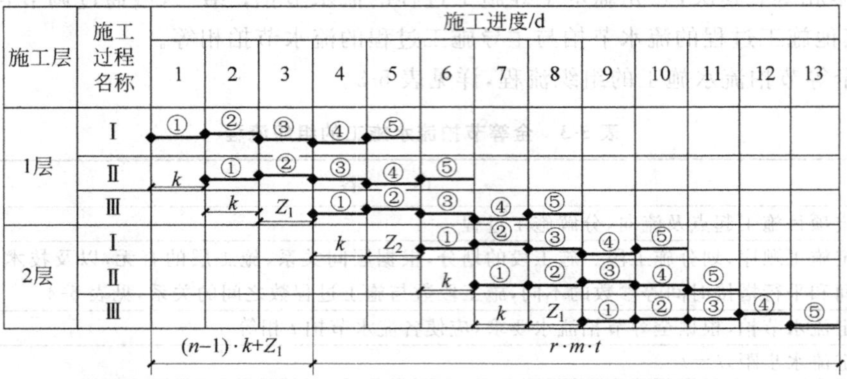

施工层	施工过程名称	施工进度/d												
		1	2	3	4	5	6	7	8	9	10	11	12	13

图 5-11　分层有技术组织间歇时间的流水施工进度计划图

2）成倍节拍流水施工

在组织有节奏流水施工中，当同一施工过程在各施工段上的流水节拍都相等，不同施工过程之间彼此的流水节拍全部或部分不相等但互为倍数时，可组织成倍节拍流水施工也称等步距异节奏流水。

（1）成倍节拍流水施工的特点：同一施工过程在其各个施工段上流水节拍均相等，不同施工过程的流水节拍不等，其值为倍数关系；相邻施工过程的流水步距相等，且等于流水节拍的最大公约数；专业工作队数大于施工过程数，部分或全部施工过程按倍数增加相应专业工作队（目的就是调整为特殊情况下的全等节拍流水，实现连续不间断的施工）；各个专业工作队总数在施工段上能够连续作业，施工段间没有间隔时间。

（2）成倍节拍流水施工组织流程，详见表 5-5。

表 5-5　成倍节拍流水施工组织流程

序号	内　容
1	确定施工起点流向，分解施工过程
2	确定流水节拍
3	确定流水步距 k_b，计算公式为：k_b＝各流水节拍最大公约数
4	确定专业工作队数 n_1，计算公式为：$n_1 = \sum\limits_{i=1}^{n} b_i = \sum\limits_{i=1}^{n} \frac{t_i}{k_b}$ 式中，i 为施工过程编号；t_i 为施工过程 i 在各施工段上的流水节拍；b_i 为施工过程 i 所要组织的专业工作队数；n_1 为专业工作队总数
5	确定施工段数： （1）不分施工层时，可按划分施工段的原则确定施工段数。 （2）分施工层时，施工段数：$m \geqslant n_1 + \dfrac{\sum Z_1}{k_b} + \dfrac{\sum Z_2}{k_b} - \dfrac{\sum C}{k_b}$

续表

序号	内　容
6	确定计划总工期：$T = (r \cdot m + n_1 - 1) \cdot k_b + \sum Z_1 - \sum C$ 式中，r 为施工层数；n_1 为专业施工队数；k_b 为流水步距；其他符号含义同前
7	绘制流水施工进度表

（3）成倍节拍流水施工应用

【例 5-2】　某二层现浇钢筋混凝土工程，有支模板，绑扎钢筋，浇混凝土三道工序，流水节拍分别为 4 天，4 天，2 天。绑扎钢筋与支模板可搭接 1 天，层间技术间歇为 1 天。试组织成倍节拍流水施工。

【解】　由题目条件可知，组织成倍节拍流水施工

（1）确定流水步距：k_b＝各流水节拍的最大公约数＝{4,4,2}＝2（天）

（2）确定施工队总数 n_1：

$$b_1 = \frac{t_1}{k_b} = \frac{4}{2} = 2（队）；\quad b_2 = \frac{t_2}{k_b} = \frac{4}{2} = 2（队）；\quad b_3 = \frac{t_3}{k_b} = \frac{2}{2} = 1（队）；$$

$$n_1 = 2 + 2 + 1 = 5（队）。$$

（3）确定施工段：

$$m = n_1 + \frac{\sum Z_1}{k_b} + \frac{\sum Z_2}{k_b} - \frac{\sum C}{k_b} = 5 + (0/2) + (1/2) - (1/2) = 5$$

（4）确定流水工期：$T = (r \cdot m + n_1 - 1) \cdot k_b + \sum Z_1 - \sum C = (2 \times 5 + 5 - 1) \times 2 + 0 - 1 = 27（天）$

（5）绘制流水施工图如图 5-12 所示。

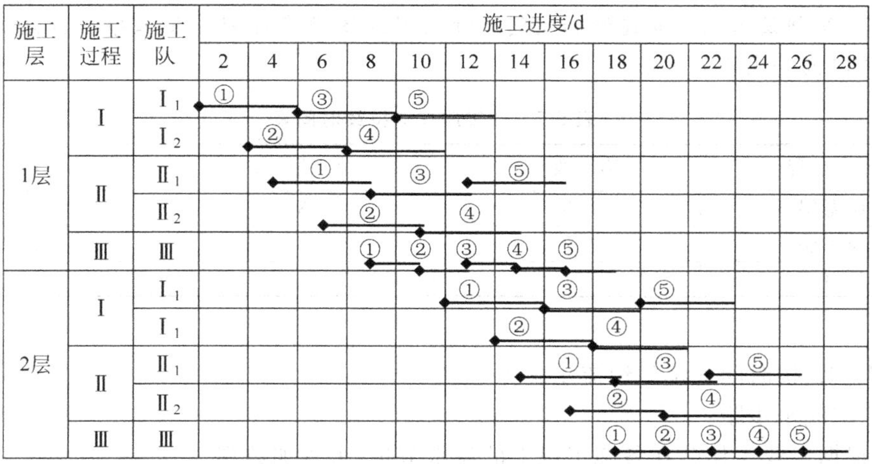

施工层	施工过程	施工队	施工进度/d													
			2	4	6	8	10	12	14	16	18	20	22	24	26	28
1层	Ⅰ	Ⅰ₁	①		③		⑤									
		Ⅰ₂		②		④										
	Ⅱ	Ⅱ₁			①		③		⑤							
		Ⅱ₂			②		④									
	Ⅲ	Ⅲ			①	②	③	④	⑤							
2层	Ⅰ	Ⅰ₁						①		③		⑤				
		Ⅰ₁						②		④						
	Ⅱ	Ⅱ₁							①		③		⑤			
		Ⅱ₂							②		④					
	Ⅲ	Ⅲ								①	②	③	④	⑤		

注：图中施工过程Ⅰ、Ⅱ、Ⅲ分别表示支模板、绑扎钢筋和浇混凝土三道工序。

图 5-12　二层成倍节拍流水施工进度计划图

3）无节奏流水施工（分别流水）

在组织流水施工时，全部或部分施工过程在各个施工段上的流水节拍不相等，是流水施工中最常见的一种。

（1）无节奏流水施工的特点：各施工过程在各施工段上的流水节拍不全相等；相邻施工过程的流水步距不尽相等；专业工作队数等于施工过程数；各专业工作队能够在施工段上连续作业，但有的施工段可能有间隔的时间。

（2）无节奏流水施工组织流程：组织分别流水施工的方法有两种，一种是保证空间连续（工作面连续），另一种是保证时间连续（工人队组连续）。组织方法见表 5-6。

表 5-6 无节奏流水施工流程

序号	内 容
1	确定施工起点流向，分解施工过程
2	确定施工顺序，划分施工段
3	按相应的公式计算各施工过程在各个施工段上的流水节拍
4	按空间连续或时间连续的组织方法确定相邻两个专业工作队之间的流水步距 1）保证空间连续（保证工作面施工连续，无空闲）时，按流水作业的概念确定流水步距 2）保证时间连续（保证工作队施工连续）时，按"潘特考夫斯基定理"即累加数列错位相减取最大差法计算流水步距，方法如下： （1）根据专业工作队在各施工段上的流水节拍，求累加数列。累加数列是指同一施工过程或同一专业工作队在各个施工段上流水节拍的累加 （2）根据施工顺序，对所求相邻的两累加数列，错位相减 （3）取错位相减结果中数值最大者作为相邻专业工作队之间的流水步距
5	绘制流水施工进度表

（3）无节奏流水施工应用

【例 5-3】 某屋面工程有三道工序：保温层→找平层→卷材层，分三段进行流水施工，试分别绘制该工程时间连续和空间连续的横道图进度计划。各工序在各施工段上的作业持续时间如表 5-7 所示。

表 5-7 各工序作业持续时间表

施工过程	第一段/天	第二段/天	第三段/天
保温层	3	3	2
找平层	2	2	1
卷材层	1	1	1

【解】 1. 按时间连续组织流水施工

1）确定流水步距：

（1）根据专业工作队在各施工段上的流水节拍，求累加数列。

施工过程（保温层）：3,6,8

施工过程（找平层）：2,4,5

施工过程（卷材层）：1,2,3

（2）错位相减，取差的最大值为相邻施工过程之间的流水步距

k（保温层—找平层）　　　3，6，8
　　　　　　　　　　　－）　2，4，　5
　　　　　　　　　　　　　3，4，4，－5

k（保温层—找平层）＝max{3，4，4，－5}＝4（天）

同理可求出找平层与卷材层之间的流水步距，k（找平层—卷材层）＝3（天）。

2）绘制时间连续横道图进度计划，如图 5-13 所示。

施工过程	施工进度/d									
	1	2	3	4	5	6	7	8	9	10
保温层		①			②		③			
找平层					①		②		③	
卷材层								①	②	③

图 5-13　无节奏流水之时间连续流水施工进度计划

2．按空间连续组织流水施工

根据此屋面工程的三道工序在不同施工面上的流水节拍，①按流水施工概念分别确定流水步距，②绘制空间连续横道图进度计划，如图 5-14 所示。

施工过程	施工进度/d									
	1	2	3	4	5	6	7	8	9	10
保温层		①			②		③			
找平层				①			②		③	
卷材层						①			②	③

图 5-14　无节奏流水之空间连续流水施工进度计划

5.3.5　项目进度计划的编制——网络图

网络图是工程项目进度计划表现形式中很重要的一种工具。在工程项目的施工阶段，主要为肯定型网络图，即能清楚表达工作、各工作的持续时间和逻辑关系的网络图。结合网络图表现形式不同，下面分别介绍双代号网络图、双代号时标网络图、单代号搭接网络图和单代号网络图的编制。

1．双代号网络图的绘制

双代号网络图是目前应用较为普遍的一种网络计划形式，用箭线或箭线两端节点的编号表示工作，形成由工作、节点和线路三个基本要素组成的网络图。通常把工作的名称写在箭线上，工作的持续时间写在箭线下方。双代号网络图的组成见表 5-8，双代号网络工作示意图见图 5-15。

表 5-8　双代号网络图的组成含义

双代号网络图的组成	含　　义	备　　注
箭线	箭线表示工作	箭线的箭尾节点表示工作的开始，
节点	节点表示工作的开始事件和完成事件	箭头节点表示工作的完成

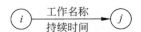

图 5-15 双代号网络工作示意图

在双代号网络图中,任意一条实箭线(表示实际的工作)都要占用时间、消耗资源(有时可能不消耗资源)。在建筑工程中,一条箭线表示为一个施工过程,施工过程范围可大可小,既可以是一道工序、一个分项工程、分部工程,又可以是单位工程。双代号网络图中,有时为了正确表达工作之间的逻辑关系,需要增加虚工作,表现为网络图中的虚箭线。虚工作与实工作不同,既不占用时间也不消耗资源,表示工作之间联系、区分、断路的关系。

网络图中的线路,是从起点节点开始,沿箭线方向连续通过一系列箭线与节点,最后达到终点节点所经过的通路。每一条线路都有自己确定的完成时间,即该线路上各项工作持续时间的总和,一般称为线路时间。根据每条线路的线路时间长短,可将网络图的线路分为关键线路和非关键线路。关键线路是指网络图中线路时间最长的线路,代表整个网络图的计算工期。关键线路可以不止一条,一般以粗箭线或双箭线表示。在双代号网络图中,关键线路上的工作,是关键工作。关键线路并不是一成不变的,当需要对原网络图进行优化调整时,一定条件下,关键线路和非关键线路可以相互转化。

1)双代号网络图绘制规则

(1)正确表达工作之间的逻辑关系(唯一满足逻辑关系);

(2)严禁出现循环回路;

(3)严禁出现双箭头和无箭头箭线;

(4)只允许有一个起始节点,一个终点节点。当双代号网络图的某些节点有多条外向箭线时或有多条内向箭线时,可以采用母线法绘制,见图 5-16;

(5)节点编号不重复,可以不连贯,必须小节点号指向大节点号,箭线上不能分岔,尽量不出现交叉,可以采用过桥法、断线法或指向法,见图 5-17。

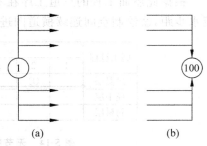

图 5-16 采用母线法绘图

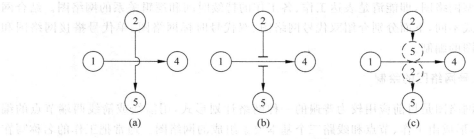

图 5-17 箭线交叉的表示方法

(a)过桥法;(b)断线法;(c)指向法

2)双代号网络图的绘制步骤

(1)首先进行工程项目的分解与分析

根据工程所处的阶段和工作需要,首先进行工程项目的分解,并研究分解后工作间的相互关系和先后顺序(工作间的逻辑关系),确定工作时间。双代号网络图中,工作间的相关关系有：

紧前工作，紧安排在本工作之前进行的工作称为本工作的紧前工作。

紧后工作，紧安排在本工作之后进行的工作称为本工作的紧后工作。

平行工作，可与本工作同时进行的工作。

中途作业，当某项作业进行到一定程度才能进行的作业。

先行工作，自开始节点至本工作之前各条线路上所有工作称为本工作的先行工作。

后续工作，本工作之后至结束节点各条线路上所有工作称为本工作的后续工作。

常见的工作之间的逻辑关系和网络图的表示方法见表 5-9。

表 5-9　常见工作之间的逻辑关系和网络图的表示方法表

序　　号	工作之间的逻辑关系	网络图中的表示方法
1	A 完成后进行 B 和 C	
2	A、B 均完成后进行 C	
3	A、B 均完成后同时进行 C 和 D	
4	A 完成后进行 C，A、B 均完成后进行 D	
5	A、B 均完成后进行 D，A、B、C 均完成后进行 E，D、E 均完成后进行 F	
6	A、B 均完成后进行 C，B、D 均完成后进行 E	

序　号	工作之间的逻辑关系	网络图中的表示方法
7	A、B、C 均完成后进行 D，B、C 均完成后进行 E	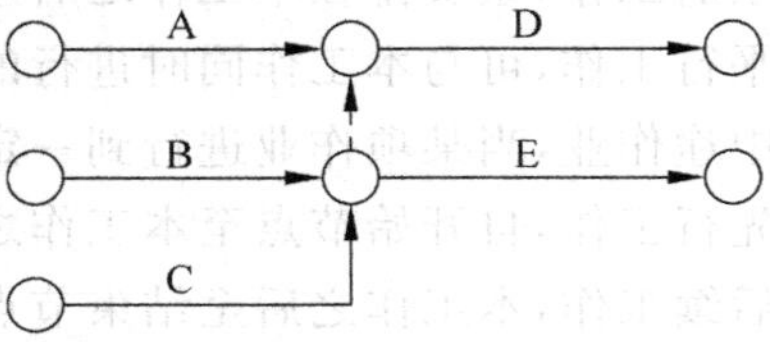
8	A 完成后进行 C，A、B 均完成后进行 D，B 完成后进行 E	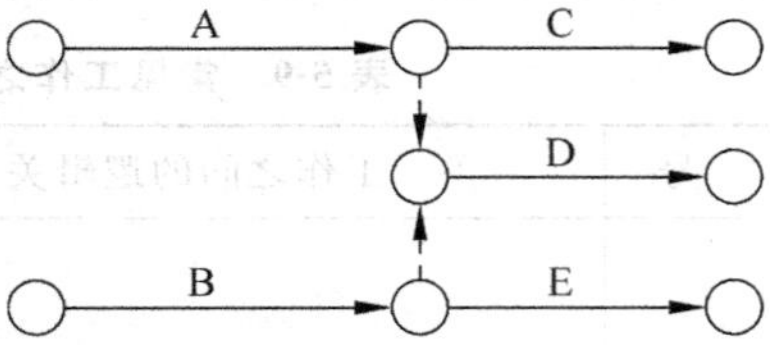
9	A、B 两项工作分成三施工段，分段流水施工：A₁ 完成后进行 B₁、A₂，A₂ 完成后进行 A₃、B₂，B₁ 完成后进行 B₂，B₂、A₃ 完成后进行 B₃	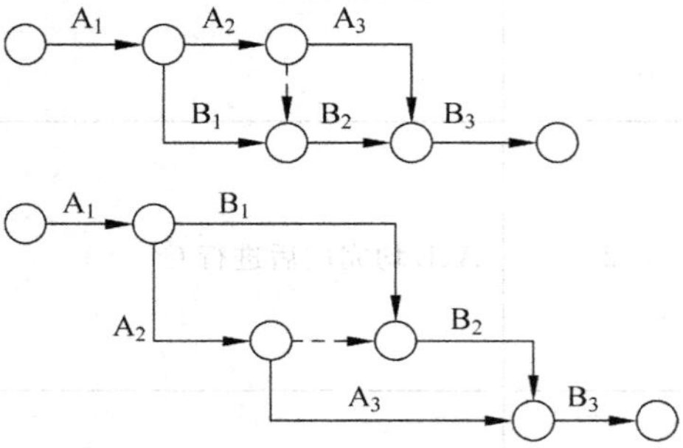

（2）编制作业明细表

编制作业明细表，如表 5-7 所示。

（3）绘制网络图

根据作业明细表中各工作之间的逻辑关系，绘制网络图。可以采用顺推法和逆推法绘制。顺推法比较简单也比较常用，按照作业顺序从前往后绘制网络图。采用逆推法时，首先观察哪些工作不是其他工作的紧前工作，也就是哪些工作没有紧后工作开始，与网络终点联结，绘制的网络图。

3）采用顺推法绘制网络图

（1）首先绘制无紧前工作的工作箭线，使它们具有相同的开始节点，以保证网络图只有一个起点节点。

（2）依次绘制其他工作箭线。在绘制这些工作箭线时，应按以下四种情况分别予以考虑。

首先，对于所要绘制的工作（本工作）而言，如果在其紧前工作之中存在一项只作为本工作紧前工作的工作（即在紧前工作栏目中，该紧前工作只出现一次），则应将本工作箭线直接画在该紧前工作箭线之后。

其次，对于所要绘制的工作（本工作）而言，如果在其紧前工作之中存在多项只作为本工作紧前工作的工作，应先将这些紧前工作箭线的箭头节点合并，再从合并后的节点开始，画出本工作箭线。

然后,对于所要绘制的工作(本工作)而言,如果不存在前两种情况,应判断本工作的所有紧前工作是否都同时作为其他工作的紧前工作(即在紧前工作栏目中,这几项紧前工作是否均同时出现若干次)。如果上述条件成立,应先将这些紧前工作箭线的箭头节点合并后,再从合并后的节点开始画出本工作箭线。

最后,对于所要绘制的工作(本工作)而言,如果不存在前三种情况,则应将本工作箭线单独画在其紧前工作箭线之后的中部,然后用虚箭线将其各紧前工作箭线的箭头节点与本工作箭线的箭尾节点分别相连,以表达它们之间的逻辑关系。

(3) 当各项工作箭线都绘制出来之后,应合并那些没有紧后工作的箭头节点,以保证网络图只有一个终点节点(多目标网络计划除外)。

(4) 当确认所绘制的网络图正确后,即可进行节点编号。网络图的节点编号不能重复、箭头节点编号必须大于箭尾节点编号(网络图自左向右,编号由小到大),有时采用不连续的编号方法,避免以后增加工作时改动整个网络图。

【例 5-4】 已知各工作之间的逻辑关系如表 5-10 所示,则可按下述步骤绘制其双代号网络图。

表 5-10 工作之间的逻辑关系表

工作名称	A	B	C	D	E
紧前工作	—	—	A、B	B	C、D

【解】

(1) 绘制工作箭线 A 和工作箭线 B,如图 5-18(a)所示。

(2) 按前述原则绘制工作箭线 C,如图 5-18(b)所示。

(3) 按前述原则绘制工作箭线 D 后,将工作箭线 C 和 D 的箭头节点合并,根据逻辑关系,绘制工作 E。

(4) 当确认给定的逻辑关系表达正确后,再进行节点编号。上表所给定的逻辑关系对应的双代号网络图如图 5-18(c)和图 5-18(d)所示。

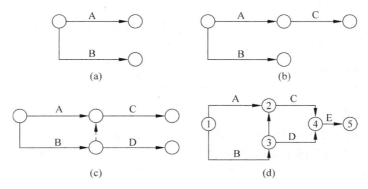

图 5-18 双代号网络图绘制过程

2. 双代号网络图的计算

双代号网络图时间参数的计算方法有很多,有工作计算法、节点计算法等,主要是对网络图中六个时间参数进行计算。下面重点介绍双代号网络图按工作计算法确定时间参数。

1) 时间参数

是指网络计划、工作及节点所具有的各种时间值。双代号网络图中常见时间参数及含义见表 5-11。

表 5-11 双代号网络图中时间参数表

时 间 参 数		含 义
工作持续时间 $D_{i\text{-}j}$		指一项工作从开始到完成的时间
工期	计算工期 T_c（根据网络计划时间参数计算而得到的工期）	工期是完成一项任务所需要的时间;当已规定了要求工期时,计划工期不应超过要求工期,即: $T_p \leqslant T_r$
	要求工期 T_r（任务委托人提出的指令性工期）	
	计划工期 T_p（根据要求工期所确定的预期工期）	当未规定要求工期时,可令计划工期等于计算工期,即: $T_p = T_c$
网络计划中工作的六个时间参数	工作最早开始时间 $ES_{i\text{-}j}$	是指各紧前工作全部完成后,工作 $i\text{-}j$ 有可能开始的最早时间
	工作最早完成时间 $EF_{i\text{-}j}$	是指各紧前工作全部完成后,工作 $i\text{-}j$ 有可能完成的最早时间
	工作最迟完成时间 $LF_{i\text{-}j}$	在不影响整个任务按期完成的前提下,工作 $i\text{-}j$ 必须完成的最迟时刻
	工作最迟开始时间 $LS_{i\text{-}j}$	在不影响整个任务按期完成的前提下,工作 $i\text{-}j$ 必须开始的最迟时刻
	工作总时差 $TF_{i\text{-}j}$	在不影响总工期的前提下,工作 $i\text{-}j$ 可以利用的机动时间
	工作自由时差 $FF_{i\text{-}j}$	在不影响其紧后工作开始的前提下,工作 $i\text{-}j$ 可以利用的机动时间
节点时间	节点最早时间	双代号网络计划中,以该节点为始节点的工作的最早开始时间
	节点最迟时间	双代号网络计划中,以该节点为末节点的工作的最迟完成时间
相邻两项工作之间的时间间隔		本工作的最早完成时间与其紧后工作最早开始时间之间的差值

2) 工作计算法

以网络图中的工作为对象,按照公式计算各项工作的六个时间参数,直接在网络图上表示,详见图 5-19。

（1）计算工作的最早开始时间 $ES_{i\text{-}j}$ 和最早完成时间 $EF_{i\text{-}j}$

$$ES_{i\text{-}j} = \max\{EF_{h\text{-}i}\} = \max\{ES_{h\text{-}i} + D_{h\text{-}i}\}$$

$$EF_{i\text{-}j} = ES_{i\text{-}j} + D_{i\text{-}j}$$

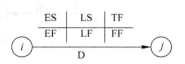

图 5-19 双代号网络图时间参数标注图例

（2）计算工期 T_c 的确定

$$T_c = \max\{EF_{i\text{-}n}\}$$

（3）计算工作最迟完成时间 $LF_{i\text{-}j}$ 和最迟开始时间 $LS_{i\text{-}j}$

$$LF_{i\text{-}n} = T_p = T_c$$

$$LF_{i\text{-}j} = \min\{LS_{j\text{-}k}\} = \min\{LF_{j\text{-}k} - D_{j\text{-}k}\}$$

$$LS_{i\text{-}j} = LF_{i\text{-}j} - D_{i\text{-}j}$$

（4）计算工作的总时差：$TF_{i\text{-}j} = LF_{i\text{-}j} - EF_{i\text{-}j} = LS_{i\text{-}j} - ES_{i\text{-}j}$

（5）计算工作的自由时差：工作自由时差的计算应按以下两种情况分别考虑。

① 对于有紧后工作的工作：$FF_{i\text{-}j} = \min\{ES_{j\text{-}k} - EF_{i\text{-}j}\}$

② 对于无紧后工作的工作，也就是以网络计划终点节点为完成节点的工作，其自由时差等于计划工期与本工作最早完成时间之差，即

$$FF_{i\text{-}n} = T_p - EF_{i\text{-}n}$$

当 $T_p = T_c$ 时，$FF_{i\text{-}n} = TF_{i\text{-}n}$。

3）确定关键工作和关键线路

（1）在网络计划中，没有机动时间或总时差等于零的工作称为关键工作。

（2）自始至终全部由关键工作组成的线路或线路上总的工作持续时间最长的线路称为关键线路。在关键线路上可能有虚工作存在。关键线路一般用粗箭线或双箭线表示。关键线路上各项工作的持续时间总和应等于网络计划的计算工期，这一特点也是判别关键线路是否正确的准则。

4）双代号网络图六个时间参数计算实例

【例 5-5】　试按工作计算法计算如图 5-20 所示双代号网络计划的各个时间参数。

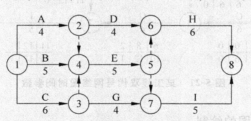

图 5-20　双代号网络图时间参数的计算

【解】　按照上文中工作计算法各时间参数之间的关系，计算每个工作的六个时间参数，并按照双代号网络图时间参数表示图例标注在图上。

（1）计算工作的最早开始时间 $ES_{i\text{-}j}$

$$ES_{i\text{-}j} = \max\{EF_{h\text{-}i}\} = \max\{ES_{h\text{-}i} + D_{h\text{-}i}\}$$

（2）计算最早完成时间 $EF_{i\text{-}j}$

$$EF_{i\text{-}j} = ES_{i\text{-}j} + D_{i\text{-}j}$$

（3）计算工期 T_c 的确定

$$T_c = \max\{EF_{i\text{-}n}\}$$

（4）计算工作最迟完成时间 LF_{i-j}

$$LF_{i-n} = T_p = T_c$$

$$LF_{i-j} = \min\{LS_{j-k}\} = \min\{LF_{j-k} - D_{j-k}\}$$

（5）计算最迟开始时间 LS_{i-j}

$$LS_{i-j} = LF_{i-j} - D_{i-j}$$

（6）计算工作的总时差：$TF_{i-j} = LF_{i-j} - EF_{i-j} = LS_{i-j} - ES_{i-j}$

（7）计算工作的自由时差：工作自由时差的计算应按以下两种情况分别考虑。

① 对于有紧后工作的工作：$FF_{i-j} = \min\{ES_{j-k} - EF_{i-j}\}$

② 对于无紧后工作的工作：也就是以网络计划终点节点为完成节点的工作，其自由时差等于计划工期与本工作最早完成时间之差，即

$$FF_{i-n} = T_p - EF_{i-n}$$

当 $T_p = T_c$ 时，$FF_{i-n} = TF_{i-n}$。

计算结果详见图 5-21。

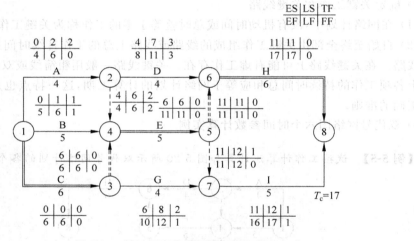

图 5-21　某工程双代号网络图时间参数

3. 双代号时标网络图的绘制

将表示工作的箭线的水平投影长度按该工作持续时间长短成比例绘制而成的双代号网络计划称双代号时标网络计划，如图 5-22 所示。时标网络计划兼有横道图通俗易懂和网络图逻辑关系明确等优点；能直接显示图中各项工作的开始和结束时间，工作的机动时间和关键线路；可以很方便地统计出每一时间单位对资源的消耗量，方便进行资源的调整和优化。

双代号时标网络计划根据工作开始和完成时间不同，分为早时标网络计划（各项工作均按最早开始和最早完成绘制的时标网络计划）和迟时标网络计划（各项工作均按最迟开始和最迟完成绘制的时标网络计划）。时标网络计划中以水平时间坐标为尺度表示工作时间（单位可为天、周、月等）。图中各项工作的起止时间必须与时间坐标相对应，节点中心对准相应的时标位置。时标网络计划宜按照最早开始时间进行绘制，绘制方法有间接绘制法和直接

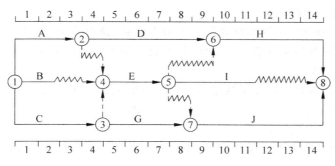

图 5-22　时标网络图图例

绘制法两种。

（1）间接绘制法：是指先根据无时标的网络计划计算其时间参数并确定关键线路，然后在时标网络计划表中进行绘制。在绘制时应先将所有节点按其最早时间定位在时标网络计划表中的相应位置，然后再用规定线型按比例绘出实工作和虚工作。当某些工作箭线的长度不足以到达该工作的完成节点时，须用波形线补足，箭头画在与该工作完成节点的连接处。

（2）直接绘制法：是指不计算时间参数而直接按无时标的网络计划工作表中工作之间的逻辑关系和各工作的持续时间绘制。

将起点节点定位在时标坐标的起始刻度上，按工作持续时间在时标表上绘制起点节点的外向箭线（以节点而言，箭头背向该节点的箭线）；其他工作的时间节点必须在其所有紧前工作全部绘出后，定位在这些紧前工作最早完成时间最大值的时间刻度上，某些工作的箭线不足于到达该节点时，用波形线补足，箭头画在波形线与节点连接处；按照上面的绘制方法，从左向右依次确定其他节点位置，直到网络计划终点节点定位，绘图完成。

4. 时标网络计划中时间参数的判断

1）关键线路和计算工期的判定

（1）关键线路的判定

时标网络计划中的关键线路可从网络图的终点节点开始，逆着箭线方向进行判定。凡自始至终不出现波形线的线路即为关键线路。

（2）计算工期的判定

网络计划的计算工期应等于终点节点所对应的时标值与起点节点所对应的时标值之差。

2）相邻两项工作之间时间间隔的判定

除以终点节点为完成节点的工作外，工作箭线中波形线的水平投影长度表示本工作与其紧后工作之间的时间间隔。

3）工作六个时间参数的判定

（1）工作最早开始时间和最早完成时间的判定

工作箭线左端节点中心所对应的时标值为该工作的最早开始时间。当工作箭线中不存在波形线时，其右端节点中心所对应的时标值为该工作的最早完成时间；当工作箭线中存在波形线时，工作箭线实线部分右端点所对应的时标值为该工作的最早完成时间。

（2）工作总时差的判定

工作总时差的判定应从网络计划的终点节点开始，逆着箭线方向依次进行。

首先，以终点节点为完成节点的工作，其总时差应等于计划工期与本工作最早完成时间之差：$TF_{i-n} = T_p - EF_{i-n}$

其次，其他工作的总时差等于其紧后工作的总时差加上本工作与该紧后工作之间的时间间隔所得之和的最小值：$TF_{i-j} = \min\{TF_{j-k} + LAG_{i-j,j-k}\}$

（3）工作自由时差的判定

以终点节点为完成节点的工作，其自由时差等于计划工期与本工作最早完成时间之差：

$$FF_{i-n} = T_p - EF_{i-n}$$

其他工作的自由时差就是该工作箭线中波形线的水平投影长度。

（4）工作最迟开始时间和最迟完成时间的判定

工作的最迟开始时间等于本工作的最早开始时间与其总时差之和：

$$LS_{i-j} = ES_{i-j} + TF_{i-j}$$

工作的最迟完成时间等于本工作的最早完成时间与其总时差之和：

$$LF_{i-j} = EF_{i-j} + TF_{i-j}$$

5. 单代号搭接网络图的绘制

单代号搭接网络图以工程活动为节点，以带箭头的箭杆表示逻辑关系。实际工作中，为了缩短工期的需要，经常采用搭接的方式进行施工，即当前一项工作没有结束的时候，后一项工作即可插入进行，将前后工作搭接起来。单代号搭接网络活动之间存在的常见的搭接关系有 FTS、FTF、STS、STF。搭接所需的持续时间又称为搭接时距，一般标注在箭线上方。单代号搭接网络图的表示见表 5-12。单代号搭接网络图工作的表示方法见图 5-23。

表 5-12　单代号搭接网络图含义

单代号搭接网络图组成	含　义	备　注
节点	节点表示工作	用圆圈或矩形表示，工作名称、持续时间和工作代号标注在节点内
箭线	箭线表示工作之间的逻辑关系	FTS、FTF、STS、STF 四种

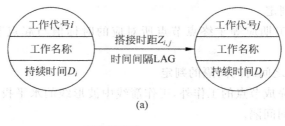

(a)

(b)

图 5-23　单代号搭接网络图工作的表示方法

1）搭接关系

（1）FTS：结束-开始（FINISH TO START）关系。

这是一种常见的逻辑关系，如混凝土浇捣成型之后，至少要养护 7 天才能拆模，图例见图 5-24。

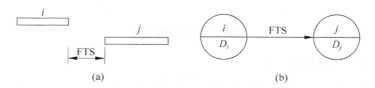

图 5-24　FTS 搭接关系

当 FTS＝0 时，即前一项工作完成后可以紧接着开始后一项工作。这是最常见的工程活动之间的逻辑关系。

（2）STS：开始-开始（START TO START）关系。

紧前活动开始后一段时间，紧后活动才能开始，即紧后活动的开始时间受紧前活动开始时间的制约。如某基础工程采用井点降水，按规定抽水设备安装完成，开始抽水 1 天后，才可开始基坑开挖，图例见图 5-25。

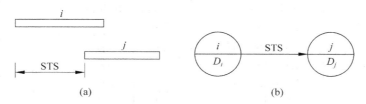

图 5-25　STS 搭接关系

（3）FTF：结束-结束（FINISH TO FINISH）关系。

紧前活动结束后一段时间，紧后活动才能结束，即紧后活动的结束时间受紧前活动结束时间的制约。如基础回填土结束后基坑排水才能停止，图例见图 5-26。

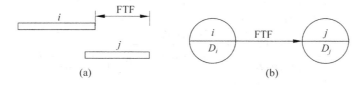

图 5-26　FTF 搭接关系

（4）STF：开始-结束（START TO FINISH）关系。

紧前活动开始后一段时间，紧后活动才能结束，这在实际工程中用得较少。图例见图 5-27。

上述搭接时距是允许的最小值，即实际安排可以大于它，但不能小于它。搭接时距还可能有最大值定义，如，按规定基坑挖土完成后，最多在 2 天内必须开始做垫层，以防止基坑土反弹等。挖土完成后，可以立即或停 1 天，或停 2 天做垫层，但不允许停 2 天以上。

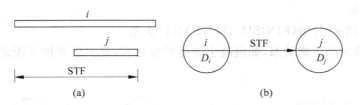

图 5-27　STF 搭接关系

2）单代号搭接网络图的绘制

单代号搭接网络图必须正确地表述已定的逻辑关系，并在箭线上方标注搭接时距。其他绘制原则和步骤同双代号网络图。

6. 单代号搭接网络图的计算

单代号搭接网络计划时间参数的计算公式见表 5-13，时间参数标注图例见图 5-28。计算流程见表 5-14。

表 5-13　单代号搭接网络计划时间参数的计算

搭接类型	ES_j 与 EF_j （紧前工作为 i）	LS_i 与 LF_i （紧后工作为 j）	$LAG_{i,j}$
FTS	$ES_j = EF_i + Z_{i,j}$ $EF_j = ES_j + D_j$	$LF_i = LS_j - Z_{i,j}$ $LS_i = LF_i - D_i$	$FF_i = ES_j - EF_i - Z_{i,j}$
STS	$ES_j = ES_i + Z_{i,j}$ $EF_j = ES_j + D_j$	$LS_i = LS_j - Z_{i,j}$ $LF_i = LS_i + D_i$	$FF_i = ES_j - ES_i - Z_{i,j}$
FTF	$EF_j = EF_i + Z_{i,j}$ $ES_j = EF_j - D_j$	$LF_i = LF_j - Z_{i,j}$ $LS_i = LF_i - D_i$	$FF_i = EF_j - EF_i - Z_{i,j}$
STF	$EF_j = ES_i + Z_{i,j}$ $ES_j = EF_j - D_j$	$LS_i = LF_j - Z_{i,j}$ $LF_i = LS_i + D_i$	$FF_i = EF_j - ES_i - Z_{i,j}$

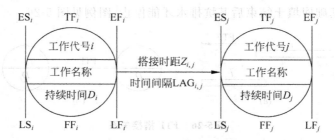

图 5-28　单代号搭接网络图时间参数计算图例

表 5-14　计算流程

序号	参　数	计　算　公　式
1	ES,EF	令 $ES_1 = 0$，$EF_i = ES_i + D_i$，其他计算见表 5-13
2	$LAG_{i,j}$	计算见表 5-13
3	TF	$TF_n = T_p - T_c$，$TF_i = \min\{LAG_{i,j} + TF_j\}$

序号	参　　数	计　算　公　式
4	FF	$FF_n = T_p - EF_n$ 或 $FF_i = \min\{LAG_{i,j}\}$
5	LF,LS	$LF_i = EF_i + TF_i$, $LS_i = ES_i + TF_i$
6	关键线路	从搭接网络计划的终点节点开始,逆着箭线方向依次找出相邻两项工作之间时间间隔为零的线路就是关键线路

7．单代号网络图

单代号网络图同单代号搭接网络图一样,以节点及其编号表示工作,以箭线表示工作之间的逻辑关系,并在节点内加注工作代号、工作名称、工作持续时间,作为单代号搭接网络图搭接时距为零时的特例。其绘制和时间参数计算同单代号搭接网络图。

5.4　工程项目进度的检查与分析方法

工程项目施工进度计划编制完成,经有关部门审批后,即可组织实施,计划检查。进度计划执行过程中,由于种种因素的影响,会造成实际进度与计划进度的偏差,一般都需要采取相关的措施,以保证计划目标的顺利实现。此阶段的工作主要有:首先要检查并实际掌握工程进展情况;根据存在的偏差分析存在的原因;在此基础上,确定相应的解决措施或方法。

5.4.1　工程项目进度计划的实施与检查

工程项目进度计划的实施就是用工程项目进度计划指导工程建设实施活动,并在实施过程中不断检查计划的执行情况,分析产生进度偏差的原因,落实并完善计划进度目标。

实施进度计划前,需要按工程的不同实施阶段、不同的实施单位、不同的时间点来设立分目标。同时,为了便于进度计划的实施、检查和监督,尤其是在施工阶段,需要将项目实施进度计划分解为年、季、月、旬、周作业计划和作业任务书,并按此执行进度作业。

1．进度检查的内容

在工程项目进度计划实施过程中,应跟踪计划的实施进行监督,查清工程项目施工进展。进度检查的内容有:

(1) 施工形象进度检查。一般也是施工进度检查的重点,检查施工现场的实际进度情况,并与进度计划相比较。

(2) 设计图纸等进展情况检查。检查各设计单元供图进度,确定或估计是否满足施工进度要求。

(3) 设备采购进展情况检查。检查设备在采购、运输过程中的进展情况,确定或估计是否满足计划的到货日期,能否适应土建或安装进度的要求。

（4）材料供应或成品、半成品加工情况检查。有些材料是直接供应的，主要检查其订货、运输和储存情况；有些材料需经工厂加工成成品或半成品，然后运到工地，检查其原料订货、加工、运输等情况。

2．施工进度检查时应注意的问题

（1）根据施工合同中对进度、开工及延期开工、暂停施工、工期延误和工程竣工等承诺的规定，开展工程进度的相关控制工作。

（2）编制统计报表。在施工进度计划实施过程中，应跟踪形象进度对工程量、总产值、耗用的人工、材料和机械台班等的数量进行统计分析，编制统计报表。

（3）进度索赔。当合同一方因另外一方的原因导致工期拖延时，应进行工期索赔。当发包人未按合同规定提供施工条件等非承包人原因导致及非承包人应该承担的风险（例如，不可抗力导致的双方的损失，包括工期损失）的工期拖延或工程变更，承包人针对延误的工期和增加的工期可提出工期索赔。

（4）分包工程的实施。分包人应根据项目施工进度计划编制分包工程进度计划并组织实施。施工项目经理部应将分包工程施工进度计划纳入项目进度计划控制范畴，并协助分包人解决项目进度控制中的相关问题。

5.4.2　实际进度与计划进度的比较分析

进度计划的检查方法主要是对比法，即实际进度与计划进度相比较，发现进度计划执行受到干扰时，进行分析，继而进行调整或修改计划，保证进度目标的实现。常见的检查方法有横道图比较法、双 S 曲线法、前锋线法。

1．横道图比较法

1）匀速进展的横道图比较法

横道图比较法是指将项目实施过程中收集到的数据，经加工整理后直接用横道线平行绘于原计划的横道线处，并在原进度计划上标出检查日期，可以比较清楚地对比实际进度和计划进度情况的一种方法。适用于工程项目中各项工作都是匀速进展的情况，即每项工作在单位时间内完成的任务量都相等的情况。此时，每项工作累计完成的任务量与时间呈线性关系，完成的任务量可以用实物工程量、劳动消耗量或费用支出表示。

如某工程项目基础工程的计划进度和截止到第 10 周末的实际进度如图 5-29 所示，其中虚线条表示该工程计划进度，细实线表示实际进度。从图中实际进度与计划进度的比较可以看出，到第 10 周末进行实际进度检查时，挖土方工作已经完成；垫层工作按照计划应该完成，但实际只完成了 75%，任务量拖欠 25%；支模板按计划应完成 50%，实际只完成 25%，任务量拖欠 25%。通过具体工程活动的开始时间、结束时间和完成情况的对比，直观地反映出具体工程活动符合进度计划的情况，或拖延或超前时间。

2）非匀速进展的横道图比较法

工程实际施工过程中，每项工作的进展不一定是匀速进展的。故针对非匀速进展的工程，实际进度与计划进度的比较，采用非匀速进展横道图法。此方法根据工程项目进度计划（分解的详细周进度计划或施工任务包），在横道线的上方标出各阶段时间工作的计划完成任务量累计百分比;在横道线的下方,标出相应阶段时间工作的实际完成任务量累计百分比,用涂黑的粗线标出工作的实际进度,从开始之日标起。判断某个时点或某一时间段工作实际进度与计划进度之间的关系,见图 5-30。

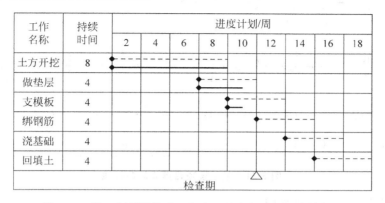

图 5-29　某工程项目基础工程实际进度与计划进度比较图

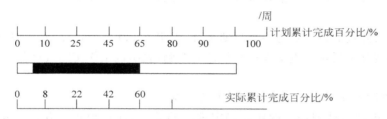

图 5-30　非匀速进展横道图比较法

对比分析实际进度与计划进度:如果同一时刻横道线上方累计百分比大于横道线下方累计百分比,表明实际进度拖后,二者之差即为拖欠的任务量;如果同一时刻横道线上方累计百分比小于横道线下方累计百分比,表明实际进度超前,二者之差即为超前的任务量;如果同一时刻横道线上方累计百分比等于横道线下方累计百分比,表明实际进度与计划进度一致。

2. 网络图比较法的前锋线法

在实际进度与计划进度的比较中,想要更准确地判断进度延误对后续工作及总工期等影响,需要有能清楚表达工作之间逻辑关系的方法进行比较,网络图比较法的前锋线法,应运而生。

1)前锋线比较法

是指在原时标网络计划上,从检查时刻的时标点出发,用虚线或点画线依次将各项工作实际进展位置点连接而成的折线。是通过实际进度前锋线与原进度计划中各工作箭线交点的位置来判断工作实际进度与计划进度的偏差,进而判定该偏差对后续工作及总工期影响程度的一种方法。为了清楚起见,可在时标网络计划图的上方和下方各设一时间坐标。工作实际进展位置点的标定可以按该工作已完任务量比例也可按尚需作业时间进行标定。某工程项目前锋线见图 5-31。

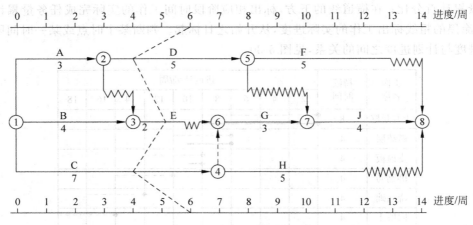

图 5-31　某工程项目第 6 周前锋线

2）对比实际进度与计划进度

（1）工作实际进展位置点落在检查日期的左侧，表明该工作实际进度拖后，拖后时间为二者之差。

（2）工作实际进展位置点与检查日期重合，表明该工作实际进度与计划进度一致。

（3）工作实际进展位置点落在检查日期的右侧，表明该工作实际进度超前，超前时间为二者之差。

3）预测进度偏差对后续工作及总工期的影响

通过实际进度与计划进度的比较确定进度偏差后，还可根据工作的自由时差和总时差预测该进度偏差对后续工作及项目总工期的影响。进度偏差的影响分析具体内容见5.5.2节。

3. 基于网络计划的双 S 曲线法

1）双 S 曲线法

工程网络计划中的任何一项工作，其逐日累计完成的工作任务量都可借助于两条 S 形曲线概括表示：一是按工作的最早开始时间安排计划进度而绘制的 S 形曲线，称为 ES 曲线；二是按工作的最迟开始时间安排计划进度而绘制的 S 形曲线，称为 LS 曲线。两条曲线除在开始点和结束点相重合外，ES 曲线的其余各点均落在 LS 曲线的左侧，使得两条曲线围合成一个形如香蕉的闭合曲线圈，故将其称为香蕉形曲线，如图 5-32 所示。

2）双 S 曲线作用

（1）合理安排工程项目进度计划。如果工程项目中各项工作均按其最早开始时间安排进度，将导致项目投资的加大；而如果各项工作都按其最迟开始时间安排进度，则一旦受到进度影响因素的干扰，将会导致工期的延误。因此，一个科学合理

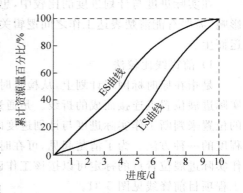

图 5-32　某工程项目香蕉形曲线

的进度计划优化曲线,应处于香蕉曲线所包络的范围内。

（2）定期比较工程项目的实际进度与计划进度。在工程项目的实施过程中,根据每次检查收集到的实际完成任务量,绘制出实际进度 S 曲线,便可以与计划进度比较。工程项目实际进度的理想状态是任一时刻工程实际进展点应落在香蕉线图的范围之内。如果工程实际进展点落在 ES 曲线的左侧,表明此刻实际进度比各项工作按最早开始时间安排的计划进度超前;如果工程实际进展点落在 LS 曲线的右侧,则表明此刻实际进度比各项工作按其最迟开始时间安排的进度计划落后。

（3）预测后期工程进展趋势。利用香蕉曲线可以对后续工程的进展情况进行预测。

5.5　工程项目进度计划的调整与优化

通过对工程项目计划进度的实施、检查,结合工程项目特定目标的唯一性、临时的一次性、不断完善的渐进性及风险与不确定性等属性,实际进度与计划进度必然会存在一定的差异。通过对实际进度和计划进度的比较、分析,根据需要对工程项目进度计划进行调整和优化。

5.5.1　进度拖延的影响因素

进度拖延是工程项目过程中经常发生的现象,各层次的项目单元,各个项目阶段都可能出现延误。进度拖延的原因是多方面的,常见的有以下几种。

1. 工期及相关计划欠周密

计划不周密是常见的现象。包括:计划时忘记（遗漏）部分必需的功能或工作;计划值（如计划工作量、持续时间）不足,相关的实际工作量增加;资源或能力不足,如计划时没考虑到资源的限制或缺陷,没有考虑如何完成工作;出现了计划中未能考虑到的风险或状况,未能使工程实施达到预定的效率。

2. 工程实施条件的变化

工作量的变化。可能是由于设计的修改、设计的错误、业主新的要求、修改项目的目标及系统范围的扩展造成的;环境条件的变化,如不利的施工条件不仅造成对工程实施过程的干扰,有时直接要求调整原来已确定的计划;发生不可抗力事件,如地震、台风、动乱、战争状态等。

3. 管理过程中的失误

计划部门与实施者之间,总分包商之间,业主与承包商之间缺少沟通,工期意识淡薄。如管理者拖延了图纸的供应和批准,任务下达时缺少必要的工期说明和责任落实,拖延了工程活动。项目参加单位对各个活动（各专业工程和供应）之间的逻辑关系（活动链）没有清楚地了解,下达任务时也没有作详细的解释,同时对活动的必要前提条件准备不足,许多工作脱节,资源供应出现问题。由于其他方面未完成项目计划造成拖延,例如设计单位拖延设计,上级机关拖延批准手续,质量检查拖延,业主不果断处理问题等。

5.5.2　进度偏差的影响分析

对于进度偏差,需要分析其对后续工作及总工期的影响,以及后续工作和总工期的可调整程度,对进度计划进行相关的调整和优化。下面就进度偏差产生的两种结果:某项工作的实际进度超前或滞后,来进行分析。

1. 当进度偏差体现为某项工作的实际进度超前

由于加快某些工作的实施进度,往往可导致资源使用情况发生变化,特别是在有多个平行分包单位施工的情况下,由此而引起后续工作时间安排的变化,往往会带来潜在的风险和索赔事件的发生,使缩短部分工期的实际效果得不偿失。因此,当进度计划执行过程中产生的进度偏差体现为某项工作的实际进度超前,若超前幅度不大,此时计划不必调整;当超前幅度过大,则此时计划需要调整。

2. 当进度偏差体现为某项工作的实际进度滞后

进度计划执行过程中若出现实际工作进度滞后,此时是否调整原定计划通常应视进度偏差和相应工作总时差及自由时差的比较结果而定。

(1) 出现进度偏差的工作为关键工作,工作进度滞后,必然会引起后续工作最早开工时间的延误和整个计划工期的相应延长,因而,必须对原定进度计划采取相应调整措施。

(2) 出现进度偏差的工作为非关键工作,且工作进度滞后天数已超出其总时差,则由于工作进度延误同样会引起后续工作最早开工时间的延误和整个计划工期的相应延长,因而,必须对原定进度计划采取相应调整措施。

(3) 出现进度偏差的工作为非关键工作,且工作进度滞后天数已超出其自由时差而未超出其总时差,工作进度延误只会引起后续工作最早开工时间的拖延而对整个计划工期并无影响。此时只有在后续工作最早开工时间不宜推后的情况下才考虑对原定进度计划采取相应调整措施。

(4) 若出现进度偏差的工作为非关键工作,且工作进度滞后天数未超出其自由时差,工作进度延误对后续工作的最早开工时间和整个计划工期均无影响,因而不必对原定进度计划采取调整措施。

5.5.3　工程项目进度计划的调整与优化

根据 5.5.2 节的分析,由于承包商自身原因导致并在自身承担的风险范围内的进度偏差已对后续工作或工程项目产生了不可逆转的不利影响时,需要对进度计划进行调整和优化。

1. 进度计划调整的内容

进度计划调整的内容包括:工作内容、工作量、工作起止时间、工作持续时间、工作逻辑关系、资源供应。可以只调整六项中一项,也可以同时调整多项,还可以将几项结合起来调整,以求综合效益最佳。只要能达到预期目标,调整越少越好。

2．进度计划调整方法和措施

1）调整关键路线长度

当关键路线的实际进度比计划进度提前时，首先要确定是否对原计划工期予以缩短。综合考虑施工合同中对工期提前的奖励措施、工程质量和工程费用等。如果不缩短，可以利用这个机会降低资源强度或费用，方法是选择后续关键工作中资源占用量大的或直接费用高的予以适当延长，延长的长度不应超过已完成的关键工作提前的时间量，以保证关键线路总长度不变。

2）缩短某些后续工作的持续时间

当关键线路的实际进度比计划进度滞后时，表现为以下两种情况：

（1）网络计划中某项工作进度拖延的时间已超过其自由时差但未超过其总时差，对于后续工作拖延的时间有限制要求的情况；

（2）网络计划中某项工作进度拖延的时间超过其总时差，项目总工期不允许拖延，或项目总工期允许拖延，但拖延的时间有限制的情况。

需要压缩某些后续工作的持续时间，选择压缩工作的原则：缩短持续时间对质量和安全影响不大的工作；有备用资源的工作；缩短持续时间所需增加的资源、费用最少的工作。综合影响进度的各种因素、各种调整方法，采取赶工措施，以缩短某些后续工作的持续时间，使调整后的进度计划符合原进度计划的工期要求。具体方法详见网络计划的优化相关内容之"工期优化"。

3）非关键工作时差的调整

时差调整的目的是充分或均衡地利用资源，降低成本，满足项目实施需要。时差调整幅度不得大于计划总时差值。需要注意非关键工作的自由时差，它只是工作总时差的一部分，是紧后工作最早能开始时间的机动时间。在项目实施过程中，如果发现正在开展的工作存在自由时差，一定要考虑是否需要立即使用，如把相应的人力、物力调整支援到关键工作。

任何进度计划的实施都受到资源的限制，计划工期的任一阶段，如果资源需要量超过资源最大供应量，那这样的计划是没有任何意义的。受资源供给限制的网络计划调整是利用非关键工作的时差来进行调整，详见网络计划优化的相关内容"资源最大——工期优化"。项目均衡实施，在进度开展过程中，所完成的工作量和所消耗的资源量尽可能保持均衡，详见网络计划优化的相关内容"资源均衡——工期优化"。

4）改变某些后续工作之间的逻辑关系

若进度偏差已影响计划工期，且有关后续工作之间的逻辑关系允许改变，此时可变更位于关键线路或位于非关键线路但延误时间已超出其总时差的有关工作之间的逻辑关系，从而达到缩短工期的目的。

工作之间逻辑关系的改变必须是施工方法或组织方法的改变，一般来说，调整的是组织关系。

3．增减工作项目

增加工作项目，是对原遗漏或不具体的逻辑关系进行补充；减少工作项目，只是对提前完成了的工作项目或原不应设置而设置了的工作项目予以删除。由于增减工作项目，只是改变局部的逻辑关系,不影响总的逻辑关系。因此,增减工作项目均不打乱原网络计划总的逻辑关系。增减工作项目之后应重新计算时间参数,以分析此调整是否对原网络计划工期产生影响,如有影响应采取措施消除。

5.6 案例分析

【例5-6】 某单项工程,按图5-33所示进度计划网络图组织施工。

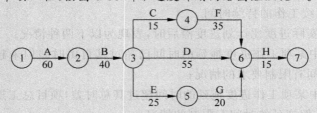

图5-33 某单项工程施工进度计划

原计划工期是170d,在第75d进行进度检查时发现:工作A已全部完成,工作B刚刚开工。由于工作B是关键工作,所以它拖后15d,将导致总工期延长15d完成,相关参数详见表5-15。

表5-15 某单项工程相关参数表

序号	工作	最大可压缩时间/d	赶工费用/(元/d)
1	A	10	200
2	B	5	200
3	C	3	100
4	D	10	300
5	E	5	200
6	F	10	150
7	G	10	120
8	H	5	420

【问题】

(1)为使本单项工程仍按原工期完成,则必须赶工,调整原计划,问应如何调整原计划,既经济又保证整体工作能在计划的170d内完成,并列出详细调整过程。

(2)试计算经调整后,所需投入的赶工费用。

(3)重新绘制调整后的进度计划网络图,并列出关键线路。

【答案】

1)目前总工期拖后15d,此时的关键线路:B—D—H

(1)其中工作B赶工费率最低,故先对工作B持续时间进行压缩。

工作B压缩5d,因此增加费用为5×200=1000(元)

总工期为:185−5=180(d)

关键线路：B—D—H

（2）剩余关键工作中，工作 D 赶工费率最低，故应对工作 D 持续时间进行压缩。工作 D 压缩的同时，应考虑与之平等的各线路，以各线路工作正常进展均不影响总工期为限。

故工作 D 只能压缩 5d，因此增加费用为 5×300＝1500（元）

总工期为：180－5＝175（d）

关键线路：B—D—H 和 B—C—F—H 两条。

（3）剩余关键工作中，存在三种压缩方式：①同时压缩工作 C、工作 D；②同时压缩工作 F、工作 D；③压缩工作 H。

同时压缩工作 C 和工作 D 的赶工费率最低，故应对工作 C 和工作 D 同时进行压缩。

工作 C 最大可压缩天数为 3d，故本次调整只能压缩 3d，因此增加费用为 3×100＋3×300＝1200（元）

总工期为：175－3＝172（d）

关键线路：B—D—H 和 B—C—F—H 两条。

（4）剩下关键工作中，压缩工作 H 赶工费率最低，故应对工作 H 进行压缩。

工作 H 压缩 2d，因此增加费用为 2×420＝840（元）

总工期为：172－2＝170（d）

（5）通过以上工期调整，工作仍能按原计划的 170d 完成。

2）所需投入的赶工费为：1000＋1500＋1200＋840＝4540（元）。

3）调整后的进度计划网络如图 5-34 所示：其关键线路为：A—B—D—H 和 A—B—C—F—H。

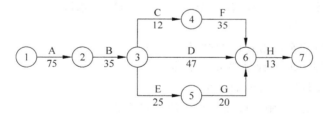

图 5-34 调整后的施工进度计划

本章习题

一、单项选择题

1．某工程划分为 4 个施工过程，5 个施工段，各施工过程的流水节拍分别为 6d、4d、4d、2d。如果组织成倍节拍流水施工，则流水施工工期为（ ）d。

    A．40   B．30   C．24   D．20

2．某基础工程土方开挖总量为 8800m³，该工程拟划分 5 个施工段组织全等节拍流水施工，2 台挖掘机每台班产量定额均为 80m³，其流水节拍为（ ）d。

    A．55   B．11   C．8   D．6

3．某基础工程有挖土、垫层、混凝土浇筑、回填土 4 个施工过程，分 5 个施工段组织流水施工，流水节拍均为 3d，且混凝土浇筑 2d 后才能回填土，该工程的施工工期为（ ）d。

A. 39   B. 29   C. 26   D. 14

4. 在流水施工方式中，成倍节拍流水施工的特点之一是（   ）。

A. 相邻专业工作队之间的流水步距相等，且等于流水节拍的最大公约数

B. 相邻专业工作队之间的流水步距相等，且等于流水节拍的最小公倍数

C. 相邻专业工作队之间的流水步距不相等，且其值之间为倍数关系

D. 同一施工过程在各施工段的流水节拍不相等，但其值之间为倍数关系

5. 相邻两工序在同一施工段上相继开始的时间间隔称为（   ）。

A. 流水作业   B. 流水步距   C. 流水节拍   D. 技术间歇

6. 全等节拍流水施工的特点是（   ）。

A. 各专业队在同一施工段流水节拍固定   B. 各专业队在施工段可间歇作业

C. 各专业队在各施工段的流水节拍相等   D. 专业队数等于施工段数

二、多项选择题

1. 流水施工是一种科学合理、经济效果明显的作业方式，其特点包括（   ）。

A. 工期比较合理   B. 提高劳动生产率

C. 保证工程质量   D. 降低工程成本

E. 施工现场的组织管理比较复杂

2. 组织产品生产的方式很多，归纳起来有（   ）等基本方法。

A. 全等节拍流水   B. 分别流水   C. 流水作业   D. 平行作业

E. 依次作业

3. 表达流水施工的时间参数有（   ）。

A. 流水强度   B. 流水节拍   C. 流水段   D. 流水步距

E. 流水施工工期

4. 划分施工段，通常应遵循的原则有（   ）。

A. 各施工段上的工程量要大致相等

B. 能充分发挥主导机械的效率

C. 对于多层建筑，施工段数应小于施工过程数

D. 保证结构的整体性

E. 对于多层建筑物，施工段数应不小于施工过程数

5. 确定流水步距原则（   ）。

A. 保证各专业队能连续作业

B. 流水步距等于流水节拍

C. 满足安全生产需要

D. 流水步距等于各流水节拍的最大公约数

E. 满足相邻工序在工艺上的要求

6. 流水施工工期 $T = (r \cdot m + n - 1) \cdot k + \sum Z_1 - \sum C$ 计算式，适用于（   ）。

A. 单层建筑物全等节拍流水

B. 多层建筑物全等节拍流水，无技术间歇

C. 分别流水

D. 有技术间歇和平行搭接的流水作业

E. 多层建筑物全等节拍流水，且有技术间歇

三、思考题

1. 简述进度与工期的关系。
2. 什么是工程项目进度管理？
3. 为何进行建设工程项目总进度目标的分析、论证？
4. 什么是里程碑事件？举例说明。
5. 调查一个实际工程的工期情况，并绘制它的总进度横道图。
6. 确定工程活动的持续时间要考虑哪些因素？
7. 工作活动之间的逻辑关系由什么决定？
8. 解释说明流水施工是科学的施工组织方式？
9. 如何组织全等节拍流水施工、成倍节拍流水施工、无节奏流水施工？
10. 什么是网络计划技术？与横道图有什么关系？
11. 什么是总时差和自由时差？
12. 什么是关键线路和关键工作？
13. 举例说明工程活动之间搭接关系。
14. 施工项目进度计划检查有哪些方法？
15. 施工项目进度优化可以从哪些方面优化？

四、计算题

某网络计划的有关资料如表 5-16 所示，试绘制双代号网络图，用工作计算法计算各项工作的六个时间参数，并绘制双代号时标网络计划。

表 5-16　某网络计划的有关资料表

工作	A	B	C	D	E	G	H	I	J	K
持续时间	2	3	5	2	3	3	2	3	6	2
紧前工作	—	A	A	B	B	D	G	E、G	C、E、G	H、I

五、案例分析题

某工程包括三个结构形式与建造规模完全一样的单体建筑，共由五个施工过程组成，分别为：土方开挖、基础施工、地上结构、二次砌筑、装饰装修。根据施工工艺要求，地上结构施工完毕后，需等待 2 周后才能进行二次砌筑。现在拟采用五个专业工作队组织施工，各施工过程的流水节拍见表 5-17。

表 5-17　流水节拍表

施工过程编号	施工过程	流水节拍/周
Ⅰ	土方开挖	2
Ⅱ	基础施工	2
Ⅲ	地上结构	6
Ⅳ	二次砌筑	4
Ⅴ	装饰装修	4

【问题】

（1）按上述五个专业工作队组织流水施工属于何种形式的流水施工，绘制其流水施工进度计划图，并计算总工期。

（2）根据本工程的特点，本工程比较适合采用何种形式的流水施工形式，并简述理由。

（3）如果采用第二问的方式，重新绘制流水施工进度计划，并计算总工期。

习题答案

一、单项选择题

1. C   2. B   3. C   4. A   5. B   6. C

二、多项选择题

1. ABCD   2. CDE   3. BDE   4. ABDE   5. ACE   6. ABE

三、思考题（答案略）

四、计算题（答案略）

五、案例分析题（答案略）

第6章

土木工程项目质量管理

教学要点和学习指导

本章从土木工程项目质量形成的过程、内涵出发,叙述了工程项目质量管理的基本概念和内容,重点介绍了工程项目质量控制、工程项目质量统计分析方法、工程项目质量事故处理方法与评定验收等知识点。

在本章的学习中,从工程项目质量管理的影响因素,到工程项目质量统计分析,再到设计阶段、施工阶段的质量控制,以及出现质量事故时处理方法和工程项目质量评定与验收,都需要重点掌握。通过本章内容的学习能对土木工程项目质量管理案例进行具体分析。

6.1 概述

工程项目质量是基本建设效益得以实现的保证,是决定工程建设成败的关键。工程项目质量管理是为了保证达到工程合同规定的质量标准而采取的一系列措施、手段和方法,应当贯穿工程项目建设的整个寿命周期。工程项目质量管理可作为承包商在项目建造过程中对项目设计、项目施工进行的内部的、自身的管理。针对工程项目业主,工程项目质量管理可保证工程项目能够按照工程合同规定的质量要求,实现项目业主的建设意图,取得良好的投资效益。针对政府部门,工程项目质量管理可维护社会公众利益,保证技术性法规和标准的贯彻执行。

6.1.1 工程项目质量管理

1. 工程项目质量管理与工程项目质量控制

1) 质量和工程质量

根据国家标准《质量管理体系基础和术语》(GB/T 19000—2008/ISO 9000:2005),质量是指一组固有特性满足要求(包括明示的、隐含的和必须履行的)的程度。其中质量不仅是指产品质量,也可以是某项活动或过程的工作质量,还可以是质量管理体系的运行质量;固有是指事物本身所具有的,或者存在于事物中的;特性是指某事物区别于其他事物的特殊性质,对产品而言,特性可以是产品的性能如强度等,也可以是产品的价格、交货期等。就工程质量而言,其固有特性通常包括使用功能、耐久性、可靠性、安全性、经济性以及与环境的协调性,这些特性满足要求的程度越高,质量就越好。

2)工程项目质量形成过程

工程项目质量是按照工程建设程序,经过工程建设的各个阶段而逐步形成的。工程项目质量形成的阶段及内容见表6-1。

由工程项目质量形成的过程,决定工程项目质量管理过程。

表 6-1　工程项目质量形成的过程

序号	工程建设阶段	主 要 内 容
1	项目可行性研究	论证项目在技术上的可行性与经济上的合理性,为决策立项和确定质量目标与质量水平提供依据
2	项目决策	决定项目是否投资建设,确定项目质量目标和水平
3	工程设计	工程项目质量目标和水平的具体化
4	工程施工	合同要求与设计方案的具体实现,最终形成工程实体质量
5	工程验收及质量保修	最终确认工程质量水平高低,确保工程寿命期内质量可靠

3)质量管理和工程质量管理

质量管理是在质量方面指挥和控制组织协调活动的管理,其首要任务是确定质量方针、质量目标和质量职责,核心是要建立有效的质量管理体系,并通过质量策划、质量控制、质量保证和质量改进四大支柱来确保质量方针、质量目标的实施和实现。其中,质量策划是致力于制定质量目标并规定必要的进行过程和相关资源来实现质量目标;质量控制是致力于满足工程质量要求,是为了保证工程质量满足工程合同、规范标准所采取的一系列措施、方法和手段;质量保证是致力于提供质量要求并得到满足的信任;质量改进是致力于增强满足质量要求的能力。也可以理解为:监视和检测;分析判断;制定纠正措施;实施纠正措施。

就工程项目质量而言,工程项目质量管理是为达到工程项目质量要求所采取的作业技术和活动。工程项目质量要求主要表现为工程合同、设计文件、规范规定的质量标准。工程项目质量管理就是为了保证达到工程合同规定的质量标准而采取的一系列措施、手段和方法。

4)质量控制和工程项目质量控制

根据国家标准《质量管理体系基础和术语》(GB/T 19000—2008/ISO 9000:2005)的定义,质量控制是质量管理的一部分,是致力于满足质量要求的一系列相关活动。这些活动主要包括:

(1)设定标准,即规定要求,确定需要控制的区间、范围、区域;

(2)测量结果,测量满足所设定标准的程度;

(3)评价,即评价控制的能力和效果;

(4)纠偏,对不满足设定标准的偏差,及时纠偏,保持控制能力的稳定性。

工程项目质量控制是为达到工程项目质量目标所采取的作业技术和活动,贯穿于项目执行的全过程;是在明确的质量目标和具体的条件下,通过行动方案和资源配置的计划、实施、检查和监督,进行质量目标的事前预控、事中控制和事后纠偏控制,实现预期质量目标的系统过程。

2.工程项目的质量管理总目标

结合工程项目建设的全过程及工程项目质量形成的过程,工程项目建设的各阶段对项目质量及项目质量的最终形成有直接影响。可行性研究阶段是确定项目质量目标和水平的依据,决策阶段确定项目质量目标和水平,设计阶段使项目的质量目标和水平具体化,施工阶段实现项目的质量目标和水平,竣工验收阶段保证项目的质量目标和水平,生产运行阶段保持项目的质量目标和水平。

由此可见,工程项目的质量管理总目标是在策划阶段进行目标决策时由业主提出的,是对工程项目质量提出的总要求,包括项目范围的定义、系统过程、使用功能与价值、应达到的质量等级等。同时,工程项目的质量管理总目标还要满足国家对建设项目规定的各项工程质量验收标准以及用户提出的其他质量方面的要求。

3. 工程项目质量管理的责任体系

在工程项目建设中,参与工程项目建设的各方,应根据国家颁布的《建设工程质量管理条例》以及合同、协议及有关文件的规定承担相应的质量责任。

工程项目质量控制按其实施者不同,分为自控主体和监控主体。前者指直接从事质量职能的活动者;后者指对他人质量能力和效果的监控者,详见表 6-2。

表 6-2　工程项目质量的责任体系

单位	责　任
政府	政府监督机构的质量管理是指政府建立的工程质量监督机构,根据有关法规和技术标准,对本地区(本部门)的工程质量进行监督检查,是维护社会公共利益,保证技术性法规和标准的贯彻执行
建设单位	建设单位根据工程项目的特点和技术要求,按有关规定选择相应资格等级的勘察设计单位和施工单位,签订承包合同。合同中应用相应的质量条款,并明确质量责任。建设单位对其选择的勘察设计、施工单位发生的质量问题承担相应的责任
	建设单位在工程项目开工前,办理有关工程质量监督手续,组织设计单位和施工单位进行设计交底和图纸会审;在工程项目施工中,按有关法规、技术标准和合同的要求和规定,对工程项目质量进行检查;在工程项目竣工后,及时组织有关部门进行竣工验收
	建设单位按合同的约定采购供应的建筑材料、构配件和设备,应符合设计文件和合同要求,对发生的质量问题,承担相应的责任
勘察设计单位	勘察设计单位应在其资格(资质)等级范围内承接工程项目
	勘察设计单位应建立健全质量管理体系,加强设计过程的质量控制,按国家现行的有关法律、法规、工程设计技术标准和合同的规定进行勘察设计工作,建立健全设计文件的审核会签制度,并对所编制的勘察设计文件的质量负责
	勘察设计单位的勘察设计文件应当符合国家规定的勘察设计深度要求,并应注明工程的合理使用年限。设计单位应当参与建设工程质量事故的分析,并对因设计造成的质量事故提出相应的技术处理方案
监理单位	监理单位在其资格等级和批准的监理范围内承接监理业务
	监理单位编制监理工程的监理规划,并按工程建设进度,分专业编制工程项目的监理细则,按规定的作业程序和形式进行监理;按照监理合同的约定,相关法律法规等的规定,对工程项目的质量进行监督检查;如工程项目中设计、施工、材料供应等不符合相关规定,要求责任单位进行改正
	监理单位对所监理的工程项目承担因己方过错造成的质量问题的责任

续表

单位	责　任
施工单位	施工单位在其资格等级范围内承担相应的工程任务,并对承担的工程项目的施工质量负责
	施工单位要建立健全质量管理体系,落实质量责任制,加强施工现场的质量管理,对竣工交付使用的工程项目进行质量回访和保修,并提供有关使用、维修和保养的说明
	施工单位对实行总包的工程,总包单位对工程质量或采购设备的质量以及竣工交付使用的工程项目的保修工作负责;实行分包的工程,分包单位要对其分包的工程质量和竣工交付使用的工程项目的保修工作负责。总包单位对分包工程的质量与分包单位承担连带责任
	施工单位施工完成的工程项目的质量应符合现行的有关法律、法规、技术标准、设计文件、图纸和合同规定的要求,具有完整的工程技术档案和竣工图纸

4. 工程项目质量管理的原则

建设项目的各参与方在工程质量管理中,应遵循以下几条原则:坚持质量第一的原则;坚持以人为核心的原则;坚持以预防为主的原则;坚持质量标准的原则;坚持科学、公正、守法的职业道德规范。

5. 工程项目质量管理的思想和方法

工程项目质量具有影响因素多、质量波动大、质量变异大、隐蔽工程多、成品检验局限性大等特点,基于工程项目质量的这些特点,工程项目质量管理的思想和方法有以下几种。

1) PDCA 循环原理

工程项目的质量控制是一个持续的过程,首先在提出质量目标的基础上,制订实现目标的质量控制计划,有了计划,便要加以实施,将制定的计划落实到实处,实施过程中,必须经常进行检查、监控,以评价实施结果是否与计划一致,最后,对实施过程中出现的工程质量问题进行处理,这一过程的原理就是 PDCA 循环。

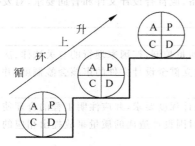

图 6-1　PDCA 循环示意图

PDCA 循环是建立质量体系和进行质量管理的基本方法,其含义和示意图详见表 6-3 和图 6-1。每一次循环都围绕着实现预期的目标,进行计划、实施、检查和处置活动,随着对存在问题的解决和改进,在一次一次的滚动循环中逐步上升,不断增强质量能力,不断提高质量水平。

2) 三阶段控制原理

工程项目各个阶段的质量控制,按照控制工作的开展与控制对象实施的时间关系,均可概括为为事前控制、事中控制和事后控制,内容详表 6-4。

事前、事中、事后三阶段的控制,不是孤立和截然分开的,它们之间构成有机的系统过程,实质上也就是 PDCA 循环具体化,并在每一次滚动循环中不断提高,达到质量控制的持续改进。

3) 三全控制原理

三全控制原理是指在企业或组织最高管理者的质量方针指引下,实行全面、全过程和全员参与的质量管理。

表 6-3　PDCA 含义表

PDCA	含　义
计划 P(Plan)	计划由目标和实现目标的手段组成,质量管理的计划职能,包括确定质量目标和制定实现质量目标的行动方案两方面。实践表明严谨周密、经济合理、切实可行的质量计划,是保证工作质量、产品质量和服务质量的前提条件。 解决 5W1H 问题:为什么制定该措施(why)? 达到什么目标(what)? 在何处执行(where)? 由谁负责完成(who)? 什么时间完成(when)? 如何完成(how)
实施 D(Do)	实施职能在于将质量的目标值,通过生产要素的投入、作业技术活动和产出过程,转换为质量的实际值。对于整个实施过程,在各项质量活动实施前,需要向操作人员明确质量标准及实施程序,需要对其进行技术交底;实施过程中,要求规范行为,严格按照计划方案执行,确保质量控制计划的落实
检查 C(Cheek)	质量计划实施过程需要进行各种检查,包括作业者的自检、互检和专职管理者专检。各类检查都包含两大方面的内容:一是检查是否严格执行了计划的行动方案,实际条件是否发生了变化,不执行计划的原因;二是检查计划执行的结果,即产出的质量是否达到标准的要求,对此进行确认和评价
处理 A(Action)	当质量检查中发现质量问题,必须及时进行原因分析,采取必要的措施,予以纠正,保持工程质量形成过程处于受控状态。处理分纠偏和预防改进两个方面,前者是采取有效措施,解决当前的质量偏差、问题或事故;后者是将目前质量状况信息反馈到管理部门,反思问题症结或计划时的不周,确定改进目标和措施,为今后类似质量问题的预防提供借鉴。把未解决或新出现的问题转入下一个 PDCA 循环

表 6-4　三阶段控制含义表

工程项目阶段	内　容
事前控制(是积极主动的预防性控制,是三阶段控制中的关键)	事前控制主要应当做好以下几方面的工作: (1) 建立完善的质量管理体系 (2) 严格控制设计质量,做好图纸及施工方案审查工作,确保工程设计不留质量问题隐患 (3) 选择技术力量雄厚、信誉良好的施工单位,负责的监理单位 (4) 施工阶段做好施工准备工作,具体来说,应当制定合理的施工现场管理制度,保证构成工程实体的材料合格,做好技术交底工作等
事中控制	事中控制是施工阶段,工程实体建设中,对工程质量的监控,此阶段对工程质量的控制主要通过工程监理进行 事中控制的关键是坚持质量标准,控制的重点是对工序质量、工作质量和质量控制点的监控
事后控制	事后控制也称为被动控制,包括对质量活动结果的认定评价和对质量偏差的纠正 事后控制的重点是发现施工质量方面的缺陷,并通过分析提出施工质量的改进措施,保证质量处于受控状态,亦即在已发生的质量缺陷中总结经验教训,在今后工作中尽量避免同类错误

（1）全面质量管理

建设工程项目的全面质量管理,是指建设工程项目参与各方所进行的工程项目质量管理的总称,其中包括工程(产品)质量和工作质量的全面管理。全面质量管理要求参与工程项目的各方,建设单位、勘察单位、设计单位、监理单位、施工总承包单位、施工分包单位、材料设备供应商等,都有明确的质量控制活动的内容。任何一方、任何环节的怠慢疏忽或质量责任不到位都会造成对建设工程质量的不利影响。

（2）全过程质量管理

全过程质量管理,是指根据工程质量的形成规律,从源头抓起,全过程推进。全过程质量控制必须体现预防为主、不断改进和为顾客服务的思想,要控制的主要过程有:项目策划与决策过程;勘察设计过程;施工采购过程;施工组织与准备过程;检测设备控制与计量过程;施工生产的检验试验过程;工程质量的评定过程;工程竣工验收与交付过程;工程回访维修服务过程等。

（3）全员参与质量管理

按照全面质量管理的思想,组织内部的每个部门和工作岗位都承担着相应的质量职能,组织的最高管理者确定了质量方针和目标,就应组织和动员全体员工参与到实施质量方针的系统活动中去,发挥自己的角色作用。开展全员参与质量管理的重要手段就是运用目标管理方法,将组织的质量总目标逐级进行分解,使之形成自上而下的质量目标分解体系和自下而上的质量目标保证体系,发挥组织系统内部每个工作岗位、部门或团队在实现质量总目标过程中的作用。

6.1.2　工程项目质量控制基准与质量管理体系

国际标准化组织（International Standard Organization,ISO）是由各国标准化团体组成的世界性联合会,它所制定的系列标准,在世界各国得到了广泛采用,1987 年 3 月,ISO 正式公布了 ISO9000、ISO9001、ISO9003、ISO9004 五个标准。1988 年末,我国制定并发布了等效采用 ISO9000 系列国际标准的 GB/T10300 系列标准;1992 年 10 月又发布了等同采用 ISO9000 系列国际标准的 GB/T19000 系列标准;国际化标准组织分别于 1994 年、2000 年发布了修订后的第 2 版、第 3 版 ISO9000 族国际标准后,我国又及时将其等同化国家标准。2008 年 10 月我国发布了等同 ISO9000：2005 的 GB/T—2008 系列标准,代替 GB/T—19000—2000,为工程项目指令控制基准的建立提供了基本依据,同时,是企业建立质量管理体系的依据。

1. 工程项目质量控制基准

工程项目质量控制基准是衡量和保证工程质量、工序质量和工作质量是否合格或满足合同规定的质量标准,主要有技术性质量控制基准和管理性质量控制基准两大类（图 6-2）。

工程项目质量控制基准是业主和承包商在协商谈判的基础上,以合同文件的形式确定下来的,是处于合同环境下的质量标准。工程项目质量基准的建立应当遵循以下原则:

（1）符合有关法律、法令;

（2）保证工程项目质量目标,让用户满意;

（3）保证一定的先进性;

（4）加强预防性;

（5）照顾特定性,坚持标准化;

（6）不追求过剩质量,追求经济合理性;

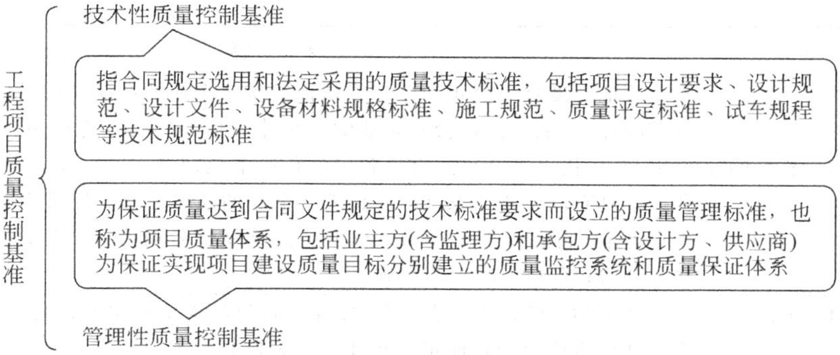

技术性质量控制基准

指合同规定选用和法定采用的质量技术标准，包括项目设计要求、设计规范、设计文件、设备材料规格标准、施工规范、质量评定标准、试车规程等技术规范标准

为保证质量达到合同文件规定的技术标准要求而设立的质量管理标准，也称为项目质量体系，包括业主方(含监理方)和承包方(含设计方、供应商)为保证实现项目建设质量目标分别建立的质量监控系统和质量保证体系

工程项目质量控制基准

管理性质量控制基准

图 6-2 工程项目质量控制基准分类图

（7）有关标准应协调配套；

（8）与国际标准接轨；

（9）做到程序简化和职责清晰，可操作性强。

2．企业质量管理体系的建立与认证

企业质量管理体系是企业为实施质量管理而建立的管理体系，通过第三方质量认证机构的认证，为该企业的工程承包经营和质量管理奠定基础。企业质量管理体系应按照我国《质量管理体系基础和术语》(GB/T 19000—2008/ISO 9000：2005)进行建立和认证。

建立企业质量管理体系，是在确定市场及顾客需求的前提下，按照八项质量管理原则制定的企业的质量方针、质量目标、质量手册、程序文件及质量记录等体系文件，并将质量目标分解落实到相关层次、相关岗位的职能和职责中，形成企业质量管理体系的执行系统，详见表 6-5。

表 6-5 质量管理体系的建立程序

项　目	内　容
建立质量管理体系的组织策划	包括领导决策、组织落实、制订工作计划、进行宣传教育和培训等
质量管理体系总体设计	制定质量方针和质量目标、对企业现有质量管理体系进行调查评价、对骨干人员进行建立质量管理体系前的培训
质量管理体系的建立	企业质量管理体系的建立，是在确定市场及顾客需求的前提下，按照八项质量管理原则制定企业的质量方针、质量目标、质量手册、程序文件及质量记录等体系文件，并将质量目标分解落实到相关层次、相关岗位的职能和职责中，形成企业质量管理体系的执行系统，包括完善组织机构、配置所需的资源
质量管理体系文件编制	包括对质量管理体系文件进行总体设计、编写质量手册、编写质量管理体系程序文件、设计质量记录表达式、审定和批准质量管理体系文件等
质量管理体系运行	企业质量管理体系的运行是在生产及服务的全过程，按质量管理体系文件所制定的程序、标准、工作要求及目标分解的岗位职责进行运作。在质量体系的运行过程中，需要切实对目标实现中的各个过程进行控制和监督，与确定的质量标准进行比较，对于发现的质量问题，及时纠偏，使这些过程达到所策划的结果并实现对过程的持续改进，包括实施质量管理体系运行的准备工作、质量管理体系运行

续表

项　目	内　容
企业质量管理体系的认证	质量认证制度是由公正的第三方认证机构对企业的产品及质量体系作出正确可靠的评价,从而使社会对企业的产品建立信心。第三方质量认证制度自20世纪80年代以来已得到世界各国的普遍重视,它对供方、需方、社会和国家的利益都具有以下重要意义:提高供方企业的质量信誉;促进企业完善质量体系;增强国际市场竞争能力;减少社会重复检验和检查费用;有利于保护消费者利益;有利于法规的实施
获准认证后的维持与监督管理	获准认证后,企业应通过经常性的内部审核,维持质量管理体系的有效性,并接受认证机构对企业质量管理体系实施监督管理

其中,企业质量管理体系文件构成,详见表 6-6。

表 6-6　企业质量管理体系文件构成

项　目	内　容
质量手册	质量手册是建立质量管理体系的纲领性文件,应具备指令性、系统性、协调性、先进性、可行性和可检查性。其内容主要包括:企业的质量方针、质量目标;组织机构及质量职责;体系要素或基本控制程序;质量手册的评审、修改和控制的管理办法。其中质量方针和质量目标是企业质量管理的方向目标,是企业经营理念的反映,应反映用户及社会对工程质量的要求及企业相应的质量水平和服务承诺
程序性文件	程序性文件是指企业为落实质量管理工作而建立的各项管理标准、规章制度,通常包括活动的目的、范围及具体实施步骤。各类企业的程序文件中都应包括以下六个方面的程序:文件控制程序;质量记录管理程序;内部审核程序;不合格品控制程序;纠正措施控制程序;预防措施控制程序
质量计划	质量计划是对工程项目或承包合同规定专门的质量措施、资源和活动顺序的文件,用于工程项目建设的质量保证计划,需要针对特定工程项目具体编制
质量记录	质量记录是产品质量水平和质量体系中各项质量活动进行及结果的客观反映,对质量体系程序文件所规定的运行过程及控制测量检查的内容如实加以记录,用以证明产品质量达到合同要求及质量保证的满足程度 质量记录应完整地反映质量活动实施、验证和评审的情况,并记载关键活动的过程参数,具有可追溯性的特点。质量记录以规定的形式和程序进行,并有实施、验证、审核等签署意见

企业质量管理体系的认证按表 6-7 程序进行。

表 6-7　企业质量管理体系的认证程序

项　目	内　容
申请和受理	具有法人资格;已按(GB/T 19000—2008)系统标准或其他国际公认的质量体系规范建立了文件化的质量管理体系,并在生产经营全过程贯彻执行的企业可提出申请。申请单位须按要求填写申请书。认证机构经审查符合要求后接受申请,如不符合要求则不接受申请,接受或不接受均应发出书面通知书
审核	认证机构派出审核组对申请方质量管理体系进行检查和评定,包括文件审查、现场审核,并提出审核报告
审批与注册发证	体系认证机构根据审核报告,经审查决定是否批准认证。对批准认证的组织颁发质量管理体系认证证书,并将企业组织的有关情况注册公示,准予组织以一定方式使用质量管理体系认证标志。企业质量管理体系获准认证的有效期为 3 年

获准认证后的质量管理体系,维持与监督管理内容如表 6-8 所示。

表 6-8　企业质量管理体系的维持和监督管理内容

项目	内容
企业通报	认证合格的企业质量管理体系在运行中出现较大变化时,应当向认证机构通报。认证机构接到通报后,根据具体情况采取必要的监督检查措施
监督检查	认证机构对认证合格单位质量管理体系维持情况进行监督性现场检查,包括定期和不定期的监督检查。定期检查通常是每年一次,不定期检查视需要临时安排
认证注销	注销是企业的自愿行为。在企业质量管理体系发生变化或证书有效期届满未提出重新申请等情况下,认证持证者提出注销的,认证机构予以注销,收回该体系认证证书
认证暂停	认证暂停是认证机构对获证企业质量管理体系发生不符合认证要求情况时采取的警告措施。认证暂停期间,企业不得使用质量管理体系认证证书做宣传。企业在规定期间采取纠正措施满足规定条件后,认证机构撤销认证暂停;若仍不能满足认证要求,将被撤销认证注册,收回合格证书
认证撤销	当获证企业发生质量管理体系存在严重不符合规定,或在认证暂停的规定期限未予整改,或发生其他构成撤销体系认证资格情况时,认证机构作出撤销认证的决定。企业如有异议可提出申诉。撤销认证的企业一年后可重新提出认证申请
复评	认证合格有效期满前,如企业愿意继续延长,可向认证机构提出复评申请
重新换证	在认证证书有效期内,出现体系认证标准变更、体系认证范围变更、体系认证证书持有者变更,可按规定重新换证

6.2　工程项目质量控制

　　工程项目的实施是一个渐进的过程,在其实施过程中,任何一个方面出现问题都会影响后期的质量,进而影响工程的质量目标。要实现工程项目质量的目标,建设一个高质量的工程,必须对整个工程项目过程实施严格的质量控制。控制过程详见图 6-3。

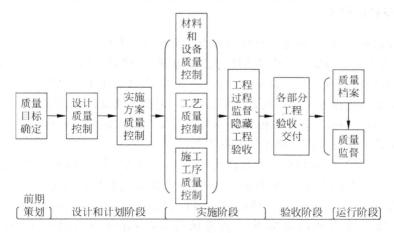

图 6-3　工程项目质量控制过程图

6.2.1   工程项目质量影响因素

工程项目质量管理涉及工程项目建设的全过程,而在工程建设的各个阶段,其具体控制内容不同,但影响工程项目质量的主要因素均可概括为"人(Men)、材料(Material)、机械(Machine)、方法(Method)及环境(Environment)"五个方面。因此,保证工程项目质量的关键是严格对这五大因素进行控制。

1.人的因素

"人",指的是直接参与工程建设的决策者、组织者、管理者和作业者。人的因素影响主要是指上述人员个人素质、理论与技术水平、心理生理状况等对工程质量造成的影响。在工程质量管理中,对"人"的控制具体来说,应加强思想政治教育、劳动纪律教育、职业道德教育,以增强人的责任感,建立正确的质量观;加强专业技术知识培训,提高人的理论与技术水平。同时,通过改善劳动条件,遵循因才适用,扬长避短的用人原则,建立公平合理的激励机制等措施,充分调动人的积极性。通过不断提高参与人员的素质和能力,避免人的行为失误,发挥人的主导作用,保证工程项目质量。

2.材料的因素

材料包括原材料、半成品、成品、构配件等。各类材料是工程施工的物质条件,材料质量是工程质量的基础。因此,加强对材料质量的控制,是保证工程项目质量的重要基础。

对工程材料的质量控制,主要应从以下几方面着手:采购环节,择优选择供货厂家,保证材料来源可靠;进场环节,做好材料进场检验工作,控制各种材料进场验收程序及质量文件资料的齐全程度,确保进场材料质量合格;材料进场后,加强仓库保管工作,合理组织材料使用,健全现场材料管理制度;材料使用前,对水泥等有使用期限的材料再次进行检验,防止使用不合格材料。材料质量控制的内容主要有:材料的质量标准,材料的性能,材料取样,材料的适用范围和施工要求等。

3.机械设备的因素

机械设备包括工程设备,施工机械和各类施工器具。其中,组成工程实体的工艺设备和各类机具,如各类生产设备、装置和辅助配套的电梯、泵机,以及通风空调、消防、环保设备等,它们是工程项目的重要组成部分,其质量的优劣,直接影响到工程使用功能的发挥。施工机械设备是指施工过程中使用的各类机具设备,包括运输设备、吊装设备、操作工具、测量仪器、计量器具,以及施工安全设施,是所有施工方案得以实施的重要物质基础,合理选择和正确使用施工机械设备是保证施工质量的重要措施。

对机械设备的控制,应根据工程具体情况,从设备选型、购置、检查验收、安装、试车运转等方面加以控制。对设备选择,应按照生产工艺,选择能充分发挥效能的设备类型,并按选定型号购置设备;设备进场时,按照设备的名称、规格、型号、数量的清单检查验收;进场后,按照相关技术要求和质量标准安装机械设备,并保证设备试车运行正常,能配套投产。

4.方法的因素

方法指在工程项目建设整个周期内所采取的技术方案、工艺流程、组织措施、检测手段、施工组织设计等。技术工艺水平的高低,直接影响工程项目质量。因此,结合工程实际情况,从资源投入、技术、设备、生产组织、管理等问题入手,对项目的技术方案进行研究,采用先进合理的技术、工艺,完善组织管理措施,从而有利于提高工程质量、加快进度、降低成本。

5.环境的因素

环境因素主要包括现场自然环境因素、工程管理环境因素和劳动环境因素。环境因素对工程质量的影响,具有复杂多变和不确定性的影响。现场自然环境因素主要指工程地质、水文、气象条件及周边建筑、地下障碍物以及其他不可抗力等对施工质量的影响因素。这些因素不同程度地影响工程项目施工的质量控制和管理。如在寒冷地区冬期施工措施不当,会影响混凝土强度,进而影响工程质量。对此,应针对工程特点,相应地拟定季节性施工质量和安全保证措施,以免工程受到冻融、干裂、冲刷、坍塌的危害。工程管理环境因素指施工单位质量保证体系、质量管理制度和各参建施工单位之间的协调等因素。劳动环境因素主要指施工现场的排水条件,各种能源介质供应,施工照明、通风、安全防护措施,施工场地空间条件和通道,以及交通运输和道路条件等因素。

对影响质量的环境因素主要是根据工程特点和具体条件,采取有效措施,严加控制。要求施工人员尽可能全面地了解可能影响施工质量的各种环境因素,采取相应的事先控制措施,确保工程项目的施工质量。

6.2.2　设计阶段与施工方案的质量控制

设计阶段是使项目已确定的质量目标和质量水平具体化的过程,其水平直接关系到整个项目资源能否合理利用、工艺是否先进、经济是否合理、与环境是否协调等。设计成果决定着项目质量、工期、投资或成本等项目建成后的使用价值和功能。因此,设计阶段是影响工程项目质量的决定性环节。设计质量涉及面广,影响因素多,其影响因素见图 6-4。

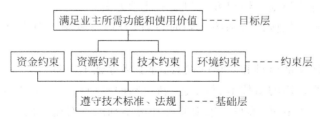

图 6-4　设计质量影响因素

1.设计阶段质量控制及评定的依据

设计阶段质量控制及评定的依据见表 6-9。

表 6-9　设计阶段质量控制及评定的依据

序号	设计阶段质量控制及评定的依据
1	有关工程建设质量管理方面的法律、法规
2	经国家决策部门批准的设计任务书
3	签订的设计合同
4	经批准的项目可行性研究报告、项目评估报告、项目选址报告
5	有关建设主管部门核发的建设用地规划许可证
6	建设项目技术、经济、社会协作等方面的数据资料
7	有关的工程建设技术标准,各种设计规范以及有关设计参数的定额、指标等

2.设计阶段的质量控制

首先,在设计准备阶段,通过组织设计招标或方案竞选,择优选择设计单位,以保证设计质量。其次,在设计方案审核阶段,保证项目设计符合设计纲要的要求,符合国家相关法律、法规、方针、政策;保证专业设计方案工艺先进、总体协调;保证总体设计方案经济合理、可靠、协调,满足决策质量目标和水平,使设计方案能够充分发挥工程项目的社会效益、经济效益和环境效益。此外,设计图纸审核阶段,保证施工图符合现场的实际条件,其设计深度能满足施工的要求。

3.施工方案的质量控制

施工方案是根据具体项目拟定的项目实施方案,包括施工组织方案、技术方案、材料供应方案、安全方案等。其中,组织方案包括职能机构构成、施工区段划分、劳动组织等;技术方案包括施工工艺流程、方法、进度安排、关键技术预案等;安全方案包括安全总体要求、安全措施、重大施工步骤、安全员预案等。因此,施工方案设计水平不仅影响到施工质量,对工程进度和费用水平也有重要影响。对施工方案的质量控制主要包括以下内容:

(1)全面正确地分析工程特征、技术关键及环境条件等资料,明确质量目标、质量水平、验收标准、控制的重点和难点;

(2)制定合理有效的施工组织方案和施工技术方案;

(3)合理选用施工机械设备和施工临时设备,合理布置施工总平面图和各阶段施工平面图;

(4)选用和设计保证质量和安全的模具、脚手架等施工设备;

(5)编制工程所采用的新技术、新工艺、新材料的专项技术方案和质量管理方案;

(6)根据工程具体情况,编写气象地质等环境不利因素对施工的影响及其应对措施。

6.2.3　工序质量控制

工程项目施工过程是由一系列相互关联、相互制约的施工工序组成,而工程实体的质量是在施工过程中形成的。因此,只有严格控制施工工序的质量,才能保证工程项目实体的质量,对工序的质量控制,是施工阶段质量控制的基础和重点。

1. 工序质量监控的内容

工序质量监控主要包括对工序活动条件的监控和对工序活动效果的监控两个方面,具体内容如图 6-5 所示。

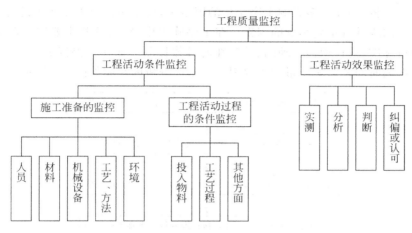

图 6-5　工序质量监控内容

1) 工序活动条件的监控

工序施工条件是指从事工序活动的各生产要素质量及生产环境条件。对工序活动条件的监控,应当依据设计质量标准、材料质量标准、机械设备技术性能标准、施工工艺标准及操作规程等,通过检查、测试、试验、跟踪监督等手段,对工序活动的各种投入要素质量和环境条件质量进行控制。

在工序施工前,对人、材、机进行严格控制。如保证施工操作人员符合上岗要求,保证材料质量符合标准、施工设备符合施工需要;在施工过程中,对施工方法、工艺、环境等进行严格控制,注意各因素的变化,对不利工序质量方面的变化,进行及时控制或纠正。在各种因素中,材料及施工操作是最活跃易变的因素,应予以特别监督与控制,使其质量始终处于控制之中,保证工程质量。

2) 工序活动效果的监控

工序活动效果的监控主要反映在对工序产品质量性能特征指标的控制上,属于事后控制,主要是指对工序活动的产品采取一定的检测手段获取数据,通过对统计分析所获取的数据,判定质量等级,并纠正质量偏差。其监控步骤为实测、分析、判断和纠正或认可。

2. 工序质量控制实施要点

工序活动的质量监控工作,应当分清主次,抓住关键,依靠完善的质量保证体系和质量检查制度,完成施工项目工序活动的质量控制。其实施要点主要体现在以下四个方面。

1) 确定工序质量控制计划

工序质量控制计划是以完善的质量体系和质量检查制度为基础的,故工序质量控制计划,要明确规定质量监控的工作内容和质量检查制度,作为监理单位和施工单位共同遵守的准则。整个项目施工前,要求对施工质量控制作出计划,但这种计划一般较粗。在每一分部分项施工前,还应制订详细工序质量计划,明确其控制的重点和难点。对某些重要的控制点,还应具体计划作业程序和有关参数的控制范围。同时,通常要求每道工序完成后,对工序质量进行检查,当工序质量经检验认为合格后,才能进行下道工序施工。

2)进行工序分析,分清主次,重点控制

所谓工序分析,即在众多影响工序质量的因素中,找出对待定工序或关键的质量特性指标起支配性作用或具有重要影响的因素。在工序施工中,针对这些主要因素制定具体的控制措施及质量标准,进行积极主动的、预防性的具体控制。如在振捣混凝土这一工序中,振捣的插点和振捣时间是影响质量的主要因素。工序分析的步骤如图6-6所示。

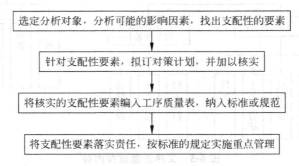

图 6-6　工序分析的步骤图

3)对工序活动实施动态控制跟踪

影响工序活动质量的因素可能表现为偶然性和随机性,也可能表现为系统性。当其表现为偶然性或随机性时,工序产品的质量特征数据以平均值为中心,上下波动不定,呈随机性变化,工序质量基本稳定,如材料上的微小差异、施工设备运行的正常振动、检验误差等。当其表现为系统性时,工序产品质量特征数据方面出现异常大的波动或离散,其数据波动呈一定的规律性或倾向性变化,这种质量数据的异常波动通常是由于系统性的因素造成的,在质量管理上是不允许的,应采取措施予以消除,如使用不合格的材料施工、施工机具设备严重磨损、违章操作、检验量具失准等。

施工管理者应当在整个工序活动中,连续地实时动态跟踪控制。发现工序活动处于异常状态时,及时查找相关原因,纠正偏差,使其恢复正常状态,从而保证工序活动及其产品的质量。

4)设置工序活动的质量控制点,进行预控

质量控制点是指为保证工序质量而确定的重点控制对象、关键部位或薄弱环节。设置质量控制点是保证达到工序质量要求的必要前提,在拟订质量控制工作计划时,应予以详细的考虑,并以制度来保证落实。对于质量控制点,一般要事先分析可能造成质量问题的原因,再针对原因制定对策和措施进行预控。工序质量控制过程见图6-7。

3. 质量控制点的设置

质量控制点的选择要准确、有效。对于一个具体的工程项目,应综合考虑施工难度、施工工艺、建设标准、施工单位的信誉等因素,结合工程实践经验,选择那些对工程质量影响大、发生质量问题时危害大、保证工程质量难度大的对象为质量控制点,并设置其数量和位

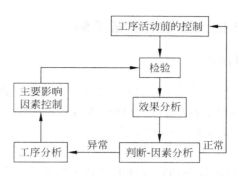

图 6-7　工序质量控制过程图

置。控制点选择的原则见表 6-10。

表 6-10　质量控制点选择原则

序号	控制点选择
1	施工过程中的关键工序、关键环节
2	隐蔽工程
3	施工过程中的薄弱环节,质量不稳定的工序或部位
4	对后续工序质量有影响的工序或部位
5	采用新工艺、新材料、新技术的部位或环节
6	施工单位无足够把握的、施工条件困难的或技术难度大的工序或环节
7	用户反馈指出和过去有过返工的不良工序

　　根据上述质量控制点的设置原则,就建筑工程而言,其设置位置一般可参考表 6-11。

表 6-11　质量控制点的设置位置

分项工程	质量控制点
工程测量定位	标准轴线桩、水平桩、龙门板、定位轴线、标高
地基、基础(含设备基础)	基坑(槽)尺寸、标高、土质条件、地基承载力,基础及垫层尺寸、标高,基础位置、标高、尺寸,预留孔洞、预埋件的位置、规格、数量,基础墙皮数杆及标高、基础杯口弹线
砌体	砌体轴线、皮数杆、砂浆配合比、预留孔洞、砌体排列
模板	位置、标高、尺寸、强度、刚度及稳定性、模板内部清理及润湿情况、预留孔洞
钢筋混凝土	混凝土振捣,钢筋种类、规格、尺寸、搭接长度、连接方式,预埋件位置,预留孔洞,预制件吊装
吊装	吊装设备起重能力、吊具、索具、地锚
装饰工程	抹灰层、镶贴面表面平整度、阴阳角、护角、滴水线、勾缝、油漆
屋面工程	基层平整度,坡度,防水材料技术指标,泛水
钢结构	翻样图、放大样
焊接	焊接条件、焊接工艺

6.2.4 施工项目主要投入要素的质量控制

1. 材料构配件的质量控制

原材料、半成品、成品、构配件等工程材料,构成工程项目实体,其质量直接关系到工程项目最终质量。因此,必须对工程项目建设材料进行严格控制。工程项目管理中,应从采购、进场、存放、使用几个方面把好材料的质量关。

1)采购的质量控制

施工单位应根据施工进度计划制定合理的材料采购供应计划,并进行充分的市场信息调查,在广泛掌握市场材料信息的基础上,优选材料供货商,建立严格的合格供应方资格审查制度。材料进场时,应提供材质证明,并根据供料计划和有关标准进行现场质量验证和记录。

2)进场的质量控制

对于进场材料、构配件,必须具有出厂合格证、技术说明书、产品检验报告等质量证明文件,根据供料计划和有关标准进行现场质量验证和记录。质量验证包括材料的品种、型号、规格、数量、外观检查和见证取样,进行物理、化学性能试验。对某些重要材料,还必须进行抽样检验或试验,如必须对水泥的物理力学性能进行检验、对钢筋的力学性能进行检验、对混凝土的强度和外加剂的检验、对沥青及沥青混合料的检验、对防水涂料的检验等。通过严把进场材料构配件质量检验关,确保所有进场材料质量处于可控状态。对需要做材质复试的材料,应规定复试内容、取样方法并填写委托单,试验员按要求取样,送有资质的试验单位进行检验,检验合格的材料方能使用。如钢筋需要复验其屈服强度、抗拉强度、伸长率和冷弯性能。水泥需要复验其抗压强度、抗折强度、体积安定性和凝结时间。装饰装修用人造木板及胶粘剂,复试其甲醛含量。建筑材料复试取样应符合以下原则。

(1)同一厂家生产的同一品种、同一类型、同一生产批次的进场材料应根据相应建筑材料质量标准与管理规程、规范要求的代表数量确定取样批次,抽取样品进行复试,当合同另有约定时应按合同执行。

(2)材料需要在建设单位或监理人员见证下,由施工人员在现场取样,送至有资质的实验室进行实验。见证取样和送检次数不得少于试验总次数的30%,试验总次数在10次以下的不得少于2次。

(3)进场材料的检测取样,必须从施工现场随机抽取,严禁在现场外抽取。试样应有唯一性标识,试样交接时,应对试样外观、数量等进行检查确认。

(4)每项工程的取样和送检见证人,由该工程的建设单位书面授权,委派在本工程现场的建设单位或监理人员1至2名担任。见证人应具备与工作相适应的专业知识。见证人及送检单位对试样的代表性、真实性负有法定责任。

(5)实验室在接受委托试验任务时,须由送检单位填写委托单,委托单上要设置见证人签名栏。委托单必须与同一委托实验的其他原始资料一并由实验室存档。

3)存储和使用的质量控制

材料、构配件进场后的存放,要满足不同材料对存放条件的要求。如水泥受潮会结块,水泥的存放必须注意干燥、防潮。另外,对仓库材料要有定期的抽样检测,以保证材料质量的稳定。如水泥储存期不宜过长,以免受潮变质或降低标号。

2. 机械设备的质量控制

施工机械设备是所有施工方案和工法得以实施的重要物质基础,综合考虑施工现场条件、建筑结构形式、机械设备性能、施工工艺和方法、施工组织与管理、建筑技术经济等因素进行多方案比较,合理选择和正确使用施工机械设备保证施工质量。对施工机械设备的质量控制主要体现在机械设备的选型、主要性能参数指标的确定、机械设备使用操作要求三个方面。

1) 机械设备的选型

机械设备的选择,应本着因地制宜、因工程制宜,依照技术上先进、经济上合理、生产上适用、性能上可靠、使用上安全、操作上方便的原则,选配适用工程项目、能够保证工程项目质量的机械设备。

2) 主要性能参数指标

主要性能参数是选择机械设备的依据,正确的机械设备性能参数指标,决定正确的机械设备型号,其参数指标的确定必须满足施工的需要,保证质量的要求。

3) 使用操作要求

合理使用机械设备,正确地进行操作,是保证项目施工质量的重要环节。应当贯彻"人机固定"的原则,实行定机、定人、定岗位职责的"三定"使用管理制度,操作人员在使用中必须严格遵守操作规程和机械设备的技术规定,防止出现安全质量事故,随时以"五好"(完成任务好、技术状况好、使用好、保养好、安全好)标准予以检查控制,确保工程施工质量。

机械设备使用过程中应注意以下事项:

(1) 操作人员必须正确穿戴个人防护用品;

(2) 操作人员必须具有上岗资格,并且操作前要对设备进行检查,空车运转正常后,方可进行操作;

(3) 操作人员在机械操作过程中严格遵守安全技术操作规程,避免发生机械事故损坏及安全事故;

(4) 做好机械设备的例行保养工作,使机械设备保持良好的技术状态。

6.3　工程项目质量统计分析方法

数据是进行质量控制的基础,是工程项目质量监控的基本出发点。工程项目施工过程中,通过对质量数据的收集、整理、分析,可以科学有效地对施工质量进行控制。使用统计分析方法控制工程质量的步骤见图 6-8。

6.3.1　质量数据的统计分析

质量数据的统计分析,是在质量数据收集的基础上进行的,整理收集到的数据时,由偶然性引起的波动可以接受,而由系统性因素引起的波动则必须予以重视,通过各种措施进行控制。

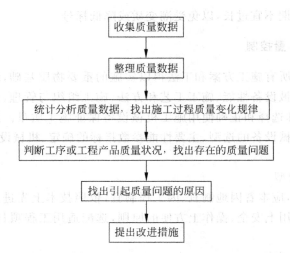

图 6-8　使用统计分析方法控制工程质量的步骤

1. 数据收集

数据的收集应当遵守机会均等的原则,常用的数据收集方法有以下几种。

1) 简单随机抽样

这种方法是用随机数表、随机数生成器或随机数色子来进行抽样,广泛用于原材料、构配件的进货检验和分项工程、分部工程、单位工程竣工后的检验。

2) 系统抽样

系统抽样也称等距抽样或机械抽样,要求先将总体各个单位按照空间、时间或其他方式排列起来,第一次样本随机抽取,然后等间隔地依次抽取样本单位,如混凝土坍落度检验。

3) 分层抽样

分层抽样是将总体单位按其差异程度或某一特征分类、分层,然后在各类或每层中再随机抽取样本单位。这种方法适用于总体量大、差异程度较大的情况。分层抽样有等比抽样和不等比抽样之分,当总数各类差别过大时,可采用不等比抽样。砂、石、水泥等散料的检验和分层码放的构配件的检验,可用分层抽样抽取样品。

4) 整体抽样

整体抽样也称二次抽样,当总体很大时,可将总体分为若干批,先从这些批中随机地抽几批,再随机地从抽中的几批中抽取所需的样品。如对大批量的砖可用此法抽样。

2. 质量数据的波动

质量数据具有个体数值的波动性,样本或总体数据的规律性。即在实际质量检测中,个体产品质量特性数值具有互不相同性、随机性,但样本或总体呈现出发展变化的内在规律性。对随机抽样取得的数据,其质量特性值的变化在质量标准允许范围内波动称为正常波动,一般是由偶然性原因引起的;超越了质量标准允许范围的波动则称为异常波动,一般是由系统性原因引起的,应予以重视。

1) 偶然性原因

在实际生产中,影响因素的微小变化具有随机发生的特点,是不可避免、难以测量和控制的,它们大量存在但对质量的影响很小,属于允许偏差、允许位移范畴,一般不会因此造成废品。生产处于稳定状态,质量数据在平均值附近波动,这种微小的波动在工程上是允许的。

2) 系统性原因

当影响质量的人、材料、机械、方法、环境五类因素发生了较大变化,如原材料质量规格有显著差异等情况发生,且没有及时排除时,产品质量数据就会离散过大或与质量标准有较大偏离,表现为异常波动,次品、废品产生。这就是产生质量问题的系统性原因或异常原因。异常波动一般特征明显,容易识别和避免,特别是对质量的负面影响不可忽视,生产中应该随时监控,及时识别和处理。

3. 常用统计分析方法

工程中的质量问题,大多数可用简单的统计分析方法来解决,广泛地采用统计技术能使质量管理工作的效益和效率不断提高。质量控制中常用的七种工具和方法是:分层法、列表分析法、排列图法、因果分析法、相关图法、直方图法和控制图法。本章主要介绍工程质量控制常用的 6 种方法。

4. 质量样本数据的特征值

样本数据特征值是由样本数据计算的描述样本质量数据波动规律的指标。统计推断就是根据这些样本数据特征值来分析、判断总体的质量状况。常用的有描述数据分布集中趋势的算术平均数、中位数和描述数据分布离中趋势的极差、标准偏差、变异系数等,见表 6-12。

表 6-12　样本数据特征值

序号	特征值名称	主要含义
1	算术平均数	消除了个体之间偶然的差异,显示出所有个体共性和数据一般水平的统计指标,它由所有数据计算得到,是数据的分布中心,对数据的代表性好
2	样本中位数	将样本数据按数值大小有序排列后,位置居中的数值。当样本数 n 为奇数时,数列居中的一位数即为中位数;当样本数 n 为偶数时,取居中两个数的平均值作为中位数
3	极差 R	数据中最大值与最小值之差,是用数据变动的幅度来反映其分散状况的特征值。计算公式为:$R = X_{max} - X_{min}$
4	标准偏差	个体数据与均值离差平方和的算术平均数的算术根,是大于 0 的正数。总体的标准差用 σ 表示,样本的标准差用 S 表示
5	变异系数 C_v	用标准差除以算术平均数得到的相对数,计算公式为:$C_v = \sigma / \mu$(总体)$C_v = S / x$(样本)

6.3.2　直方图法

对产品质量波动的监控,通常用直方图法。直方图又称质量分布图、矩形图,它是根据从生产过程中收集来的质量数据分布情况,如图 6-9 所示画成以组距为底边、以频数为高度的一系列连接起来的直方形矩形图,它通过对数据加工整理、观察分析,来反映产品总体质量的分布情况,判断生产过程是否正常。同时可以用来判断和预测产品的不合格率、制定质量标准、评价施工管理水平等。

1. 直方图的绘制

直方图的绘制步骤见表 6-13。

表 6-13　直方图的绘制步骤

序号	步骤	说　明
1	数据的收集与整理	收集某工程施工项目的质量特征数据 50～200 个作为样本数据,数据的总数用 N 表示,列出样本数据表
2	统计极值	从样本数据表中找出最大值 X_{max} 和最小值 X_{min}
3	计算极差 R	根据从数据表中找到的最大值和最小值,计算这两个极值之差 R
4	确定组数 K	应根据数据多少来确定,组数少,会掩盖数据的分布规律;组数多,使数据过于零乱分散,也不能显出质量分布状况,一般可参考表 6-14 的经验数值来确定
5	计算组距 h	组距是指每个数据组的跨距,即每个数据组的上限与下限之差,计算公式为 $h=R/K$
6	确定组限	组限就是这每组数据的最大值和最小值,见表 6-15
7	统计频数 f	按照数据统计各组的频数,统计方法是根据每组的数据范围,按照样本数据表统计在上述数据范围内的数据个数,即为统计频数 f
8	绘制频数分布直方图	以频数为纵坐标,以质量特征值为横坐标,根据各数据组的数据范围和频数绘制出频数直方图

表 6-14　数据分组参考值

数据总数 n	分组数 k	数据总数 n	分组数 k	数据总数 n	分组数 k
50～100	6～10	100～250	7～12	250 以上	10～20

表 6-15　各数据组的组限

项　目	内　容
第一数据组	下限＝$X_{min}-\Delta/2$ 上限＝第一数据总数组下限＋h
第二数据组	下限＝第一数据组的上限 上限＝第二数据总数组下限＋h
第三数据组	下限＝第二数据组的上限 上限＝第三数据组下限＋h

2. 直方图的分析

1) 分布状态分析

通过对直方图的分布状态进行分析,可以判断生产过程是否正常。质量稳定的正常生产过程,其直方图呈正态分布,如图 6-9(a)所示。对于异常的直方图分析见表 6-16。

表 6-16　异常直方图的表现形式

类　型	含　义	出 现 原 因
偏态型（图 6-9（b））	图的顶峰有时偏向左侧、有时偏向右侧	一般由技术上、习惯上的原因造成
陡壁型（图 6-9（c））	其形态形如高山的陡壁向一边倾斜	剔除不合格品或超差品返修后造成的
锯齿型（图 6-9（d））	直方图呈现凹凸不平的形状	一般由于作图时组数分组太多、测量仪器误差过大或观测数据不准确造成，此时应当重新收集整理数据
孤岛型（图 6-9（e））	在直方图旁边有孤立的小岛出现	施工过程出现异常会导致孤岛型直方图出现，如少量原材料不合格，不熟练的新工人替人加班等
双峰型（图 6-9（f））	直方图中出现了两个峰顶	一般由于抽样检查前数据分类工作不够好，使两个分布混淆在一起所致
平峰型（图 6-9（g））	直方图没有突出的峰顶	生产过程中某种缓慢的倾向起作用，如工具的磨损、操作者疲劳；多个总体、多种分布混在一起；质量指标在某个区间中均匀变化

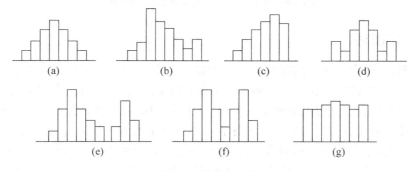

图 6-9　常见直方图

2）同标准规格的比较分析

当直方图的形状呈现正常型时，工序处于稳定状态，此时还需要进一步将直方图同质量标准进行比较，以分析判断实际施工能力，工程中出现的形式如图 6-10 所示。

用 T 表示质量标准要求的界限，B 表示实际质量特性值分布范围，分析结果见表 6-17。

表 6-17　同标准规格的比较分析

类　型	含　义	说 明 问 题
理性型（图 6-10（a））	B 在 T 中间，两边各有合理余地	可保持状态水平并加以监督
偏向型（图 6-10（b））	B 虽在 T 之内，但偏向一边	少有不慎就会出现不合格，应当采取恰当纠偏措施
无富余型（图 6-10（c））	B 与 T 相重合	实际分布太宽，容易失控，造成不合格，应当采取措施减少数据分散
能力富余型（图 6-10（d））	B 过分小于 T	加工过于精确，不经济，可考虑改变工艺，放宽加工精度，以降低成本
能力不足型（图 6-10（e））	B 过分偏离 T 的中心，造成废品产生	需要进行调整
	B 的分布范围过大，同时超越上下界限	较多不合格品出现，说明工序不能满足技术要求，要采取措施提高施工精度

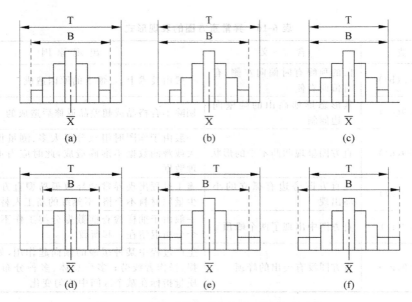

图 6-10　实际质量分布与标准质量分布比较

6.3.3　排列图法

实践证明,工程中的质量问题往往是由少数关键影响因素引起的。在工程质量统计分析方法中,一般采用排列图法寻找影响工程质量的主次因素。又叫主次因素分析图或帕累特图,如图 6-11 所示。排列图由两个纵坐标、一个横坐标、几个按高低顺序依次排列的直方形和一条累计百分比折线所组成。横坐标表示影响质量的各种因素,按影响程度的大小,从左至右顺序排列,左纵坐标表示频数(对应某种质量因素造成不合格品的频数或件数),右纵坐标表示频率(某种质量因素造成不合格品的累计频数或件数)。各直方形由大到小排列,分别表示质量影响因素的项目,由左至右累加每一影响因素的量值(以百分比表示),做出累计频率曲线,即帕累托曲线。

排列图按重要性顺序显示出了每个质量改进项目对整个质量问题的作用,在排列图分析中,把累计频率在 0% ～ 80% 的因素,称为 A 类因素,是主要因素,应当作为重点控制对象;累计频率在 80% ～ 90% 的因素,称为 B 类因素,是次要因素,作为一般控制对象;累计频率在 90% ～ 100% 的因素,称为 C 类因素,是一般因素,可不做考虑。

排列图法一般按表 6-18 的步骤进行绘制。

表 6-18　排列图绘制步骤

序号	名　称	主　要　内　容
1	确定质量问题	影响项目(或因素)即是排列图横坐标内容
2	收集、整理数据	按已确定的项目(或因素)收集数据,并进行必要的整理,然后,按这些数据频数大小的顺序排列其次序
3	绘制排列图	(1)在坐标纸上绘制好纵横坐标系;(2)按项目(或因素)内容的顺序依次绘制各自的矩形,其矩形底边均相等,高度表示对应项目(或因素)的频数;(3)在各矩形的右边或右边的延长线上打点,各点的纵坐标值表示对应项目(或因素)处的累计频率,并以原点为起点,依次连接上述各点,即得图

如某混凝土构件厂近期不良品较多,需要查清原因。抽查了 1000 块预制板,其中 113 块板存在不同的质量问题。根据检查记录,按不良品数大小进行整理排列,算出频率和累计频率,见图 6-11。

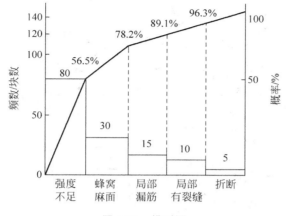

图 6-11　排列图

根据排列图,强度不足和蜂窝麻面为 A 类因素,应该进行重点控制;局部漏筋和局部有裂缝为 B 类因素,作一般控制;折断为 C 类因素,可不作控制。

6.3.4　因果分析图法

寻找质量问题的产生原因,可用因果分析法。因果分析法通过因果图表现出来,因果图又称特性要因图、鱼刺图或石川图。针对某种质量问题,发动大家谈看法,做分析,集思广益,将群众的意见反映在一张图上,即为因果图,详见图 6-12。

因果分析法一般分析步骤见表 6-19。

表 6-19　因果分析法一般步骤

序号	因果分析法一般步骤	
1	确定分析目标	
2	绘制因果图	把问题写在鱼骨的头上
		针对具体问题,确定影响质量特性的大原因(大骨),一般为人、机、料、法、环五个方面
		进行分析讨论,找出可能产生问题的全部原因,并对这些原因进行整理归类,明确其从属关系
		标出鱼骨,即成鱼刺图
3	针对问题产生的原因,逐一制定解决方法	

如某现浇混凝土工程,某些部位混凝土养护 28d 后发现强度远低于设计强度,用因果分析法对混凝土强度不足原因进行分析,如图 6-12 所示。

因果图可直观、醒目地反映质量问题产生的原因,使其条理分明,因而在质量问题原因分析中得到广泛应用。因果分析结束后,必须重视针对各个原因的解决方案的落实,以便发挥因果分析的作用。

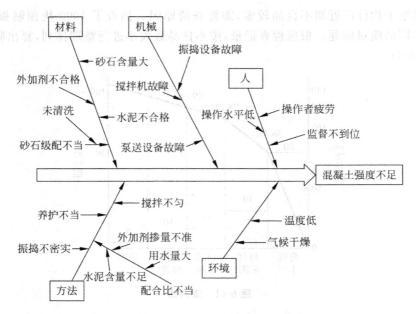

图 6-12 混凝土强度不足因果分析图

6.3.5 控制图法

采用控制图法,分析判断生产过程是否处于稳定状态。控制图又叫管理图,它可动态地反映质量特性随时间的变化,控制图的基本形式见图 6-13。控制图一般有 3 条线,上控制线(upper control limit,UCL)为控制上限,下控制线(lower control limit,LCL)为控制下限,中心线(center limit,CL)为平均值。把被控制对象发出的反映质量动态的质量特性值用图中某一相应点来表示,将连续打出的点子顺次连接起来,即形成表示质量波动的控制图图形。

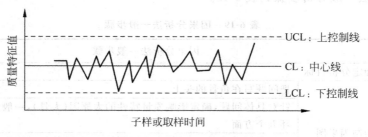

图 6-13 控制图基本形式

6.3.6 分层法与列表分析法

分层法又称为分类法或分组法,是将收集来的数据,按不同情况和不同条件分组,每组叫作一层,从而把实际生产过程中影响质量变动的因素区别开来,进行分析。分层法和列表分析法常常结合使用,从不同角度分析产品质量问题和影响因素。

分层法的关键是调查分析的类别和层次划分,工程项目中,根据管理需要和统计目的,通常可按照以表 6-20 所示的分层方法取得原始数据。

表 6-20　分层方法

分 层 方 法	举　　　　例
按施工时间分	月、日、上午、下午、白天、晚间、季节
按地区部位分	区域、城市、乡村、楼层、外墙、内墙
按产品材料分	产地、厂商、规格、品种
按检测方法分	方法、仪器、测定人、取样方式
按作业组织分	班组、工长、工人、分包商
按工程类型分	住宅、办公楼、道路、桥梁、隧道
按合同结构分	总承包、专业分包、劳务分包

经过第一次分层调查和分析,找出主要问题以后,还可以针对这个问题再次分层进行调查分析,一直到分析结果满足管理需要为止。层次类别划分越明确、越细致,就越能够准确有效地找出问题及其原因所在。

列表分析法又称调查分析法、检查表法,是收集和整理数据用的统计表,利用这些统计表对数据进行整理,并可粗略地进行原因分析。按使用的目的不同,常用的检查表有:工序分布检查表、缺陷位置检查表、不良项目检查表、不良原因检查表等。

6.4　工程项目质量事故处理

尽管事先有各种严格的预防、控制措施,但由于种种原因,质量事故仍不可避免。事故发生后,应当按照规定程序,及时进行综合治理。事故处理应当注重事故原因的消除,达到安全可靠、不留隐患、满足生产及使用要求、施工方便、经济合理的目的,并且要加强事故的检查验收工作。本节将从质量事故的基本概念讲起,详细介绍常见质量事故的成因及质量事故发生后的处理方法与程序,并说明质量事故最后的检查与验收。

6.4.1　工程质量事故的特点与分类

1. 工程质量问题的分类,具体见表 6-21。

表 6-21　工程质量问题的分类

类　　型	含　　义
工程质量缺陷	建筑工程施工质量中不符合规定要求的检验项或检验点,按其程度可分为严重缺陷和一般缺陷
工程质量通病	各类影响工程结构、使用功能和外形观感的常见性质量损伤
工程质量事故	对工程结构安全、使用功能和外形观感影响较大、损失较大的质量损伤

2. 工程质量事故的特点

由于工程项目实施的一次性,生产组织特有的流动性、综合性,劳动密集性及协作关系的复杂性,均导致工程质量事故具有复杂性、隐蔽性、多发性、可变性、严重性的特点,见表 6-22。

表 6-22　工程质量事故特点

性质	含义	举例
复杂性	质量问题可能由一个因素引起,也可能由多个因素综合引起,同时,同一个因素可能对多个质量问题起作用	引起混凝土开裂的可能原因有:混凝土振捣不均匀,浇筑时发生离析现象,使得成型后混凝土不致密,引起开裂;或者是混凝土具有热胀冷缩的性质,由于外界温度变化引起的温度变形,也会导致混凝土开裂;又或者是拆模方法不当、构件超载、化学收缩等均能导致后期混凝土开裂
隐蔽性	工程项目质量问题的发生,很多情况下是从隐蔽部位开始的,特别是工程地基基础方面出现的质量问题,在问题出现的初期,从建筑物外观无法准确判断和发现	冬季施工期间的质量问题,一般具有滞后性,这些都使得工程质量事故具有一定的隐蔽性
多发性	有些质量问题在工程项目建设过程中很容易发生	混凝土强度不足、蜂窝、麻面、模板变形、拼缝不密实、支撑不牢固、砌筑砂浆饱满度未达标准要求、砂浆与砖粘结不良、柔性防水层裂缝、渗漏水等
可变性	工程项目出现质量问题后,质量状态处于不断发展中	在质量渐变的过程中,某些微小的质量问题,也可能导致工程项目质量由稳定的量变出现不稳定的量变,引起质变,导致工程项目质量事故的发生
严重性	对于质量事故,必然造成经济损失,甚至人员伤亡。	在质量事故处理过程中,必将增加工程费用,甚至造成巨大的经济损失;同时会影响工程进度,有时甚至延误工期

3. 工程质量事故的分类

根据质量事故的特点,工程质量事故一般可按表 6-23 条件分类。

表 6-23　工程质量事故分类

分类依据	类别	含义
按事故造成的后果	未遂事故	发现了质量问题,及时采取措施,未造成经济损失、延误工期或其他不良后果
	已遂事故	出现不符合质量标准或设计要求、造成经济损失、工期延误或其他不良后果的事故
按事故责任	指导责任事故	由于工程实施指导或领导失误造成的质量事故。如由于工程负责人片面追求施工进度,放松或不按质量标准进行控制和检验等造成的质量事故
	操作责任事故	在施工过程中,由于实施操作者不按规程和标准实施操作,而造成的质量事故
	自然灾害事故	由于突发的严重自然灾害等不可抗力造成的质量事故,如地震、台风、暴雨、雷电、洪水等对工程造成破坏甚至倒塌
按事故造成的损失	根据工程质量问题造成的人员伤亡或者直接经济损失,将工程质量问题分为四个等级	详见表 6-24

表 6-24　工程质量事故按事故造成损失分级

事故等级(达到条件之一)	死亡/人	重伤/人	直接经济损失/万元
特别重大事故	≥30	≥100	≥10000
重大事故	10～29	50～99	5000～10000
较大事故	3～9	10～49	1000～5000
一般事故	≤2	≤9	100～1000

6.4.2　工程质量事故原因分析

引起质量事故的原因错综复杂,而且一项质量事故常常是由多种原因引起的。工程质量事故发生后,首先对事故情况进行详细的现场调查,充分了解与掌握质量事故的现象和特征,收集资料,进行深入调查,摸清质量事故对象在整个施工过程中所处的环境及面临的各种情况,或结合专门的计算进行验证,综合分析判断,得到造成质量事故的主要原因。

1. 违背基本建设程序

违反工程项目建设过程及其客观规律,即基本建设程序。如项目未经可行性研究就决策定案;未经过地址调查就仓促开工;边设计边施工、不按图纸施工等现象,常是导致重大工程质量事故的重要原因。

2. 违反有关法规和工程合同的规定

如无证设计、无证施工、随意修改设计、非法转包或分包等违法行为。

3. 地质勘察失真

工程项目基础的形式,主要取决于项目建设位置的地质情况。

(1) 地质勘察报告不准确,不详细,会导致采用不恰当或错误的基础方案,造成地基不均匀沉降、基础失稳等问题,引发严重质量事故。

(2) 未认真进行地质勘察,提供的地质资料、数据有误。

(3) 地质勘察时,钻孔间距太大,不能全面反映地基的实际情况;地质勘察钻孔深度不够,没有查清地下软土层、滑坡、墓穴、空洞等地层结构。

4. 地基处理不当

对软弱土、杂填土、湿陷性黄土、膨胀土等不均匀地基处理不当,也是导致重大质量问题的原因。

5. 设计计算失误

盲目套用其他项目设计图纸,结构方案不正确,计算简图与实际受力不符,计算荷载取值过小,内力分析有误,伸缩缝、沉降缝设置不当,悬挑结构未进行抗倾覆验算等,均是引起质量事故的隐患。

6. 建筑材料及制品不合格

如钢筋物理力学性能不良会导致钢筋混凝土结构产生裂缝或脆性破坏,保温隔热材料受潮,将使材料的质量密度加大,不仅影响建筑功能,甚至可能导致结构超载,影响结构安全。

7．施工与管理问题

施工与管理上的不完善或失误是造成质量事故的常见原因,如施工单位或监理单位的质量管理体系不完善,检验制度不严密,质量控制不严格,质量管理措施落实不力,不按有关的施工规范和操作规程施工;管理混乱,施工顺序错误,技术交底不清,违章作业,疏于检查验收等,均可能引起质量事故。

8．自然条件的影响

工程项目建设一般周期较长,露天作业多,应特别注意自然条件对其影响。如空气温度、湿度、狂风、暴雨、雷电等都可能引发质量事故。

9．建筑结构使用不当

如未经校核验收任意对建筑物加层,任意拆除承重结构部位,任意在结构物上开槽、打洞削弱承重结构截面等。

10．社会、经济原因

由于经济因素及社会上存在的弊端和不正之风往往会造成建设中的错误行为,导致出现重大工程质量事故。如投标企业在投标报价中随意压低标价,中标后依靠修改方案或违法的手段追加工程款,甚至偷工减料;某些施工企业不顾工程质量盲目追求利润等。

工程质量事故必然伴随损失发生,在工程实际中,应当针对工程具体情况,采取适当的管理措施、组织措施、技术措施并严格落实,尽量降低质量事故发生的可能性。

6.4.3 事故处理方案与程序

质量事故发生后,首先应该根据质量事故处理的依据、质量事故处理程序,其次分析原因,制定相应的事故基本处理方案,并进行事故处理和后续检查验收。

1．质量事故处理的依据(表 6-25)

表 6-25　质量事故处理的依据

序号	名　称	含　义
1	质量事故的实况资料	包括质量事故发生的时间、地点;质量事故状况的描述;质量事故发展变化;有关质量事故的观测记录、事故现场状态的照片或录像
2	有关合同及合同文件	工程承包合同、设计委托合同、设备与器材购销合同、监理合同及分包合同等
3	有关的技术文件和档案	主要是有关的设计文件、与施工有关的技术文件、档案和资料
4	相关的建设法规	包括《建筑法》和与工程质量及质量事故处理有关的法规,以及勘察、设计、施工、监理等单位资质管理和从业者资格管理方面的法规,建筑市场方面的法规,建筑施工方面的法规,关于标准化管理方面的法规等

2．质量事故处理程序

工程质量事故发生后，应当予以及时、合理的处理。工程质量事故一般按照以下程序进行处理，程序流程如图 6-14 所示。

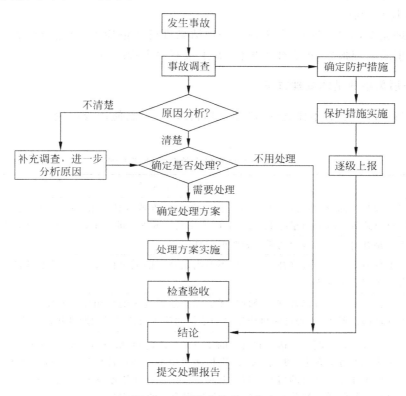

图 6-14　质量事故处理程序

1）事故发生，进行调查

质量事故发生后，应暂停有质量缺陷部位及其相关部位的施工，施工项目负责人按法定的时间和程序，及时上报事故的状况，积极组织事故调查。事故调查应力求及时、客观、全面、准确，以便为事故的分析与处理提供正确的依据。调查结果要整理撰写成事故调查报告，其主要内容包括：事故项目及各参建单位概况；事故发生经过和事故救援情况；事故造成的人员伤亡和直接经济损失；事故项目有关质量检测报告和技术分析报告；事故发生的原因和事故性质；事故责任的认定和事故责任者的处理建议；事故防范和整改措施。事故调查报告应当附具有关证据材料，事故调查组成员应当在事故调查报告上签名。

2）原因分析

在事故调查的基础上，依据工程具体情况对调查所得的数据、资料进行详细深入的分析，去伪存真，找出造成事故的主要原因。

3）制定相应的事故处理方案

在原因分析的基础上，广泛听取专家及有关方面的意见，经科学论证，合理制定事故处理方案。体现安全可靠、技术可行、不留隐患、经济合理、具有可操作性、满足建筑功能和使用要求的原则。

4）事故处理

根据制定的质量事故处理方案，对质量事故进行认真的处理。处理的内容主要包括：事故的技术处理，事故的责任处罚。

5）后续检查验收

事故处理完毕，应当组织有关人员对处理结果进行严格检查、鉴定及验收，由监理工程师编写质量事故处理报告，提交建设单位，并上报有关主管部门。

3．工程质量事故基本处理方案

工程质量事故一般有不作处理、修补、加固、返工、限制使用及报废 6 种处理方法，具体见表 6-26。

表 6-26　工程质量事故基本处理方案

处理方案	处理方案含义
修补处理	当工程某些部分的质量虽未达到规定的规范、标准或设计要求，存在一定缺陷，但经过修补后可以达到要求的质量标准，又不影响使用功能或外观的要求，可采取修补处理的方法
加固处理	主要是针对危及承载力的质量缺陷的处理
返工处理	当工程质量缺陷经过修补处理后仍不能满足规定的质量标准要求，或不具备补救可能性则必须采取返工处理
限制使用	当工程质量缺陷按修补方法处理后无法保证达到规定的使用要求和安全要求，而又无法返工处理的情况下，不得已时可作出诸如结构卸荷或减荷以及限制使用的决定
不作处理	某些工程质量问题虽然达不到规定的要求或标准，但其情况不严重，对工程或结构的使用及安全影响很小，经过分析、论证、法定检测单位鉴定和设计单位等认可后可不专门作处理。一般可不作专门处理的情况有以下几种：不影响结构安全、生产工艺和使用要求的；后道工序可以弥补的质量缺陷；法定检测单位鉴定合格的；出现的质量缺陷，经检测鉴定达不到设计要求，但经原设计单位核算，仍能满足结构安全和使用功能的
报废处理	出现质量事故的工程，通过分析或实践，采取上述处理方法后仍不能满足规定的质量要求或标准，则必须予以报废处理

6.4.4　质量事故的检查与鉴定验收

事故处理的质量检查鉴定，应严格按施工验收规范和相关质量标准的规定进行，必要时还应通过实际量测、试验和仪器检测等方法获取必要的数据，以便准确地对事故处理的结果做出鉴定。检查和鉴定的结论见表 6-27。

表 6-27　质量事故的检查和鉴定的结论

序号	质量事故的检查和鉴定的结论
1	事故已排除，可继续施工
2	隐患已消除，结构安全有保证
3	经处理，能够满足使用要求
4	基本上满足使用要求，但使用时应有附加的限制条件

续表

序号	质量事故的检查和鉴定的结论
5	对耐久性的结论
6	对建筑物外观影响的结论
7	对短期难以做出结论者,可提出进一步观测检验的意见

事故处理后,必须尽快提交完整的事故处理报告,其内容见表 6-28。

表 6-28　质量事故处理报告主要内容

序号	质量事故处理报告主要内容
1	事故调查的原始资料、测试的数据
2	事故调查报告
3	事故原因分析、论证
4	事故处理的依据
5	事故处理的方案及技术措施
6	实施质量处理中有关的数据、记录、资料
7	检查验收记录
8	事故责任人情况
9	事故处理的结论

6.5　土木工程项目质量评定与验收

根据《建筑工程施工质量验收统一标准》(GB 50300—2013),所谓验收,是指建筑工程在施工单位自行质量检查评定的基础上,参与建设活动的有关单位共同对检验批、分项、分部、单位工程的质量进行抽样复验,根据相关标准以书面形式对工程质量达到合格与否作出确认。

正确进行工程项目质量的检查评定和验收,是施工质量控制的重要手段。施工质量验收包括施工过程的质量验收及工程项目竣工质量验收两个部分。同时,在各施工过程质量验收合格后,对合格产品的成品保护工作必须受到足够的重视,严防对已合格产品造成损害。

6.5.1　工程项目质量评定

工程项目质量评定是承包商进行质量控制结果的表现,也是竣工验收组织确定质量的主要认定方法和手段,主要由承包商来实施,并经第三方的工程质量监督部门或竣工验收组织确认。

工程项目质量评定验收工作,应将建设项目由小及大划分为检验批、分项工程、分部工程、单位工程,逐一进行。在质量评定的基础上,再与工程合同及有关文件相对照,决定项目能否验收。

1. 检验批

检验批是工程验收的最小单位,是分项工程乃至整修建筑工程质量验收的基础。检验批是施工过程中相同并有一定数量的材料、构配件或安装项目,由于其质量基本均匀一致,因此可作为检验的基础单位,并按批验收。构成一个检验批的产品,需要具备以下两个基本条件:①生产条件基本相同,包括设备、工艺过程、原材料等;②产品的种类型号相同。

检验批是质量验收的最小单位,是分项工程乃至整个工程项目质量评定的基础,检验批的质量合格应符合下列规定。

(1) 主控项目和一般项目的质量经抽样检验合格。

(2) 具有完整的施工操作依据、质量检查记录。

检验批的合格质量主要取决于对主控项目和一般项目的检验结果。主控项目是对检验批的基本质量起决定性影响的检验项目,因此必须全部符合有关专业工程验收规范的规定。这意味着主控项目不允许有不符合要求的检验结果,即这种项目的检查具有否决权。鉴于主控项目对基本质量的决定性影响,必须从严要求。在检验批验收合格的基础上,进行分项工程的质量评定。

2. 分项工程

分项工程质量验收合格应符合下列规定。

(1) 分项工程的验收在检验批的基础上进行。一般情况下,两者具有相同或相近的性质,只是批量的大小不同而已。因此,将有关的检验批汇集构成分项工程。

(2) 分部工程所含的检验批均应符合合格质量的规定。分项工程所含的检验批的质量验收记录应完整。

3. 分部工程

分部工程的验收在其所含各分项工程验收的基础上进行,分部(子分部)工程质量验收合格应符合下列规定。

(1) 分部(子分部)工程所含分项工程的质量均应验收合格。

(2) 质量控制资料应完整。

(3) 地基与基础、主体结构和设备安装等分部工程有关安全及功能的检验和抽样检测结果应符合有关规定。

(4) 观感质量验收应符合要求。

4. 单位工程

单位工程质量验收合格应符合下列规定:

(1) 单位(子单位)工程所含分部(子分部)工程的质量均应验收合格。

(2) 质量控制资料应完整。

(3) 单位(子单位)工程所含分部工程有关安全和功能的检测资料应完整。

(4) 主要功能项目的抽查结果应符合相关专业质量验收规范的规定。

(5) 观感质量验收应符合要求。

6.5.2　工程项目竣工验收

工程项目竣工验收是工程建设的最后一个程序,是全面检查工程建设是否符合设计要求和施工质量的重要环节；也是检验承包合同执行情况，促进建设项目及时投产和交付使用，发挥投资积极效果；同时，通过竣工验收，总结建设经验，全面考核建设成果，为施工单位今后的建设工作积累经验。

施工项目竣工质量验收是施工质量控制的最后一个环节，是对施工过程质量控制结果的全面检查。未经竣工验收或竣工验收不合格的工程，不得交付使用。

1. 项目竣工验收的基本要求

根据《建筑工程施工质量验收统一标准》（GB 50300—2013），建筑工程施工质量应按下列要求进行验收。

（1）建筑工程质量应符合《建筑工程施工质量验收统一标准》（GB 50300—2013）和相关专业验收规范的规定。

（2）建筑工程施工应符合工程勘察、设计文件的要求。

（3）参加工程施工质量验收的各方人员应具备规定的资格。

（4）工程质量的验收均应在施工单位自行检查评定的基础上进行。

（5）隐蔽工程在隐蔽前应由施工单位通知有关单位进行验收，并应形成验收文件。

（6）涉及结构安全的试块、试件以及有关材料，应按规定进行见证取样检测。

（7）检验批的质量应按主控项目和一般项目验收。

（8）对涉及结构安全和使用功能的重要分部工程应进行抽样检测。

（9）承担见证取样检测及有关结构安全检测的单位应具有相应资质。

（10）工程的观感质量应由验收人员通过现场检查，并应共同确认。

2. 竣工验收的程序

工程项目的竣工验收，可分为验收前准备、竣工预验收和正式验收三个环节。整个验收过程由建设单位进行组织协调，涉及项目主管部门、设计单位、监理单位及施工总分包各方。一般情况下，大中型和限额以上项目由国家计委或其委托项目主管部门或地方政府部门组织验收委员会验收；小型和限额以下项目由主管部门组织验收委员会验收。

1）验收前准备

施工单位全面完成合同约定的工程施工任务后，应自行组织有关人员进行质量检查评定。自检合格后，向建设单位提交工程竣工验收申请报告，要求组织工程竣工预验收。

施工单位的竣工验收准备，包括工程实体和相关工程档案资料两方面。工程实体方面指土建与设备安装、室内外装修、室内外环境工程等已全部完工，不留尾项。相关文件资料主要包括技术档案、工程管理资料、质量评定文件、工程竣工报告、工程质量保证资料。

2）竣工预验收

建设单位收到工程竣工验收报告后，由建设单位组织，施工（含分包单位）、设计、勘察、监理等单位参与，进行工程竣工预验收。其内容主要是对各项文件、资料认真审查，检查各项工作是否达到了验收的要求，找出工作的不足之处并进行整改。

3）正式验收

项目主管部门收到正式竣工验收申请和竣工验收报告后进行审查，确认符合竣工验收条件和标准时，及时组织正式验收。正式验收主要包含以下内容：

（1）由建设单位组织竣工验收会议，建设、勘察、设计、施工、监理单位分别汇报工程合同履约情况及工程施工各环节满足设计要求，质量符合法律、法规和强制性标准的情况；

（2）检查审核设计、勘察、施工、监理单位的工程档案资料及质量验收资料；

（3）实地查验工程外观质量，对工程的使用功能进行抽查；

（4）对工程施工质量管理各环节工作、工程实体质量及质保资料情况进行全面评价，形成经验收组人员共同确认签署的工程竣工验收意见；

（5）竣工验收合格，形成附有工程施工许可证、设计文件审查意见、质量检测功能性试验资料、工程质量保修书等法规所规定的其他文件的竣工验收报告；

（6）有关主管部门核发验收合格证明文件。

6.5.3　成品保护

成品保护是指在施工过程中，由于工序和工程进度的不同，有些分项工程已经完成，而其他一些分项工程尚在施工，或是在施工过程中，某些部位已完成，而其他部位正在施工，在这种情况下，施工单位必须采取妥善措施对已完工程予以保护，以免其受到来自后续施工以及其他方面的污染或损坏，影响整体工程质量。

1．成品保护的要求

在施工单位向业主或建设单位提出竣工验收申请或向监理工程师提出分部、分项工程的中间验收时，提请验收工程的所有组成部分均应符合并达到合同文件规定的或施工图等技术文件所要求的质量标准。

2．成品保护的一般方法

工程实践中，必须重视成品保护工作。对工程项目的成品保护，首先要加强教育，建立全员施工成品保护观念。同时，合理安排施工顺序，防止后道工序污损前道工序。在此基础上，可采取防护、包裹、覆盖、封闭等保护措施，见表6-29。

表6-29　成品保护的方法

保护方法	解　　释	举 例 说 明
防护	针对具体的被保护对象，根据其特点，提前采取各种防护措施	梁板钢筋绑扎成型后，作业人员不能在钢筋网上踩踏、堆置重物，以免钢筋弯曲、移位或变形；楼梯踏步可采用废旧的木模板保护，墙体及柱阳角用胶带纸粘贴PVC板做护角保护
包裹	将被保护物包裹起来，以防损伤或污染	木门油漆施工前应对五金用纸胶带进行保护，门锁用塑料布捆绑保护；门窗框安装后，包裹门窗框的塑料保护膜要保持完好，不得随意拆除
覆盖	用其他材料覆盖在需要保护的成品表面，防止其堵塞或损伤	对地漏、落水管排水口等安装后加以覆盖，以防异物落入而被堵塞；产品在油漆和安装后，用塑料布把油漆好的产品全部遮盖起来，以免其他杂质污染
封闭	采取局部封闭的办法对成品进行保护	房间内装修完成后，应加锁封闭，防止人们随意进入而受到损伤

6.6　案例分析

 **案例 6-1**

某公共建筑工程，建筑面积 22000m²，地下 2 层，地上 5 层，层高 3.2m，钢筋混凝土框架结构，大堂 1～3 层中空，大堂顶板为钢筋混凝土井字梁结构。现场浇筑混凝土，浇筑后养护 28d，发现结构某处出现混凝土部分开裂。经分析，发现如下问题：

(1) 配合比设计不当，水灰比过大；

(2) 粗骨料粒径过小；

(3) 骨料含泥量超标；

(4) 泵送设备出现故障，导致泵送时间过长；

(5) 施工时拆模过早；

(6) 养护过迟；

(7) 养护过程中作业人员未能及时在混凝土浇筑面上浇水；

(8) 养护过程中寒潮侵袭。

试述影响工程质量的因素有哪几类？以上问题各属于哪类影响工程质量的因素？

【答】　影响工程质量的因素有：人、材料、机械、方法、环境五大类。上述问题分别属于：

(1) 人的因素。设计水灰比过大，使得后期混凝土收缩大，引起开裂。

(2) 材料方面的因素。在混凝土的组成材料中粗骨料是制约水泥石收缩的主要成分，粒径较小的粗骨料使得混凝土的抗拉强度降低，易出现裂缝。

(3) 材料方面的因素。粗骨料的含泥量应控制在小于 1%，砂的含泥量应控制在小于 2%，以降低混凝土的收缩，提高混凝土的抗拉强度。

(4) 机械方面的因素。泵送时间太长会引起混凝土泌水离析，使得成型后混凝土不均匀致密，导致后期混凝土开裂。

(5) 施工工艺方法方面的因素。过早拆模导致混凝土强度不足，使得构件在自重或施工荷载作用下产生裂缝。

(6) 施工工艺方法方面的因素。过迟养护，由于受风吹日晒，混凝土板表面游离水分蒸发过快，水泥缺乏必备的水化水，而产生急剧的体积收缩，导致开裂。

(7) 人的因素。混凝土浇筑面若不及时浇水养护，表面水分迅速蒸发，很容易产生收缩裂缝。

(8) 施工环境的因素。混凝土具有热胀冷缩的性质，外界温度变化引起的温度变形，会导致混凝土开裂。

 **案例 6-2**

某车间厂房，建筑面积为 7200m²，跨度为 30m，预应力屋面板安装时，边跨南端开间的屋面上 4 块预应力大型屋面板突然断裂塌落，造成 3 人死亡、2 人重伤，直接经济损失 16 万元。事故发生后调查发现构件公司提供的屋面板质量不符合要求，建设单位未办理质量监

督和图纸审核手续就仓促开工,施工过程中不严格按规范和操作规程,管理紊乱。

问题:

(1) 该事故属于几级事故?为什么?

(2) 试分析该工程质量事故发生的原因。

(3) 工程质量事故处理的基本要求是什么?

【答】 (1)该事故属于较大质量事故。造成 3 人以上(含 3 人)10 人以下死亡,或者 10 人以上 50 人以下重伤,或者 1000 万元以上 5000 万元以下直接经济损失的事故为较大质量事故,该事故死亡 3 人,为较大质量事故。

(2) 该起工程质量事故发生的原因是:建筑制品屋面板质量不合格;违背建设程序,建设单位未办理质量监督和图纸审核手续就仓促开工;施工和管理问题,施工过程中不严格按规范和操作规程,管理紊乱。

(3) 工程质量事故处理的基本要求:

① 处理应达到安全可靠,不留隐患,满足生产、使用要求,施工方便,经济合理的目的;

② 重视消除事故原因;

③ 注意综合治理;

④ 确定处理范围;

⑤ 正确选择处理时间和方法;

⑥ 加强事故处理的检查验收工作;

⑦ 认真复查事故的实际情况;

⑧ 确保事故处理期的安全。

本章习题

一、单项选择题

1. 施工质量保证体系运行的 PDCA 循环原理是( )。

    A. 计划、检查、实施、处理   B. 计划、实施、检查、处理

    C. 检查、计划、实施、处理   D. 检查、计划、处理、实施

2. 在质量管理八项原则中,要求企业领导应重视数据、信息分析,为决策提供依据,这体现了质量管理的( )原则。

    A. 领导作用   B. 持续改进

    C. 基于事实的决策方法   D. 基于数据的决策方法

3. 项目质量保证体系中,项目质量目标分解的基本依据是( )。

    A. 企业质量总目标   B. 工程承包合同

    C. 项目施工质量计划   D. 项目施工特点

4. 某公司生产一批预制板,现欲检测这批预制板总体质量,判断生产过程是否正常,可采取下列哪种数据统计方法( )。

    A. 排列图法   B. 因果分析法   C. 直方图法   D. 控制图法

5. 施工质量控制的基本出发点是控制( )。

    A. 人的因素   B. 材料的因素   C. 机械的因素   D. 方法的因素

6. 某工程在施工过程中,地下水位较高,若在雨季进行基坑开挖,遇到连续降雨或排水困难,就会引起基坑塌方或地基受水浸泡影响承载力,这属于(　　)对工程质量的影响。

　　A. 现场自然环境因素　　　　　　　　B. 施工质量管理环境因素

　　C. 施工作业环境因素　　　　　　　　D. 方法的因素

7. 施工过程的质量控制,必须以(　　)为基础和核心。

　　A. 最终产品质量控制　　　　　　　　B. 工序的质量控制

　　C. 实体质量控制　　　　　　　　　　D. 质量控制点

8. 下列施工质量控制中,属于事前控制的是(　　)。

　　A. 设计交底　　　　　　　　　　　　B. 重要结构实体检测

　　C. 隐蔽工程验收　　　　　　　　　　D. 施工质量检查验收

9. 在工程验收过程中,经具有资质的法定检测单位对个别检验批检测鉴定后,发现其不能够达到设计要求。但经原设计单位核算后认为能满足结构安全和使用功能的要求。对此,正确做法是(　　)。

　　A. 可予以验收　　　　　　　　　　　B. 不能通过验收

　　C. 由建设单位决定是否通过验收　　　D. 需要返工

10. 某钢结构安装工程发生整体倾覆事故,正在施工的工人 10 人死亡,38 人重伤,造成直接经济损失 1200 万元。按照事故造成的严重程度,该事故可判定为(　　)。

　　A. 一般质量事故　　　　　　　　　　B. 较大质量事故

　　C. 重大质量事故　　　　　　　　　　D. 特别重大质量事故

11. 某工程在混凝土施工过程中,由于称重设备发生事故,导致工人向混凝土中掺入超量聚羧酸盐系高效减水剂,导致质量事故。该事故判定为(　　)。

　　A. 指导责任事故　　　　　　　　　　B. 社会、经济原因引发的事故

　　C. 技术原因引发的事故　　　　　　　D. 管理原因引发的事故

12. 某桩基工程,浇筑的混凝土桩在地上可见部分有蜂窝、麻面,但经过桩基检测,桩身未见异常,承载力也满足设计要求,该桩基应该(　　)。

　　A. 加固处理　　　　B. 修补处理　　　　C. 返工处理　　　　D. 不作处理

13. 施工过程中,工程质量验收的最小单位是(　　)。

　　A. 分项工程　　　　B. 单位工程　　　　C. 分部工程　　　　D. 检验批

14. 建设工程项目竣工验收由(　　)组织。

　　A. 总监理工程师　　　　　　　　　　B. 建设单位

　　C. 专业监理工程师　　　　　　　　　D. 该项目的政府主管部门

二、多项选择题

1. 一个工程项目的质量应该体现在(　　)。

　　A. 在质量方面指挥和控制组织的协调活动

　　B. 工程项目本身的质量

　　C. 与工程项目有关的活动或过程的工作质量

　　D. 质量管理活动体系运行的质量

　　E. 策划、组织、计划等活动的总和

2. 施工质量管理的特点有( )。
   A. 影响因素多   B. 预约性   C. 质量波动大
   D. 质量隐蔽性   E. 终检局限大

3. 质量管理体系文件的构成一般包括( )。
   A. 质量计划   B. 建立质量体系的参考文件
   C. 质量手册   D. 程序文件
   E. 质量记录

4. PDCA 循环中,各类检查的内容包括( )。
   A. 采取应急措施,解决当前的质量问题和缺陷
   B. 检查是否执行了计划的行动方案
   C. 检查实际条件是否发生了变化
   D. 查明没有按计划执行的原因
   E. 检查施工质量是否达到标准要求,对此进行评价和确认

5. 在排列图法中,下列关于 A 类问题的说法中,正确的有( )。
   A. 累计频率在 0~80% 区间的问题   B. 应按常规适当加强管理
   C. 为次重要问题   D. 为进行重点管理的问题
   E. 为最不重要的问题

6. 影响施工质量的因素包括( )。
   A. 人的因素   B. 机械的因素   C. 材料的因素
   D. 方法的因素   E. 环境的因素

7. 现场质量检查的方法主要有( )。
   A. 理化法   B. 目测法   C. 实测法
   D. 试验法   E. 无损检测法

8. 施工质量控制的基本形式有( )。
   A. 事前质量控制   B. 竣工验收   C. 事后质量控制
   D. 事前质量预控   E. 事中质量控制

9. 施工机械设备质量控制通常是从( )方面进行。
   A. 机械设备的选型   B. 主要性能参数指标的确定
   C. 机械设备制造要求   D. 机械设备运输方式
   E. 使用操作要求

10. 质量事故处理的依据应当包括( )。
    A. 有关质量事故的观测记录、照片等
    B. 有关合同及合同文件
    C. 施工记录、施工日志等
    D. 事故造成的经济损失大小
    E. 相关的法律法规

11. 已完施工成品保护的措施一般包括( )。
    A. 封闭   B. 覆盖   C. 包裹
    D. 遮挡   E. 防护

三、思考题

1. 简述 PDCA 循环原理。

2. 质量控制常用的统计分析方法有哪些？

3. 设计阶段的质量控制包括哪些内容？

4. 工序质量实施要点是什么？

5. 造成工程质量事故的原因一般包括哪些方面？

6. 发生质量事故后，应当按照什么程序进行处理？

7. 工程项目竣工验收的基本要求是什么？

习题答案

一、单项选择题

1. B　　2. C　　3. B　　4. C　　5. A　　6. A　　7. B　　8. A　　9. A

10. C　　11. D　　12. D　　13. D　　14. B

二、多项选择题

1. BCD　　2. ABCE　　3. ACDE　　4. BCDE　　5. AD　　6. ABCDE

7. BCD　　8. ACE　　9. ABE　　10. ABCE　　11. ABCE

三、思考题（答案略）

第7章

土木工程项目费用管理

教学要点和学习指导

　　本章叙述了工程项目费用中常用的基本概念,更新了工程项目费用及其构成,从建设单位和施工单位的角度考虑工程项目费用如何进行管理,以及如何编制工程项目成本计划和如何进行工程项目成本控制。

　　在本章的学习中,要重点掌握工程项目成本计划编制,工程项目成本控制,以及反映工程项目成本和进度整体控制状况的挣值法和其应用,工程项目成本分析,实际成本与计划成本的比较与分析的因素分析法,降低工程项目成本的途径与措施。通过本章所学内容能对土木工程项目费用管理案例进行具体分析。

7.1　概述

　　土木工程项目关于价值消耗方面的术语较多,人们常有一些习惯的用法,从不同的角度有不同的名称,则常常有不同的含义。如投资计划和控制,一般都是从业主,从投资者角度出发;成本计划和控制,通常承包商用得较多;费用和费用计划,它的意义更为广泛,各种对象都可使用。上述这三个方面都以工程上的价值消耗为依据,它们实质上有统一性。无论从业主或从承包商的角度,其计划和控制方法是相同的。由于本书主要讨论计划和控制方法,所以在这里将它们统一起来,使用土木工程项目费用管理。

　　土木工程项目费用管理,是在保证工期和质量满足要求的情况下,利用组织措施、经济措施、技术措施、合同措施等把费用控制在计划范围内,并进一步寻求最大限度的费用节约。

7.1.1　工程项目费用

1. 工程项目建设投资

　　工程项目费用,从业主的角度来讲,即工程项目建设投资,是以货币形式表现的基本建设工作量,是反映建设项目投资规模的综合性指标,是工程项目价值的体现。一般是指进行某项工程建设花费的全部费用,即该工程项目有计划地固定资产再生产和形成相应的无形资产和铺底流动资金的一次性费用总和。

2. 工程项目成本

　　工程项目费用,从承包商的角度来讲,即施工项目成本,是建筑施工企业为完成施工项目的建筑安装工程任务所消耗的各项生产费用的总和,包括施工过程中所耗费的生产资料转移价值和工资补偿费形式分配给劳动者个人消费的那部分活劳动消耗所创造的价值。

按照工程项目成本管理的需要,从成本发生的时间划分,施工项目成本的主要形式见表 7-1。

表 7-1　施工项目成本主要形式表(按成本发生的时间)

成本类别	内　　容
预算成本	反映各地区建筑业的平均成本水平
计划成本	施工中采用技术组织措施和实现降低成本计划要求所确定的工程成本,反映施工企业成本水平
实际成本	施工项目在报告期内实际发生的各项费用的总和,反映施工企业成本水平

7.1.2　工程项目费用及其构成

1. 工程项目建设投资的构成

工程项目费用组成,从工程项目投资的角度讲由固定资产投资(一般也称工程造价)和流动资金两部分构成。其中固定资产投资组成详见图 7-1。

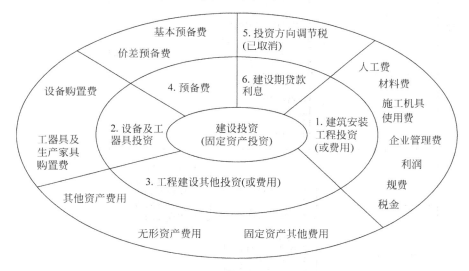

图 7-1　固定资产投资组成

固定资产投资,包括建筑安装工程费、设备及工器具购置费用、工程建设其他费用、预备费、建设期贷款利息和固定资产投资方向调节税。

流动资金是指生产经营性项目投产后,用于购买原材料、燃料、支付工资及其他经营费用等所需的周转资金。

2. 建筑安装工程费的组成——按照费用构成要素划分

按照建标《住房城乡建设部、财政部关于印发〈建筑安装工程费用项目组成〉的通知》[2013]44 号文,建筑安装工程费用项目组成分别按费用构成要素划分和按造价形式划分。

建筑安装工程费按照费用构成要素划分：由人工费、材料费（包含工程设备，下同）、施工机具使用费、企业管理费、利润、规费和税金组成。其中人工费、材料费、施工机具使用费、企业管理费和利润包含在分部分项工程费、措施项目费、其他项目费中。建筑安装工程费用的组成（按费用构成要素划分）详见图7-2。

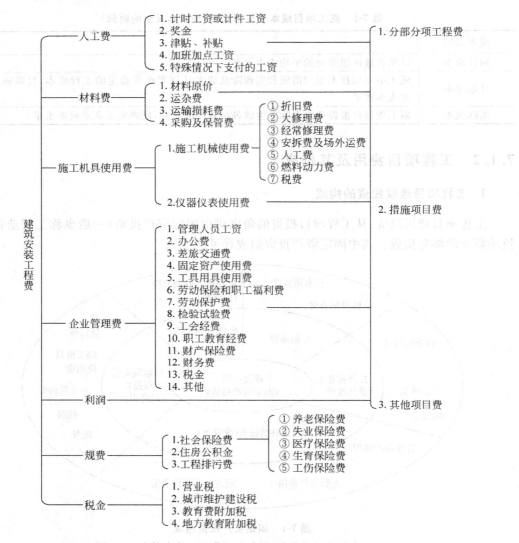

图7-2 建筑安装工程费用组成图（按费用构成要素划分）

其中，建筑安装工程费各构成要素的含义及包括的内容如下。

（1）人工费：是指按工资总额构成规定，支付给从事建筑安装工程施工的生产工人和附属生产单位工人的各项费用，见表7-2。

（2）材料费：是指施工过程中耗费的原材料、辅助材料、构配件、零件、半成品或成品、工程设备的费用，见表7-3。

其中，工程设备是指构成或计划构成永久工程一部分的机电设备、金属结构设备、仪器装置及其他类似的设备和装置。

表 7-2　人工费组成内容

人工费组成	内　容
计时工资或计件工资	是指按计时工资标准和工作时间或对已做工作按计件单价支付给个人的劳动报酬
奖金	是指对超额劳动和增收节支支付给个人的劳动报酬,如节约奖、劳动竞赛奖等
津贴补贴	是指为了补偿职工特殊或额外的劳动消耗和因其他特殊原因支付给个人的津贴,以及为了保证职工工资水平不受物价影响支付给个人的物价补贴,如流动施工津贴、特殊地区施工津贴、高温(寒)作业临时津贴、高空津贴等
加班加点工资	是指按规定支付的在法定节假日工作的加班工资和在法定日工作时间外延时工作的加点工资
特殊情况下支付的工资	是指根据国家法律、法规和政策规定,因病、工伤、产假、计划生育假、婚丧假、事假、探亲假、定期休假、停工学习、执行国家或社会义务等原因按计时工资标准或计时工资标准的一定比例支付的工资

表 7-3　材料费的组成内容

材料费组成	内　容
材料原价	是指材料、工程设备的出厂价格或商家供应价格
运杂费	是指材料、工程设备自来源地运至工地仓库或指定堆放地点所发生的全部费用
运输损耗费	是指材料在运输装卸过程中不可避免的损耗
采购及保管费	是指为组织采购、供应和保管材料、工程设备的过程中所需要的各项费用,包括采购费、仓储费、工地保管费、仓储损耗

（3）施工机具使用费：是指施工作业所发生的施工机械、仪器仪表使用费或其租赁费,具体内容及含义详见表 7-4。

表 7-4　施工机具施工费的组成

项　　目		内　容
施工机械使用费	折旧费	指施工机械在规定的使用年限内,陆续收回其原值的费用
	大修理费	指施工机械按规定的大修理间隔台班进行必要的大修理,以恢复其正常功能所需的费用
	经常修理费	指施工机械除大修理以外的各级保养和临时故障排除所需的费用,包括为保障机械正常运转所需替换设备与随机配备工具附具的摊销和维护费用,机械运转中日常保养所需润滑与擦拭的材料费用及机械停滞期间的维护和保养费用等
	安拆费及场外运费	安拆费指施工机械(大型机械除外)在现场进行安装与拆卸所需的人工、材料、机械和试运转费用以及机械辅助设施的折旧、搭设、拆除等费用;场外运费指施工机械整体或分体自停放地点运至施工现场或由一施工地点运至另一施工地点的运输、装卸、辅助材料及架线等费用
	人工费	指机上司机和其他操作人员的人工费
	燃料动力费	指施工机械在运转作业中所消耗的各种燃料及水、电等
	税费	指施工机械按照国家规定应缴纳的车船使用税、保险费及年检费等
仪器仪表使用费		是指工程施工所需使用的仪器仪表的摊销及维修费用

施工机械使用费：以施工机械台班耗用量乘以施工机械台班单价表示，施工机械台班单价应由折旧费、大修理费、经常修理费、安拆费及场外运费、人工费、燃料动力费和税费七项费用组成。

仪器仪表使用费：是指工程施工所需使用的仪器仪表的摊销及维修费用。

（4）企业管理费：是指建筑安装企业组织施工生产和经营管理所需的费用，见表7-5。

表7-5 企业管理费的组成

项 目	内 容
管理人员工资	是指按规定支付给管理人员的计时工资、奖金、津贴补贴、加班加点工资及特殊情况下支付的工资等
办公费	是指企业管理办公用的文具、纸张、账表、印刷、邮电、书报、办公软件、现场监控、会议、水电、烧水和集体取暖降温等费用
差旅交通费	是指职工因公出差、调动工作的差旅费、住勤补助费、市内交通费和误餐补助费，职工探亲路费，劳动力招募费，职工退休、退职一次性路费，工伤人员就医路费，工地转移费以及管理部门使用的交通工具的油料、燃料等费用
固定资产使用费	是指管理和试验部门及附属生产单位使用的属于固定资产的房屋、设备、仪器等的折旧、大修、维修或租赁费
工具用具使用费	是指企业施工生产和管理使用的不属于固定资产的工具、器具、家具、交通工具和检验、试验、测绘、消防用具等的购置、维修和摊销费
劳动保险和职工福利费	是指由企业支付的职工退职金、按规定支付给离休干部的经费，集体福利费、夏季防暑降温、冬季取暖补贴，上下班交通补贴等
劳动保护费	是企业按规定发放的劳动保护用品的支出，如工作服、手套、防暑降温饮料以及在有碍身体健康的环境中施工的保健费用等
检验试验费	是指施工企业按照有关标准规定，对建筑以及材料、构件和建筑安装物进行一般鉴定、检查所发生的费用，包括自设实验室进行试验所耗用的材料等费用。不包括新结构、新材料的试验费，对构件做破坏性试验及其他特殊要求检验试验的费用和建设单位委托检测机构进行检测的费用，对此类检测发生的费用，由建设单位在工程建设其他费用中列支。但对施工企业提供的具有合格证明的材料进行检测不合格的，该检测费用由施工企业支付
工会经费	是指企业按《工会法》规定的全部职工工资总额比例计提的工会经费
职工教育经费	是指按职工工资总额的规定比例计提，企业为职工进行专业技术和职业技能培训，专业技术人员继续教育、职工职业技能鉴定、职业资格认定以及根据需要对职工进行各类文化教育所发生的费用
财产保险费	是指施工管理用财产、车辆等的保险费用
财务费	是指企业为施工生产筹集资金或提供预付款担保、履约担保、职工工资支付担保等所发生的各种费用
税金	是指企业按规定缴纳的房产税、车船使用税、土地使用税、印花税等
其他	包括技术转让费、技术开发费、投标费、业务招待费、绿化费、广告费、公证费、法律顾问费、审计费、咨询费、保险费等

（5）利润：是指施工企业完成所承包工程获得的盈利。

（6）规费：是指按国家法律、法规规定，由省级政府和省级有关权力部门规定必须缴纳或计取的费用，见表7-6。

表 7-6　规费的组成

规费组成		内容
社会保险费	养老保险费	企业按照规定标准为职工缴纳的基本养老保险费
	失业保险费	企业按照规定标准为职工缴纳的失业保险费
	医疗保险费	企业按照规定标准为职工缴纳的基本医疗保险费
	生育保险费	企业按照规定标准为职工缴纳的生育保险费
	工伤保险费	企业按照规定标准为职工缴纳的工伤保险费
住房公积金		企业按规定标准为职工缴纳的住房公积金
工程排污费		按规定缴纳的施工现场工程排污费

备注：其他应列而未列入的规费，按实际发生计取。

（7）税金：是指国家税法规定的应计入建筑安装工程造价内的营业税、城市维护建设税、教育费附加税以及地方教育附加税。

3. 建筑安装工程费的组成——按照工程造价形成划分

建筑安装工程费按照工程造价形成由分部分项工程费、措施项目费、其他项目费、规费、税金组成，分部分项工程费、措施项目费、其他项目费包含人工费、材料费、施工机具使用费、企业管理费和利润。

（1）分部分项工程费：是指各专业工程的分部分项工程应予列支的各项费用。各类专业工程的分部分项工程划分见现行国家或行业计量规范。

专业工程：是指按现行国家计量规范划分的房屋建筑与装饰工程、仿古建筑工程、通用安装工程、市政工程、园林绿化工程、矿山工程、构筑物工程、城市轨道交通工程、爆破工程等各类工程。

分部分项工程：指按现行国家计量规范对各专业工程划分的项目。如房屋建筑与装饰工程划分的土石方工程、地基处理与桩基工程、砌筑工程、钢筋及钢筋混凝土工程等。

（2）措施项目费：是指为完成建设工程施工，发生于该工程施工前和施工过程中的技术、生活、安全、环境保护等方面的费用，见表 7-7。

表 7-7　措施项目费组成

项目		内容
安全文明施工费	环境保护费	施工现场为达到环保部门要求所需要的各项费用
	文明施工费	施工现场文明施工所需要的各项费用
	安全施工费	施工现场安全施工所需要的各项费用
	临时设施费	施工企业为进行工程施工所必须搭设的生活和生产用的临时建筑物、构筑物等，包括搭设、维修、拆除、清理费或摊销费等
夜间施工增加费		因夜间施工所发生的夜班补助费、夜间施工降效、夜间施工照明设备摊销及照明用电等费用
二次搬运费		因施工场地条件限制而发生的材料、构配件等一次运输不能到达堆放地点，必须进行二次或多次搬运发生的费用
冬雨季施工增加费		在冬季或雨季施工需增加的临时设施，防滑、排除雨雪，人工及施工机械效率降低等费用

续表

项 目	内 容
已完工程及设备保护费	对已完工程及设备采取的必要保护措施发生的费用
工程定位复测费	工程施工过程中进行全部施工测量放线和复测工作的费用
特殊地区施工增加费	在沙漠、高海拔、高寒、原始森林等特殊地区施工增加的费用
大型机械设备进出场及安拆费	机械整体或分体自停放场地运至施工现场或由一个施工地点运至另一个施工地点,所发生的机械进出场运输及转移费用。机械在施工现场进行安装、拆卸所需的人工费、材料费、机械费、试运转费和安装所需的辅助设施的费用
脚手架工程费	施工需要的各种脚手架搭、拆、运输费用以及脚手架购置费的摊销(或租赁)费用

备注:措施项目及其内容详见各类专业工程的现行国家或行业计量规范。

(3)其他项目费(表7-8)

表 7-8　其他项目费的组成

项 目	内 容
暂列金额	建设单位在工程量清单中暂定并包括在工程合同价款中的一笔款项。用于施工合同签订时尚未确定或者不可预见的所需材料、工程设备、服务的采购,施工中可能发生的工程变更、合同约定调整因素出现时的工程价款调整以及发生的索赔、现场签证确认等的费用
计日工	在施工过程中,施工企业完成建设单位提出的施工图纸以外的零星项目或工作所需的费用
总承包服务费	总承包人为配合、协调建设单位进行的专业工程发包,对建设单位自行采购的材料、设备等进行保管以及施工现场管理、竣工资料汇总等所需的费用

(4)规费:是指按国家法律、法规规定,由省级政府和省级有关权力部门规定必须缴纳或计取的费用。

(5)税金:是指国家税法规定的应计入建筑安装工程造价内的营业税、城市维护建设税、教育费附加以及地方教育附加。

4. 施工项目成本的构成

施工项目成本是指施工项目在施工的全过程中(为完成施工项目的建筑安装工程任务)所发生的全部施工费用支出的总和。参照建筑安装工程费的组成及现行规定,一般认为施工项目成本由人工费、材料费、施工机具使用费、企业管理费和措施项目费组成。

7.1.3　工程项目费用管理

1. 建设单位的工程项目费用管理——工程项目投资管理

从建设单位或业主的角度看,工程项目费用管理贯穿于工程建设全过程。即在项目投资决策阶段、设计阶段、招标发包阶段、施工阶段及竣工验收阶段,通过综合运用技术、经济、合同、法律等方法和手段,对工程项目费用进行合理地确定和有效地控制,使得人力、物力、财力能够得到有效的使用,并取得良好的经济效益和社会效益。针对各阶段特定的费用管理任务,需要分阶段编制费用估算,以适应项目各阶段费用管理的要求。其含义见表 7-9,流程和关系详见图 7-3。

表 7-9　费用估算分类表

费 用 估 算	含　　义
投资估算	投资估算是在整个投资决策过程中,依据现有的资料和一定的方法,对建设项目的投资额进行估计。根据建设项目投资估算的内容构成,对固定资产投资和流动资金进行估算。固定资产投资估算的内容包括建筑安装工程费、设备及工器具购置费、工程建设其他费用、预备费、建设期贷款利息、固定资产投资方向调节税。流动资金是指生产经营性项目投产后,用于购买原材料、燃料、支付工资及其他经营费用等所需的周转资金
设计概算	设计概算是设计单位在初步设计或扩大初步设计阶段,根据设计图样及说明书、设备清单、概算定额或概算指标、各项费用取费标准、类似工程预(决)算文件等,用科学的方法计算和确定建筑安装工程全部建设费用的经济文件
施工图预算	施工图预算是根据施工图、预算定额、各项取费标准、建设地区的自然及技术经济条件等资料编制的建筑安装工程预算造价文件,是关系建设单位和建筑企业经济利益的技术经济文件
工程价款结算	工程价款结算是指承包商在工程实施过程中,依据承包合同中关于付款条款的规定和已完成的工程量,并按照规定程序向建设单位(业主)收取工程价款的一项经济活动。以施工企业提出的统计进度月报表,并报监理工程师确认,经业主主管部门认可,作为工程进度款支付的依据
竣工结算	竣工结算是承包商在所承包的工程按照合同规定的内容全部完工之后,向发包方进行的最终工程价款结算
竣工决算	竣工决算是反映建设项目实际造价和投资效果的文件,是竣工验收报告的重要组成部分

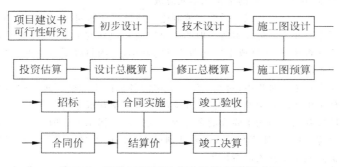

图 7-3　建设工程项目各阶段费用管理内容

2. 施工单位的工程项目费用管理——施工项目成本管理

从承包商角度看,土木工程项目费用管理即建设工程项目施工成本管理,从工程投标报价开始,直至项目竣工结算完成为止,贯穿于项目实施的全过程。工程项目成本管理是指施工企业以实现项目目标为目的,以项目经理部为中心,在项目施工过程中,对所发生的成本支出,有组织、有系统地进行预测、计划、控制、核算、考核、分析等一系列工作的总称。工程项目成本管理是以正确反映工程项目施工生产的经济成果,不断降低工程项目成本为宗旨的一项综合性管理工作。施工项目成本管理的任务见表 7-10,各任务之间的关系见图 7-4。

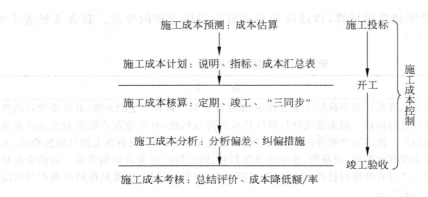

图 7-4   工程项目成本管理任务图

根据成本运行规律,成本管理责任体系包括组织管理层(反映组织对施工成本目标即责任成本目标的要求)和项目经理部(对施工成本目标具体化的管理)。组织管理层的成本管理除生产成本以外,还包括经营管理费用,贯穿于项目投标、实施和结算过程,体现效益中心的管理职能。项目管理层对生产成本进行管理,主要着眼于执行组织确定的施工成本管理目标,发挥现场生产成本控制中心的管理职能。

表 7-10   工程项目成本管理的任务

项 目	内 容
施工成本预测	根据成本信息和施工项目的具体情况,运用一定的方法,对未来的成本水平及其可能发展趋势作出科学的估计,是工程施工以前对成本进行的估算。施工项目成本预测通常是对施工项目计划工期内影响其成本变化的各个因素进行分析,比照近期已完工施工项目或将完工施工项目的成本,预测这些因素对工程成本中有关项目的影响程度,预测出工程的单位成本或总成本
施工成本计划	施工成本计划是以货币形式编制施工项目在计划期内的生产费用、成本水平、成本降低率以及为降低成本所采取的主要措施和规划的书面方案,它是建立施工项目成本管理责任制、开展成本控制和核算的基础,是项目降低成本的指导文件,是设立目标成本的依据
施工成本控制	是指在施工过程中,对影响施工成本的各种因素加强管理,并采取各种有效措施,将施工中实际发生的各种消耗和支出严格控制在成本计划范围内,贯穿于项目从投标阶段开始直至竣工验收的全过程。通过随时揭示并及时反馈,严格审查各项费用是否符合标准,计算实际成本和计划成本之间的差异并进行分析,进而采取多种措施,消除施工中损失浪费现象
施工成本核算	包括两个环节,一是按照规定的成本开支范围对施工费用进行归集和分配,计算出施工费用的实际发生额;二是根据成本核算对象,采用适当的方法,计算出该施工项目的总成本和单位成本。施工成本一般以单位工程为核算对象,为施工项目管理各种成本信息
施工成本分析	是在施工成本核算的基础上,对成本的形成过程和影响成本升降的因素进行分析,以寻求进一步降低成本的途径,包括有利偏差的挖掘和不利偏差的纠正
施工成本考核	是在施工项目完成后,对施工项目成本形成中的各责任者,按施工项目成本目标责任制的有关规定,将成本的实际指标与计划、定额、预算进行对比和考核,评定施工项目成本计划的完成情况和各责任者的业绩,并以此给予相应的奖励和处罚。施工成本考核是衡量成本降低的实际成果,也是对成本指标完成情况的总结和评价

7.2　工程项目成本计划编制

工程项目成本计划,是在项目经理负责下,以货币形式编制的施工项目从开工到竣工计划必须支出的施工生产费用。

7.2.1　工程项目成本计划的编制依据和内容

1. 工程项目成本计划的编制依据

工程项目成本计划包括从开工到竣工所必需的施工成本,是以货币形式预先规定项目进行中的施工生产耗费的计划总水平,是实现降低成本费用的指导性文件。工程项目成本计划工作是成本管理和项目管理的一个重要环节,是企业生产经营计划工作的重要组成部分,是对生产耗费进行分析和考核的重要依据,是建立企业成本管理责任制、开展经济核算的基础,是挖掘降低成本潜力的有效手段,也是检验施工企业技术水平和管理水平的重要手段。

表 7-11　工程项目成本计划的编制依据

编 制 依 据	内 容
承包合同	合同文件包括合同文本、招标文件、投标文件、设计文件等。合同中的工程内容、数量、质量、工期和支付条款都将对工程的成本计划产生重要影响
项目管理实施规划	其中工程项目施工组织设计文件是核心的项目实施技术方案与管理方案,是在充分调查和研究现场条件及有关法规条件的基础上制定的,不同实施条件下的技术方案和管理方案,将导致工程成本的不同
可行性研究报告和相关设计文件	
生产要素的价格信息	
反映企业管理水平的消耗定额以及类似工程的成本资料等	

2. 工程项目成本计划的编制内容

表 7-12　工程项目成本计划的编制内容

组 成	内 容
编制说明	对工程的范围、投标竞争过程及合同条件、承包人对项目经理提出的责任成本目标、施工成本计划编制的指导思想和依据等的具体说明
施工成本计划的指标	该指标都应经过科学的分析预测确定,可以采用对比法,因素分析法等方法来进行测定。施工成本计划一般情况下有以下三类指标: (1) 成本计划的数量指标。如按人工、材料、机械等各主要生产要素计划成本指标 (2) 成本计划的质量指标。如施工项目总成本降低率,可采用: $$设计预算成本计划降低率 = \frac{设计预算总成本计划降低额}{设计预算总成本}$$ $$责任目标成本计划降低率 = \frac{责任目标总成本计划降低额}{责任目标总成本}$$ (3) 成本计划的效益指标。如工程项目成本降低额: 设计预算成本计划降低额 = 设计预算总成本 - 计划总成本 责任目标成本计划降低额 = 责任目标总成本 - 计划总成本
按工程量清单列出的单位工程计划成本汇总表	
按成本性质划分单位工程成本汇总表,根据清单项目的造价分析,分别对人工费、材料费、施工机具使用费、企业管理费、措施费、规费和税金进行汇总,形成单位工程成本计划表	

成本计划的编制是施工成本预控的重要手段。因此,应在工程开工前编制完成,以便将计划成本目标分解落实,为各项成本的执行提供明确的目标、控制手段和管理措施。

7.2.2 工程项目成本计划的编制方法

在项目经理的负责下,编制工程项目成本计划的核心是确定目标成本,这是成本管理所要达到的目的。施工项目成本计划的编制方法主要有以下几种。

1. 按施工成本组成编制施工成本计划

参照 7.1.2 节中施工项目成本的构成,施工成本可以按成本构成分解为人工费、材料费、施工机具使用费、措施项目费和企业管理费等,编制按施工成本组成分解的施工成本计划。

2. 按施工项目组成编制施工成本计划

大中型工程项目通常是由若干个单项工程构成的,而每个单项工程包括了多个单位工程,每个单位工程又由若干个分部分项工程所构成。因此,首先要把项目总施工成本分解到单项工程和单位工程中,再进一步分解到分部工程和分项工程中。

在完成施工项目成本目标分解之后,接下来就要具体地分配成本,编制分项工程的成本支出计划,从而得到详细的成本计划表,见表 7-13。

表 7-13 分项工程成本计划表

分项工程编码	工程内容	计量单位	工程数量	计划成本	本分项总计
(1)	(2)	(3)	(4)	(5)	(6)

在编制成本支出计划时,要在项目总的方面考虑总的预备费,也要在主要的分项工程中安排适当的不可预见费,避免在具体编制成本计划时,可能发现个别单位工程或工程量表中某项内容的工程量计算有较大出入,使原来的成本预算失实,并在项目实施过程中对其尽可能地采取一些措施。

3. 按施工进度编制施工成本计划

按照施工进度编制施工成本计划,通常可利用网络图进一步扩充得到。即在建立网络图时,一方面确定完成各项工作所需花费的时间,另一方面同时确定完成这一工作合适的施工成本支出计划。在实践中,将工程项目分解为既能方便地表示时间,又能方便地表示施工成本支出计划的工作是不容易的。因此,在编制网络计划时,应在充分考虑进度控制对项目划分要求的同时,还要考虑确定施工成本支出计划对项目划分的要求,做到二者兼顾。

通过对施工成本按时间进行分解,在网络计划的基础上,可获得项目进度计划的横道图,并在此基础上,编制成本计划。其表示方法有两种:一种是在时标网络图上按月编制成本计划,详见图 7-5;另一种是用时间-成本累计曲线(S 曲线)表示,见图 7-6,绘制步骤见表 7-14。

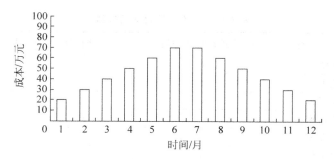

图 7-5　时标网络图上按月编制的成本计划

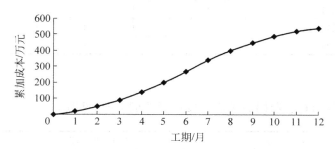

图 7-6　时间-成本累计曲线（S形曲线）

表 7-14　S 曲线绘制步骤

绘 制 步 骤	内　　容
确定工程项目进度计划,编制进度计划的横道图	
根据每单位时间内完成的实物工程量或投入的人力、物力和财力,计算单位时间的成本,在时标网络图上按时间编制成本支出计划	
计算规定时间 t 计划累计支出的成本额	其计算方法为：各单位时间计划完成的成本额累加求和：$Q_t = \sum\limits_{n=1}^{t} q_n$ 其中,Q_t——某时间 t 内计划累计支出成本额； q_n——单位时间 n 的计划支出成本额； t——某规定计划时刻
按各规定时间的 Q_t 值,绘制 S 形曲线	

注：每一条S形曲线都对应某一特定的工程进度计划,因为在进度计划的非关键路线中存在许多有时差的工序或工作,因而S形曲线必然包络在由全部工作都按最早开始时间和全部工作都按最迟必须开始时间的曲线所组成的"香蕉图"内。一般而言,所有工作都按最迟开始时间开始,对节约资金贷款利息是有利的,但同时也降低了项目按期竣工的保证率,因此项目经理必须合理地确定成本支出计划,达到既节约成本支出,又能控制项目工期的目的。

【例 7-1】　已知某施工项目相关数据资料表,见表 7-15。绘制该项目的时间——成本累计曲线。

表 7-15 某施工项目数据资料表

序号	项目名称	最早开始时间/月份	工期/月	成本强度/(万元/月)
1	场地平整	1	1	30
2	基础施工	2	3	20
3	主体工程施工	4	5	40
4	砌筑工程施工	8	3	30
5	屋面工程施工	10	2	45
6	楼地面工程	11	2	30
7	室内设施安装	11	1	40
8	室内装饰	12	1	25
9	室外装饰	12	1	10
10	其他工程	—	1	10

【解】

（1）确定施工项目进度计划，编制进度计划的横道图，见图 7-7。

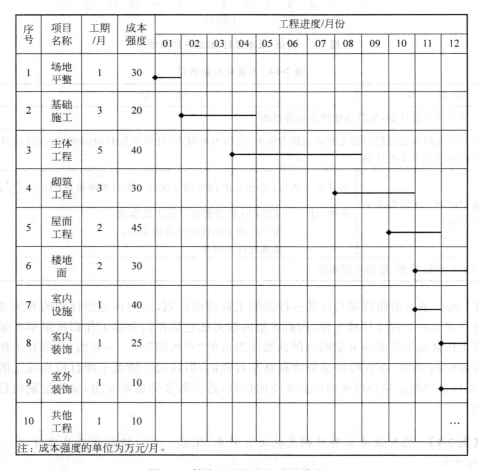

注：成本强度的单位为万元/月。

图 7-7 某施工项目进度计划横道图

（2）在工程项目进度计划横道图上按时间绘制成本计划,见图 7-8。

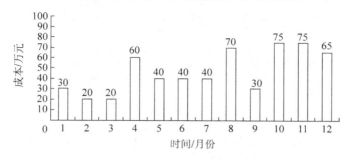

图 7-8　某施工项目横道图上按时间编制的成本计划

（3）计算规定时间 t 计划累计支出的成本额。根据公式 $Q_t = \sum_{n=1}^{t} q_n$,可得如下结果,见表 7-16。

表 7-16　某施工项目时间 t 计划累计支出成本额

月份	01	02	03	04	05	06	07	08	09	10	11	12
累加	30	50	70	130	170	210	250	320	350	425	500	565

注:表中"累加"即"累计支出成本额",单位为万元。

（4）绘制 S 形曲线,见图 7-9。

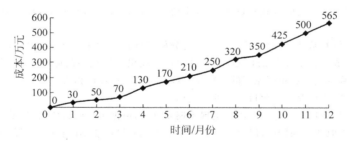

图 7-9　某施工项目时间-成本累计 S 曲线

7.3　工程项目成本控制与核算

　　施工阶段的工程项目成本控制即施工项目成本控制,指项目在施工过程中,对影响施工项目成本的各种因素加强管理,并采取各种有效措施,将施工中实际发生的各种消耗和支出严格控制在成本计划范围内。成本控制过程原理可按图 7-10 来执行。

7.3.1　成本控制的步骤

　　在确定了施工项目成本计划之后,必须定期进行施工成本计划值与实际值的比较,当实际值偏离计划值时,分析产生偏差的原因,采取适当的纠偏措施,以确保施工项目成本控制目标的实现。施工项目成本控制的程序或步骤详见表 7-17。

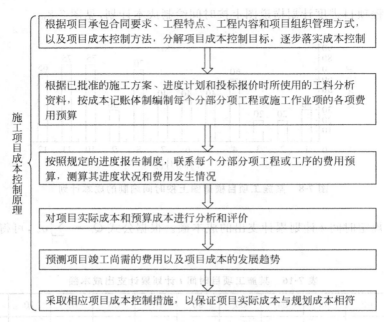

施工项目成本控制原理

根据项目承包合同要求、工程特点、工程内容和项目组织管理方式，以及项目成本控制方法，分解项目成本控制目标，逐步落实成本控制

根据已批准的施工方案、进度计划和投标报价时所使用的工料分析资料，按成本记账体制编制每个分部分项工程或施工作业项的各项费用预算

按照规定的进度报告制度，联系每个分部分项工程或工序的费用预算，测算其进度状况和费用发生情况

对项目实际成本和预算成本进行分析和评价

预测项目竣工尚需的费用以及项目成本的发展趋势

采取相应项目成本控制措施，以保证项目实际成本与规划成本相符

图 7-10　施工项目成本控制原理图

表 7-17　施工项目成本控制的步骤

步骤	内　　容
比较	按照某种确定的方式将施工成本计划与实际值逐项进行比较，以发现施工成本是否已超支
分析	在比较的基础上，对比较的结果进行分析，以确定偏差的严重性及偏差产生的原因。这是施工成本控制工作的核心，主要目的在于找出产生偏差的原因，从而采取有针对性的措施，减少或避免相同原因的再次发生或减少由此造成的损失
预测	按照完成情况估计项目所需的总费用
纠偏	当工程项目的实际施工成本出现了偏差，应当根据工程的具体情况、偏差分析和预测的结果，采取适当的措施，以期达到使施工成本偏差尽可能小的目的。纠偏是施工成本控制中最具实施性的一步，实现成本的动态控制和主动控制
检查	对工程的进展进行跟踪和检查，及时了解工程进展状况以及纠偏措施的执行情况和效果，为今后的工作积累经验

7.3.2　成本控制的对象与内容

成本控制的对象与内容详见表 7-18。

7.3.3　成本控制的技术与方法

1. 施工成本的过程控制方法

施工阶段是控制建设工程项目成本发生的主要阶段，它通过确定成本目标并按计划成本进行施工、资源配置，对施工现场发生的各种成本费用进行有效控制，其具体的控制方法如下。

表 7-18　成本控制的对象与内容

控 制 对 象	内　　容
以施工项目成本形成的过程作为控制对象 （对项目成本实行全面、全过程控制）	在工程投标阶段，应根据工程概况和招标文件，进行项目成本的预测，提出投标决策意见
	施工准备阶段，应结合设计图纸的相关资料，编制实施性施工组织设计，通过多方案的技术经济比较，从中选择经济合理、先进可行的施工方案，编制成本计划，对项目成本进行事前控制
	施工阶段，以施工图预算、施工预算、劳动定额、材料消耗定额和费用开支标准等，对实际发生的成本费用进行控制
	竣工交付使用及保修期阶段，应对竣工验收过程发生的费用和保修费用进行控制
以施工项目的职能部门、施工队和生产班组作为成本控制的对象	成本控制的具体内容是日常发生的（发生在各个部门、施工队和生产班组）各种费用和损失。项目的职能部门、施工队和班组应对自己承担的责任成本进行自我控制；同时接受项目经理和企业有关部门的指导、监督、检查和考评，是最直接、最有效的项目成本控制
以分部分项工程作为项目成本的控制对象	为了把成本控制工作做得扎实、细致，落到实处，还应以分部分项工程作为项目成本的控制对象 在正常情况下，项目应根据分部分项工程的实物量，参照施工预算定额及成本相关计划，编制包括工、料、机消耗数量、单价、金额在内的施工预算，作为对分部分项工程成本进行控制的依据
以对外经济合同作为成本控制对象	目前，施工项目的对外经济业务，都要以经济合同为纽带建立关系，以明确双方的权利和义务。在签订上述经济合同时，除了要根据业务要求规定时间、质量、结算方式和履（违）约奖罚等条款外，还必须强调要将合同的数量、单价、金额控制在预算范围内

1）人工费的控制

人工费的控制实行"量价分离"的方法，将作业用工及零星用工按定额工目的一定比例综合确定用工数量与单价，通过劳务合同进行控制。其中，人工费的影响因素见图 7-11，控制人工费的方法见表 7-19。

人工费的影响因素
- 社会平均工资水平
- 生产消费指数：生产消费指数的提高会导致人工单价的提高
- 劳动力市场供需变化
- 政府推行的社会保障和福利政策也会影响人工单价的变动
- 经会审的施工图、施工定额、施工组织设计等决定人工的消耗量

图 7-11　人工费的影响因素

2）材料费的控制

材料费的控制同样按照"量价分离"原则，在保证符合设计要求和质量标准的前提下，合理使用材料，有效控制材料物资的消耗，控制材料用量和材料价格。材料费的控制，详见图 7-12。

表 7-19　控制人工费的方法

方　　法	内　　容
制定先进合理的企业内部劳动定额,严格执行劳动定额,并将安全生产、文明施工及零星用工下达到作业队进行控制	全面推行全额计件的劳动管理办法和单项工程集中承包的经济管理办法,以不突破施工图预算人工费指标为控制目标,对各班组实行工资包干制度。认真执行按劳分配的原则,使职工个人所得与劳动贡献一致,充分调动广大职工的劳动积极性,从根本上杜绝出工不出力的现象。把工程项目的进度、安全、质量等指标与定额管理结合起来,提高劳动者的综合能力,实行奖励制度
提高生产工人的技术水平和作业队的组织管理水平	提高生产工人的技术水平和作业队的组织管理水平,根据施工进度、技术要求,合理搭配各工种工人的数量,减少和避免无效劳动。不断改善劳动组织,创造良好的施工环境,改善工人的劳动条件,提高劳动效率。合理调节各工序人数松紧情况,安排劳动力时,尽量做到技术工不做普通工的工作,高级工不做低级工的工作,避免技术上的浪费
加强职工的技术培训和多种施工作业技能的培训	加强职工的技术培训和多种施工作业技能的培训,不断提高职工的业务技术水平和熟练操作程度,培养一专多能的技术工人,提高作业功效,提高技术装备水平和工程化生产水平,提高企业的劳动生产率
实行弹性需求的劳务管理制度	对施工生产各环节上的业务骨干和基本的施工力量,要保持相对稳定。对短期需要的施工力量,要做好预测、计划管理,通过企业内部的劳务市场及外部协作队伍进行调剂。严格做到项目部的定员随工程进度要求波动,进行弹性管理。要打破行业、工种界限,提倡一专多能,提高劳动力的利用效率

材料费的控制
　材料用量的控制
　　定额控制。对于有消耗定额的材料,以消耗定额为依据,实行限额发料领料制度,在规定限额内,分期分批领用,超过限额,则需查明原因,经过审批手续后可领料
　　指标控制。对于没有消耗定额的材料,实行计划管理和按指标控制的方法
　　计量控制。准确做好材料物资的收发、投料计量检查
　　包干控制。在材料使用过程中,对部分小型及零星材料,根据工程量计算出所需材料量,将其折算成费用,由作业者包干控制
　材料价格的控制
　　材料价格主要由材料采购部门控制。由于材料价格是由买价、运杂费、运输中的合理损耗等组成,因此控制材料价格,主要是通过掌握市场信息,应用招标和询价等方式控制材料、设备的采购价格

图 7-12　材料费的控制

3）施工机械使用费的控制

合理选择施工机械设备,合理使用施工机械设备对成本控制具有十分重要的意义。由于不同的起重运输机械各有不同的用途和特点。因此,在选择起重运输机械时,首先应根据工程特点和施工条件确定采用各种不同起重运输机械的组合方式。在确定采用何种组合方

式时,首先应满足施工需要,同时还要考虑到费用的高低和综合经济效益。

施工机械使用费主要由台班数量和台班单价两方面决定,为有效控制施工机械使用费支出,主要从以下几个方面进行控制,详见表 7-20。

表 7-20　施工机械使用费的控制内容

控制内容	含　义
控制台班数量	根据施工方案和现场实际,选择适合项目施工特点的施工机械,制订设备需求计划,合理安排施工生产,充分利用现有机械设备,提高机械设备的利用率
	保证施工机械设备的作业时间,安排好生产工序的衔接,尽量避免停工窝工,尽量减少施工中所消耗的机械台班数量
	核定设备台班产量定额,实行超产奖励办法,加快施工生产进度,提高机械设备单位时间的生产效率和利用率
	加强设备租赁计划管理,减少不必要的设备闲置和浪费
控制台班单价	加强现场设备的维修、保养工作,降低大修、经常性修理等各项费用的开支,提高机械设备的完好率,最大限度地提高机械设备的利用率
	加强机械操作人员的培训工作,不断提高操作技能,提高生产效率
	加强配件的管理,建立健全配件领发料制度,严格按油料消耗定额控制油料消耗,达到修理有记录,消耗有定额,统计有报表,损耗有分析
	降低材料成本,严把施工机械配件和工程材料采购关,尽量做到工程项目所进材料质优价廉
	成立设备管理领导小组,负责设备调度、检查、维修、评估等具体事宜。对主要部件及其保养情况建立档案,分清责任

2. 挣值法

施工项目成本控制过程中,仅仅依靠实际值与计划值的偏差无法判断成本是否超支或有节余,因此,需引入成本/进度综合度量指标,此即为挣值法。挣值法也称赢得值法,是一种能全面衡量工程成本/进度整体状况的偏差分析方法。挣值法的实质是用价值指标代替实物工程量来测定工程进度的一种项目监控方法,是美国国防部于 1967 年首次确立的。到目前为止国际上先进的工程公司已普遍采用挣值法进行工程项目成本、进度综合分析控制。

1) 挣值法的基本参数

挣值法的基本参数为已完工作预算成本、计划工作预算成本和已完工作实际成本,详见表 7-21。

表 7-21　挣值法的基本参数

基本参数	内　容
已完工程预算成本 BCWP（Budgeted Cost for Work Performed）	BCWP 是指在某一时间已经完成的工作（或部分工作）,以批准认可的预算为标准所需要的资金总额,由于业主正是根据这个值为承包人完成的工作量支付相应的费用,也就是承包人获得（挣得）的金额,故称赢得值或挣值 BCWP＝实际已完成工程量×预算单价

续表

基本参数	内容
计划工作预算成本 BCWS（Budgeted Cost for Work Scheduled）	BCWS 是指进度计划，在某一时刻应当完成的工作（或部分工作），以预算为标准所需要的资金总额，一般来说，除非合同有变更，BCWS 在工程实施过程中应保持不变 BCWS＝计划完成工程量×预算单价
已完工程实际成本 ACWP（Actual Cost for Work Performed）	ACWP 即到某一时刻为止，已完成的工作（或部分工作）实际花费的总金额。 ACWP＝实际已完成工程量×实际单价

2）评价指标

根据挣值法的三个基本参数，计算确定挣值法的四个评价指标：成本偏差、进度偏差、成本绩效指数和进度绩效指数，详见表 7-22。

表 7-22　挣值法的评价指标

评价指标	含义
成本偏差 CV（Cost Variance）	成本偏差 CV＝已完工程预算成本（BCWP）－已完工程实际成本（ACWP） 当 CV＜0 时，表示项目运行的实际成本超出预算成本； 当 CV＞0 时，表示项目实际运行成本节约； 当 CV＝0 时，表示项目运行实际成本与预算成本一致
进度偏差 SV（Schedule Variance）	进度偏差 SV＝已完工程预算成本（BCWP）－拟完工程预算成本（BCWS） 当 SV＜0 时，表示项目实际进度落后于计划进度，项目进度延误； 当 SV＞0 时，表示项目运行实际进度提前； 当 SV＝0 时，表示项目运行实际进度与计划进度一致
成本绩效指数 CPI（Cost Performed Index）	$CPI=\dfrac{已完工程预算成本}{已完工程实际成本}=\dfrac{BCWP}{ACWP}$ 当 CPI＜1 时，表示项目运行实际成本高于预算成本； 当 CPI＞1 时，表示项目运行实际成本低于预算成本； 当 CPI＝1 时，表示项目运行实际成本与预算成本一致
进度绩效指数 SPI（Schedule Performed Index）	$SPI=\dfrac{已完工程预算成本}{拟完工程预算成本}=\dfrac{BCWP}{BCWS}$ 当 SPI＜1 时，表示项目运行实际进度比计划进度拖后； 当 SPI＞1 时，表示项目运行实际进度比计划进度提前； 当 SPI＝1 时，表示项目运行实际进度与计划进度一致

3）偏差分析的表达方式

挣值法偏差分析可采用不同的表达方式，可以是文字描述、表格形式、横道图形式、曲线形式或网络图形式来表达。

（1）表格法

表格法是进行偏差分析常用的一种方法。它将项目编号、名称、各成本参数以及成本偏差数综合归纳入一张表格中，并直接在表格中进行比较。由于上述特点，使得表格法具有灵活、适用性强的特点，并可根据实际需要设计表格，进行增减项。

【例7-2】 某项目进展到第17周后,对前16周的工作进行了统计检查,有关情况列于表7-23中。

表7-23 某项目检查记录表 万元

工作代号	计划完成工作预算成本	已完工作量/%	实际发生成本	挣值 BCWP
A	240	100	260	
B	250	100	250	
C	500	100	500	
D	280	100	280	
E	360	100	300	
F	540	50	400	
G	680	100	600	
H	700	100	700	
I	240	50	130	
J	150	60	100	
K	1200	40	600	
合计		—		

【问题】

① 挣值法使用的三项成本值是什么?

② 补充完整表7-23,并进行挣值法三项成本值的汇总。

③ 计算16周末的CV和SV,并分析成本和进度状况。

④ 计算16周末的CPI和SPI,并分析成本和进度状况。

【解】

① 挣值法的三个成本值:已完成工作预算成本BCWP、计划完成工作预算成本BCWS和已完成工作实际成本ACWP。

② 根据检查记录表,将计划完成工作预算成本BCWS与已完工作量对应工作项相乘,计算确定第16周周末每项工作的BCWP;16周周末总的BCWP为3970万元,16周周末ACWP为4120万元,BCWS为5140万元,见表7-24。

表7-24 某项目前16周三项成本值汇总表

工作代号	计划完成工作预算成本	已完工作量/%	实际发生成本	挣值
A	240	100	260	240
B	250	100	250	250
C	500	100	500	500
D	280	100	280	280
E	360	100	300	360
F	540	50	400	270

续表

工作代号	计划完成工作预算成本	已完工作量/%	实际发生成本	挣值
G	680	100	600	680
H	700	100	700	700
I	240	50	130	120
J	150	60	100	90
K	1200	40	600	480
合计	5140	—	4120	3970

③ 计算 16 周末的 CV 和 SV

根据公式，CV＝BCWP－ACWP＝3970－4120＝－150 万元＜0，说明成本超支 150 万元。

SV＝BCWP－BCWS＝3970－5140＝－1170 万元＜0，说明进度延误 1170 万元。

④ 计算 16 周末的 CPI 和 SPI

根据公式，CPI＝BCWP/ACWP＝3970/4120＝0.964＜1，说明成本超支 3.6%。

SPI＝BCWP/BCWS＝3970/5140＝0.772＜1，说明进度延误 22.8%。

（2）横道图法

横道图法，是用不同的横道标识已完工作预算费用 BCWP、计划工作预算费用 BCWS 和已完工作实际费用 ACWP，横道的长度与其金额成正比。横道图法具有形象直观、一目了然的优点，能够准确表达出费用的绝对偏差，而且能一眼感受到偏差的严重性，但这种方法反映的信息量少，一般在项目的较高管理层应用。

【例 7-3】 某工程项目计划进度与实际进度如图 7-13 所示，表中实线表示计划进度（进度线上方的数据为每周计划投资），虚线表示实际进度（进度线上方的数据为每周实际投资），假定各分项工程每周计划完成和实际完成的工程量相等，且进度匀速进展。

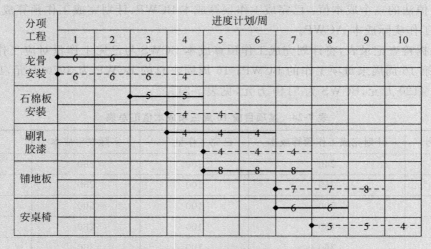

图 7-13 某工程计划进度与实际进度图

【问题】

① 计算每周成本数据,并将结果填入表 7-25。

表 7-25　某工程成本数据表　　　　　　　　　　　　　　　　　　万元

项　　　　目	成 本 数 据									
	1	2	3	4	5	6	7	8	9	10
每周拟完成工程计划成本										
拟完成工程计划成本累计										
每周已完成工程实际成本										
已完成工程实际成本累计										
每周已完成工程计划成本										
已完成工程计划成本累计										

② 分析第 5 周周末和第 8 周周末的成本偏差和进度偏差。

【解】

① 依据此工程计划进度与实际进度图,知每周成本数据的结果,填入表 7-26。

表 7-26　某工程成本数据计算结果表　　　　　　　　　　　　　　万元

项　　　　目	1	2	3	4	5	6	7	8	9	10
每周拟完成工程计划成本	6	6	11	9	12	12	14	6		
拟完成工程计划成本累计	6	12	23	32	44	56	70	76		
每周已完成工程实际成本	6	6	6	8	8	4	11	12	13	4
已完成工程实际成本累计	6	12	18	26	34	38	49	61	74	78
每周已完成工程计划成本	4.5	4.5	4.5	9.5	9	4	12	12	12	4
已完成工程计划成本累计	4.5	9	13.5	23	32	36	48	60	72	76

每周已完成工程计划成本,以龙骨安装工程为例,其实际投资为:$6+6+6+4=22$,4 周完成,计划投资为 3 周完成 $6+6+6=18$,故每周已完成工程计划成本=计划投资/实际进度=18/4=4.5。

② 第 5 周周末成本偏差与进度偏差:

成本偏差 CV=已完成工程计划成本 BCWP−已完成工程实际成本 ACWP=$32-34=$ $-2<0$,即成本超支 2 万元。

进度偏差 SV=已完成工程计划成本 BCWP−拟完成工程计划成本=$32-44=-12<$ 0,即进度拖后 12 万元。

第 8 周周末成本偏差与进度偏差:

成本偏差 CV=已完成工程计划成本 BCWP−已完成工程实际成本 ACWP=$60-61=$ $-1<0$,即成本超支 1 万元。

进度偏差 SV＝已完成工程计划成本 BCWP－拟完成工程计划成本 BCWS＝60－76＝－16＜0，即进度拖后 16 万元。

（3）网络计划法

网络计划在施工进度的安排上具有较强的逻辑性，且随时进行优化和调整，因而，基于网络图对每道工序的成本进行动态控制更为有效。

【例 7-4】 某工程项目施工合同于 2011 年 12 月签订，约定的合同工期为 20 个月，2012 年 1 月正式开始施工，施工单位按合同要求编制了混凝土结构工程施工进度时标网络计划，如图 7-14 所示，并经专业监理工程师审核批准。

该项目的各项工作均按最早开始时间安排，且各工作每月所完成的工程量相等。各工作的计划工程量和实际工程量见表 7-27。工作 D、E、F 的实际工程持续时间与计划工作持续时间相同。

表 7-27 某工程项目计划工程量和实际工程量   m³

工 作	A	B	C	D	E	F	G	H
计划工程量	8800	9200	5700	10000	6000	5000	3000	3600
实际工程量	8800	9200	5700	9000	5000	4800	3000	5800

合同约定，混凝土结构工程综合单价为 1500 元/m³，按月结算。结算价按项目所在地混凝土结构工程价格指数进行调整，项目实施期间各月的混凝土结构工程价格指数见表 7-28。

表 7-28 混凝土结构工程价格指数表   %

时间	2011.12	2012.01	2012.02	2012.03	2012.04	2012.05	2012.06	2012.07	2012.08	2012.09
价格指数	100	115	105	110	120	110	110	120	110	110

施工期间，由于建设单位原因使工作 H 的开始时间比计划的开始时间推迟 1 个月，并由于工作 H 工程量的增加使该工作的工作持续时间延长了 1 个月。

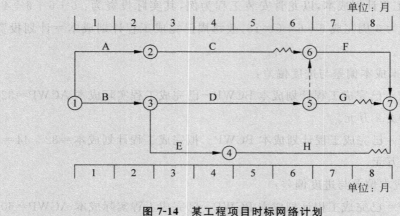

图 7-14 某工程项目时标网络计划

【问题】

① 请按施工进度计划编制资金使用计划(即计算每月和累计计划工作预算费用),并简要写出其步骤。计算结果填入表 7-29,并完成表 7-29 中其他项。

② 计算工作 H 各月的已完工作预算费用和已完工作实际费用。

③ 列式计算 8 月末的费用偏差 CV 和进度偏差 SV。

表 7-29　某工程项目费用数据表　　　　　　　　　　　　万元

项　目	1	2	3	4	5	6	7	8	9
每月计划工作预算费用									
累计计划工作预算费用									
每月已完工作预算费用									
累计已完工作预算费用									
每月已完工作实际费用									
累计已完工作实际费用									

【解】

(1) 将各工作计划工程量与单价相乘后,除以该工作持续时间,得到各工作每月计划工作预算费用;再将时标网络计划中各工作分别按月纵向汇总得到每月计划工作预算费用;然后逐月累加得到各月累计计划工作预算费用。计算结果详见表 7-30。

表 7-30　计算结果　　　　　　　　　　　　　　万元

项　目	1	2	3	4	5	6	7	8	9
每月计划工作预算费用	1350	1350	1110	1110	840	555	1005	375	
累计计划工作预算费用	1350	2700	3810	4920	5760	6315	7320	7695	
每月已完工作预算费用	1350	1350	997.5	997.5	622.5	555	1027.5	577.5	217.5
累计已完工作预算费用	1350	2700	3697.5	4695	5317.5	5872.5	6945	7522.5	7740
每月已完工作实际费用	1552.5	1417.5	1097.25	1197	684.75	610.5	1233	635.25	239.25
累计已完工作实际费用	1552.5	2970	4067.25	5264.25	5949	6559.5	7792.5	8427.75	8667

每月计划工作预算费用　以第 1 个月为例:每月计划工作预算费用包括 A 和 B 工作(从时标网络图可看出)。

A 工作第 1 个月计划工作预算费用＝8800×1500/2÷10000＝660(万元)

B 工作第 1 个月计划工作预算费用＝9200×1500/2÷10000＝690(万元)

所以,第 1 个月每月计划工作预算费用＝660＋690＝1350(万元)

每月已完工作预算费用　以 3 月为例,通过时标网络计划图和工程实际进展,第 3 个月施工的工作有 C、D、E 三项工作。所以,第 3 个月已完工作预算费用为 3 项工作对应费用之和。

其中,C 工作已完工作预算费用＝C 工作实际工程量×预算单价/C 工作持续时间

$$=\frac{5700}{3}\times1500\div10000=285(万元)$$

同理，D 工作已完工作预算费用 $= \dfrac{9000}{4} \times 1500 \div 10000 = 337.5$（万元）

E 工作已完工作预算费用 $= \dfrac{5000}{2} \times 1500 \div 10000 = 375$（万元）

合计第 3 个月已完工作预算费用 $= 285 + 337.5 + 375 = 997.5$（万元）

每月已完工作实际费用　以 1 月为例。通过时标网络计划图和工程实际进展，可知第 1 个月施工的工作为 A、B 两项工作。所以，第 1 个月已完工作实际费用为此两项工作对应费用之和。

其中，A 工作已完工作实际费用 $= \dfrac{\text{A 工作实际工程量}}{\text{A 工作持续时间（实际）}} \times \text{实际单价}$

$$= \frac{8800}{2} \times 1500 \times \frac{115\%}{100\%} \div 10000 = 759（\text{万元}）$$

同理，B 工作已完工作实际费用 $= \dfrac{9200}{2} \times 1500 \times \dfrac{115\%}{100\%} \div 10000 = 793.5$（万元）

合计第 1 个月已完工作实际费用 $= 759 + 793.5 = 1552.5$（万元）

② H 工作 6—9 月份每月完成工程量为：$5800 \div 4 = 1450$（m³/月）；

H 工作 6—9 月已完工作预算费用均为：$1450 \times 1500 \div 10000 = 217.5$（万元）；

H 工作已完工作实际费用：

6 月份：$217.5 \times 110\% = 239.25$（万元）；

7 月份：$217.5 \times 120\% = 261$（万元）；

8 月份：$217.5 \times 110\% = 239.25$（万元）；

9 月份：$217.5 \times 110\% = 239.25$（万元）。

③ 费用偏差和进度偏差

费用偏差 CV = 已完工作预算费用 − 已完工作实际费用 $= 7522.5 - 8427.75 = -905.25$（万元）$< 0$，即超支 905.25 万元。

进度偏差 SV = 已完工作预算费用 − 计划工作预算费用 $= 7522.5 - 7695 = -172.5$（万元）< 0，即进度拖后 172.5 万元。

（4）曲线法

曲线法分析费用偏差，即在由时间和费用组成的坐标系中，绘制 BCWP、BCWS 和 ACWP 三条曲线，进行对比分析。在实际执行过程中，最理想的状态是已完工作实际费用（ACWP）、计划工作预算费用（BCWS）、已完工作预算费用（BCWP）三条曲线靠得很近、平稳上升，表示项目按预定计划目标进行。

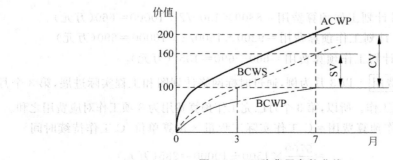

图 7-15　三种费用参数曲线

如果三条曲线离散度不断增加,则预示可能发生关系到项目成败的重大问题。下面就不同情况分别进行分析说明,并就偏差分析提出纠偏措施,见表 7-31。

表 7-31　挣值法偏差分析与纠偏措施表

图　　型	参 数 关 系	分析及措施
	ACWP>BCWS>BCWP CV<0 SV<0 CV>SV(绝对值)	费用超支,效率低;进度滞后,进度慢;费用超支>进度落后 需要用高效人员更换一批工作效率低的人员
	BCWS>ACWP>BCWP CV<0 SV<0 CV<SV(绝对值)	费用超支,效率低;进度滞后,进度慢;费用超支<进度落后 建议增加高效人员投入项目
	BCWP>BCWS>ACWP CV>0 SV>0 CV>SV	费用节约,效率高;进度提前,进度快;费用节约>进度提前 若此时费用偏离在允许的范围内,可维持现状
	ACWP>BCWP>BCWS CV<0 SV>0	费用超支,进度提前 此时,建议抽出部分人员,增加少量骨干人员
	BCWP>ACWP>BCWS CV>0 SV>0 CV<SV	费用节约,效率高; 进度提前,进度快; 费用节约<进度提前 此时,可抽出部分人员,放慢进度
	BCWS>BCWP>ACWP CV>0 SV<0	费用节约;进度滞后 此时,需要采取赶工措施,迅速增加人员投入

3. 价值工程法

价值工程 VE(Value Engineering)，又称价值分析 VA(Value Analysis)、功能成本分析，是以产品或作业的功能分析为核心，以提高产品或作业的价值为目的，是对项目进行事前成本控制的一种方法。价值工程法在设计阶段应用较多，探究工程设计的技术合理性，探索有无改进的可能性，在提高功能的基础上降低成本。价值工程法同样适用于项目的施工阶段，进行施工方案的技术经济分析，降低施工成本。

1) 价值工程的定义

价值工程中价值的含义是产品的一定功能与获得这种功能所支出的费用之比，即：

$$价值\,V = \frac{功能\,F}{成本\,C}$$

式中，功能指研究对象(产品)所具有的能够满足某种需要的属性或效用；成本指产品在寿命期内所花费的全部费用，包括生产成本和使用成本。价值工程是一项有组织的管理活动，涉及面广，过程复杂，必须按照一定的程序进行。价值工程的工作步骤见表 7-32。

表 7-32　价值工程的工程步骤

工 作	含 义
对象选择	明确研究目标、选择影响产品成本和功能的关键因素
制订工作计划	组成价值工程领导小组，制订工作计划
收集信息	收集与研究对象相关的信息资料
功能分析(核心工作)	明确功能的本质和要求，弄清研究对象各项功能之间的关系以及功能评价标准，调整功能间的比重，使研究对象功能结构更合理
功能评价	计算研究对象的成本和功能评价值，分析各项功能与成本之间的匹配程度，以明确功能改进区域及改进思路，为方案创新做准备
方案创新及评价	在前述功能分析和评价的基础上，提出不同的方案，从技术、经济等方面综合评价各方案的优劣，从而选出最佳方案
方案实施与检查	制订实施计划、组织实施，并跟踪检查，对实施后取得的技术经济效果进行成果鉴定

2) 价值工程分析对象

按价值工程公式分析提高价值的途径，据此选择的价值分析对象详见表 7-33。当价值工程方法用于多方案评价选优时，遵循的原则是 V 越大越好；当价值工程方法用于成本控制时，价值系数低的(即投入的成本远远超过获得的功能的)，应是成本改进的对象，改善或优化的方向是 V=1，即投入的成本和获得的功能相匹配的，寻求对成本的有效降低。

表 7-33　价值工程分析对象及提高价值的途径表

提高价值的途径	价值分析对象
功能提高，成本不变	数量大、应用面广的构配件
功能不变，成本降低	成本高的工程和构配件
功能提高，成本降低	结构复杂的工程和构配件
降低辅助功能，大幅度降低成本	体积与质量大的工程和构配件；对产品功能提高起关键作用的构配件

续表

提高价值的途径	价值分析对象
成本稍有提高,大大提高功能	使用中维修费用高、耗能量大或使用期的总费用较大的工程和构配件
备注:选择价值系数低、降低成本潜力大的工作作为价值分析对象	在施工中容易保证质量的工程和构配件;施工难度大、多花费材料和工时的工程和构配件等

3) 价值系数的计算

价值工程法是为实现产品或作业的功能与成本之间的最佳比例,故需要对产品或作业的功能描述、整理以及功能计算问题等,采取一些方法对功能进行定量计算,然后与成本进行比较,计算出价值系数,计算步骤见表 7-34。

表 7-34　价值系数的计算步骤表

价值系数计算步骤	计 算 公 式
评分法计算各个分部分项工程的功能系数	功能系数$(F)=\dfrac{\text{分部分项工程得分}}{\text{施工项目总得分}}$
计算各个分部分项工程的成本系数	成本系数$(C)=\dfrac{\text{分部分项工程成本}}{\text{施工项目总成本}}$
计算各个分部分项工程的价值系数	价值系数$(V)=\dfrac{\text{功能系数}\ F}{\text{成本系数}\ C}$

【例 7-5】　某施工单位承接了某项工程的总包施工任务,该工程由 A、B、C、D 四项工作组成,施工场地狭小。为了进行成本控制,项目经理部对各项工作进行了分析,其结果见表 7-35。

表 7-35　价值分析有关的数据

工　　作	功能评分	预算成本/万元
A	18	680
B	35	1360
C	27	1200
D	20	760

【问题】

(1) 计算表 7-36 中 A、B、C、D 四项工作的评价系数、成本系数和价值系数(计算结果保留小数点后两位)。

表 7-36　价值工程各系数计算表

工作	功能评分	预算成本/万元	评价(功能)系数	成本系数	价值系数
A	18	680			
B	35	1360			
C	27	1200			
D	20	760			

（2）在 A、B、C、D 四项工作中，施工单位应首选哪项工作作为降低成本的对象？说明理由。

【解】

（1）各工作评价系数、成本系数和价值系数计算结果见表 7-37。

表 7-37　价值工程各系数计算结果表

工作	功能评分	预算成本/万元	评价（功能）系数	成本系数	价值系数
A	18	680	0.18	0.17	1.06
B	35	1360	0.35	0.34	1.03
C	27	1200	0.27	0.30	0.90
D	20	760	0.20	0.19	1.05
合计	100	4000	1.00	1.00	—

（2）施工单位应首选 C 工作作为降低成本的对象。

理由：C 工作价值系数低，降低成本潜力大。

7.3.4　工程项目成本核算

工程项目成本核算，是把一定时期内企业施工过程中所发生的费用，按其性质分类归集、汇总、核算，计算出该时期生产经营费用发生总额并分别计算出每种产品的实际成本和单位成本的管理活动。施工项目成本核算所提供的各种成本信息，是成本预测、成本计划、成本控制、成本分析和成本考核等成本管理的各环节的依据。工程项目成本核算包括两个环节，一是按照规定的成本开支范围对施工费用进行归集和分配，计算出施工费用的实际发生额；二是根据成本核算对象，采用适当的方法，计算出该施工项目的总成本和单位成本。

1．工程项目成本核算对象

工程项目成本核算对象是指在计算工程成本中，确定、归集和分配生产费用的具体对象，即生产费用承担的客体。成本计算对象的确定，是设立工程成本明细分类账户、归集和分配生产费用以及正确计算工程成本的前提。施工成本一般以单位工程为核算对象，也可按照承包工程项目的规模、工期、结构类型、施工组织和施工现场等情况，结合成本管理要求，灵活划分成本核算对象。

2．工程项目成本核算内容和工作流程

项目经理部在承建工程项目并收到设计图纸以后，一方面要进行现场"三通一平"等施工前期准备工作；另一方面，还要组织力量分头编制施工图预算、施工组织设计、降低成本计划和控制措施，最后将实际成本与预算成本、计划成本对比考核。通过实际成本与预算成本的对比，考核施工项目成本的降低水平；通过实际成本与计划成本的对比，考核工程项目成本的管理水平。

实施工程项目全过程成本核算，具体可分为定期的成本核算和竣工工程成本核算。其中，形象进度表达的工程量、统计施工产值的工程量和实际成本归集所依据的工程量均应是相同的数值，即工程项目形象进度、产值统计、实际成本归集三同步，三者的取值范围应是一致的。工程项目成本核算流程详见图 7-16。

工程项目成本核算工作流程 $\left\{\begin{array}{l}\text{① 项目开工后记录各分项工程中消耗的人工费、材料费、机}\\\text{械台班使用费等,这是成本管理的基础工作}\\\text{② 本期内工程完成状况的量度。对已完工程的量度按实计}\\\text{算确定。当跨期分项工程出现时,可以按照工作包中工序的}\\\text{完成进度计算}\\\text{③ 工程工地管理费及总部管理费实际开支的汇总、核算和分}\\\text{摊。为了明确项目经理部的经济责任,分清成本费用的可控}\\\text{区域,正确合理地反映项目管理的经济效益,企业和项目在管}\\\text{理费用上分开核算}\\\text{④ 各分项工程及总工程的各个费用项目核算及盈亏核算,提}\\\text{出工程成本核算报表}\end{array}\right.$

图 7-16　工程项目成本核算工作流程

对竣工工程的成本核算,应区分为竣工工程的现场成本和竣工工程的完全成本,分别由项目经理部和企业财务部门进行核算分析,以分别考核项目管理绩效和企业经营效益。

3.施工项目成本核算方法

施工项目成本核算方法常用的有三种,见表 7-38。

表 7-38　施工项目成本核算的方法

项　目	内　　容
会计核算	依靠会计方法为主要手段,通过设置账户、复式记账、填制和审核凭证、登记账簿、成本计算、财产清查和编制会计报表等一系列有组织有系统的方法,来记录企业的一切生产经营活动,然后据以提出用货币来反映的有关各种综合性经济指标的一些数据。资产、负债、所有者权益、营业收入、成本、利润等会计六要素指标,主要是通过会计来核算
业务核算	是各业务部门根据业务工作的需要而建立的核算制度,它包括原始记录和计算登记表。如单位工程及分部分项工程进度登记、质量登记、功效及定额计算登记、物资消耗定额记录、测试记录等
统计核算	是利用会计核算资料和业务核算资料,把企业生产经营活动客观现状的大量数据,按统计方法加以系统整理,表明其规律性

施工项目成本核算通过以上“三算”的方法,获得项目成本的第一手资料,并将项目总成本和各个成本项目进行实际值和计划目标值的互相对比,用于观察分析成本升降情况。

7.4　工程项目成本分析与考核

工程项目成本分析,是在成本形成过程中,对施工项目成本进行的对比评价和总结工作。主要是利用施工项目的成本核算资料,与计划成本、预算成本以及类似项目的实际成本进行比较,了解成本的变动情况,分析主要技术经济指标对成本的影响,系统地研究成本变动的因素,检查成本计划的合理性,深入揭示成本变动的规律,寻找降低施工项目成本的途径,以便有效地进行成本控制。

工程项目成本考核,是在施工项目完成后,对施工项目成本形成中的各责任者,按施工项目成本目标责任制的有关规定,将成本的实际指标与计划指标进行对比和考核,评定施工项目成本计划的完成情况和各责任者的业绩，并以此给以相应的奖励和处罚。

7.4.1 实际成本信息资料积累

施工项目实际成本信息资料等工程造价资料的积累，一般包括工程项目、单项工程和单位工程成本信息资料。主要是对工程进展情况和成本计划执行情况进行跟踪检查，收集有关费用支出和工程量完成情况的信息。

施工项目实际成本信息资料不仅包括“量”和“价”的方面，还包括工程建设基本情况、工程建筑结构特征、工程技术条件、建设条件等，注重收集资料的完整性。内容包括对成本有主要影响的技术经济条件，如项目技术标准、工程工期和施工地点等；主要的工程量、主要材料量和主要设备的名称、型号、规格、数量等；投资估算、概算、预算、竣工结算、竣工决算及造价指数等；工程结构特征、主要工程量、主要材料的用量和单价、人工工日用量和人工费以及相应的造价等。

7.4.2 实际成本与计划成本的比较与分析

根据收集的工程项目实际成本信息资料，进行工程项目实际成本与计划成本的比较和分析。

1. 施工成本分析的基本方法

施工成本分析的基本方法主要有：比较法、因素分析法、差额计算法、比率法等。

1）比较法

比较法又称“指标对比分析法”，即通过技术经济指标的对比，检查目标的完成情况，分析产生差异的原因，进而挖掘内部潜力的方法。其形式主要有：

(1) 实际指标与目标指标对比。以此检查目标完成情况，分析影响目标完成的积极因素和消极因素，以便及时采取措施，保证成本目标的实现。

(2) 本期实际指标与上期实际指标对比。通过此对比，可以看出各项技术经济指标的变动情况，反映施工管理水平的提高程度。

(3) 与同行业平均水平、先进水平对比。此对比可以反映本项目的技术管理和经济管理与行业的平均水平和先进水平的差距，进而采取措施提高本项目水平。

【例 7-6】 某项目当年节约“三材”的目标为 18 万元，实际节约 20 万元，上年节约 16 万元，本企业先进水平节约为 22 万元。试将当年实际数与当年目标数、上年实际数、企业先进水平对比。

【解】 对比情况见表 7-39。

表 7-39 成本分析对比表

万元

指标	本年目标数	上年实际数	企业先进水平	本年实际数	差异数(对比)		
					与目标	与上年	与先进
“三材”节约额	18	16	22	20	+2	+4	−2

由表可知,"三材"节约额实际数比目标数和上年实际数均有增加,但是本企业比先进水平还少 2 万元,尚有潜力可挖。

2)因素分析法

因素分析法又称连锁置换法或连环代替法。此方法可用来分析各种成本因素对成本的影响程度。在进行分析时,首先要假定众多成本因素中的一个因素发生了变化,而其他因素则不变,然后逐个替换,分别计算其计算结果,并确定各个成本因素的变化对成本的影响程度。因素分析法计算步骤如下:

(1)确定分析对象,并计算出实际与目标数的差异。

(2)确定该指标是由哪几个因素组成的,并按其相互关系进行排序(排序规则是,先实物量、后价值量;先绝对值,后相对值)。

(3)以目标数为基础,将各因素的目标数相乘,作为分析替代的基数。

(4)将各个因素的实际数按照上面的排列顺序进行替换计算,并将替换后的实际数保留下来。

(5)将每次替换计算所得的结果,与前一次的计算结果相比较,两者的差异即为该因素对成本的影响程度。

(6)各个因素的影响程度之和,应与分析对象的总差异相等。

【例 7-7】 商品混凝土目标成本为 463500 元,实际成本为 490048 元,比目标成本增加 26548 元,资料见表 7-40,分析成本增加的原因。

表 7-40 商品混凝土目标成本与实际成本对比表

项目	单位	目标	实际	差额
产量	m³	600	620	+20
单价	元	750	760	+10
损耗率	%	3	4	+1
成本	元	463500	490048	+26548

【解】

(1)分析对象是商品混凝土的成本,实际成本与目标成本的差额为 26548 元,该指标是由产量、单价、损耗率三个因素组成的,详见上表。

(2)以目标数 463500 元(463500=600×750×1.03)为分析替代的基础。

第一次替代产量因素,以 620 替代 600:

620×750×1.03=478950(元);

第二次替代单价因素,以 760 替代 750,并保留上次替代后的值:

620×760×1.03=485336(元);

第三次替代损耗率因素,以 1.04 替代 1.03,并保留上两次替代后的值:

620×760×1.04=490048(元)。

(3)计算差额

第一次替代与目标数的差额=478950-463500=15450 元;

第二次替代与第一次替代的差额=485336-478950=6386 元;

第三次替代与第二次替代的差额＝490048－485336＝4712元。

（4）产量增加使成本增加了15450元，单价提高使成本增加了6386元，而损耗率上升使成本增加了4712元。

（5）各因素的影响程度之和＝15450＋6386＋4712＝26547元，和实际成本与目标成本的总差额相等。

为了使用方便，企业也可以通过运用因素分析表来求出各因素变动对实际成本的影响程度，详见表7-41。

表7-41　商品混凝土成本变动因素分析表

顺序	连环替代计算	差异	因素分析
目标数	600×750×1.03		
第一次替代	620×750×1.03	15450	由于产量增加20m³，成本增加15450元
第二次替代	620×760×1.03	6386	由于单价提高10元，成本增加6386元
第三次替代	620×760×1.04	4712	由于损耗率上升1%，成本增加4712元
合计	15450＋6386＋4712＝26548	26548	

3）差额计算法

差额计算法是因素分析法的一种简化形式，它利用各个因素的目标值与实际值的差额来计算其对成本的影响程度。

【例7-8】　某施工项目某月的实际成本降低额比目标数提高了6万元，详见表7-42。使用差额分析法分析成本降低额超过目标数的原因，以及成本降低率对成本降低额的影响程度。

表7-42　差额计算分析表

项目	计划降低	实际降低	差异
预算成本	400万元	450万元	＋50万元
成本降低率	3%	4%	＋1%
成本降低额	12万元	18万元	＋6万元

【解】

预算成本增加对成本降低额的影响程度：（450－400）×3%＝1.5（万元）

成本降低率提高对成本降低额的影响程度：（4%－3%）×450＝4.5（万元）

合计：1.5＋4.5＝6（万元）。其中，成本降低率的提高是主要原因，根据有关资料可进一步分析成本降低率提高的原因。

4）比率法

比率法是用两个以上指标的比例进行分析的方法。它的基本特点是先把对比分析的数值变成相对数，再观察其相互之间的关系。常用的比率法有以下几种。

（1）相关比率。由于项目经济活动的各个方面是相互联系，相互依存，又相互影响的，因而将两个性质不同而又相关的指标加以对比，求出比率，并以此来考察经营成果的好坏。

（2）构成比率。通过构成比率，可以考察成本总量的构成情况以及各成本项目占成本总量的比例,同时可看出量、本、利的比例关系(即预算成本、实际成本和降低成本的比例关系),从而为寻求降低成本的途径指明方向。样表见表 7-43。

表 7-43　构成比率法样表

成本项目	预算成本		实际成本		降低成本		
	金额	比重	金额	比重	金额	占本项%	占总量%
人工费							
材料费							
机械使用费							
...							

(3) 动态比率。是将同类指标不同时期的数值进行对比,求出比率,用以分析该指标的发展方向和发展速度。动态比率的计算通常采用基期指数(或稳定比指数)和环比指数两种方法。动态比率法样表详见表 7-44。

表 7-44　动态比率法样表

指标	第一季度	第二季度	第三季度	第四季度
降低成本/万元	66.50	69.20	72.50	76.40
基期指数/%		104.06	109.02	114.89
环比指数/%		104.06	104.77	109.66

备注:基期指数假定第一季度=100%;环比指数上一季度=100%。

2. 综合成本的分析方法

综合成本分析方法是指涉及多种生产要素,并受多种因素影响的成本费用,如分部分项工程成本,月(季)度成本、年度成本等。由于这些成本都是随着项目施工的进展而逐步形成的,与生产经营有着密切的关系。因此,做好上述成本的分析工作,无疑将促进项目的生产经营管理,提高项目的经济效益。

(1) 分部分项工程成本分析,是施工项目成本分析的基础,其对象为已完成分部分项工程。分析方法是进行预算成本、目标成本和实际成本的“三算”对比,分别计算实际偏差,分析偏差产生的原因,为今后的分部分项工程成本寻求节约途径。

(2) 月(季)度成本分析,是施工阶段定期的、经常性的中间成本分析。

(3) 年度成本分析。由于项目的施工周期一般较长,进行年度成本的核算和分析,为今后的成本管理提供经验和教训。

(4) 竣工成本的综合分析。凡是有几个单位工程而且是单独进行成本核算(即成本核算对象)的施工项目,其竣工成本分析应以各单位工程竣工成本分析资料为基础,再加上项目经理部的经营效益(对外分包等)进行综合分析。

7.4.3　项目成本考核

施工项目成本考核,是贯彻项目成本责任制的重要手段,也是项目管理激励机制的体现。施工成本考核的目的是通过衡量项目成本降低的实际成果,对成本指标完成情况进行总结和评价。

项目成本考核的内容应包括责任成本完成情况考核和成本管理工作业绩考核。施工成本考核的做法是分层进行,企业对项目经理部进行成本管理考核,项目经理部对项目内部各岗位及各作业层进行成本管理考核。因此,企业和项目经理部都应建立健全项目成本考核的组织,公正、公平、真实、准确地评价项目经理部及管理人员的工作业绩和问题。

项目成本考核应按照下列要求进行:企业对施工项目经理部进行考核时,应以确定的责任目标成本为依据。项目经理部应以控制过程的考核为重点,控制过程的考核应与竣工考核相结合。各级成本考核应与进度、质量、成本等指标完成情况相联系。项目成本考核的结果应形成文件,为奖罚责任人提供依据。

7.5 降低工程项目成本的途径与措施

降低施工成本的途径,应该是既增收又节支(表7-45)。

表 7-45 降低工程项目成本的途径

途　　径	含　　义
认真会审图纸,积极提出修改意见	从方便施工,有利于加快施工进度和保证工程质量等方面综合考虑,提出积极的修改意见,在取得用户和设计单位的同意后,修改设计图纸,同时办理增减账
加强合同预算管理,降低工程成本	深入研究合同内容,正确编制施工图预算,根据工程变更资料,及时办理增减账
制订先进的、经济合理的施工方案	施工方案主要包括四项内容:施工方法的确定、施工机具的确定、施工顺序的安排和流水施工的组织
落实技术组织措施	在项目经理的领导下明确分工:由工程技术人员定措施,材料人员供材料,现场管理人员和班组负责执行,财务成本员结算节约效果,最后由项目经理对有关人员进行奖罚
组织均衡施工,加快施工进度	按照编制的进度计划,组织均衡施工,将施工成本控制在计划范围内
降低材料成本	材料成本在整个项目成本中比重最大(一般可达70%),因此,节约材料成本,成为降低项目成本的关键:节约采购成本、严格执行材料消耗定额、正确核算材料消耗水平、加强现场管理
提高机械利用率	结合施工方案的制定,从机械性能、操作运行和台班成本等因素综合考虑,选择最适合项目施工特点的施工机械;做好工序、工种机械施工的组织工作,最大限度地发挥机械效能;做好平时的机械维修保养工作
运用激励机制,调动职工增产节约的积极性	对关键工序施工的关键班组要实行重奖;对材料操作损耗特别大的工序,可由生产班组直接承包

为取得施工成本管理的理想成效,应从多方面采取措施实施管理,通常可以将这些措施归纳为组织措施、技术措施、经济措施和合同措施,详见表7-46。

表 7-46 施工项目成本控制措施

措施	含 义
组织措施	实行项目经理责任制,落实施工成本管理的组织结构和人员,明确各级施工成本管理人员的任务和职能分工、权利和责任 编制施工成本控制工作计划、确定合理详细的工作流程
技术措施	进行技术经济分析,确定最佳的施工方案;结合施工方法,进行材料使用的比选,在满足功能要求的前提下,降低材料消耗的费用;确定合适的施工机械、设备使用方案等
经济措施	编制资金使用计划,确定、分解施工成本管理目标;对施工成本管理目标进行风险分析,并制定防范性对策;及时准确地记录、收集、整理、核算实际发生的成本;对各种变更,及时做好增减账,通过偏差分析和未完工工程预测,发现一些潜在的问题
合同措施	首先是选用合适的合同结构;在合同的条款中,仔细考虑一切影响成本和效益的因素,采取必要的风险对策;在合同执行过程中,要密切注视对方合同执行的情况,同时要密切关注自己履行合同的情况

7.6 案例分析(某工程项目成本控制分析)

某公司中标的建筑工程的网络计划,计划工期 12 周,其持续时间和费用,各项工作实际完成的工程量与计划完成的工程量等,见表 7-47。工程进行到第 9 周时,D 工作完成了 2 周,E 工作完成了 1 周,F 工作已完成。

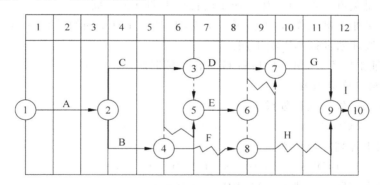

图 7-17 某公司中标的建筑工程的网络计划图

表 7-47 某工程网络计划的工作时间(周)和费用(万元)表

工 作 名 称	A	B	C	D	E	F	G	H	I	合计
持续时间	3	2	3	3	2	1	2	1	1	
计划完成成本	12	10	8	12	16	18	34	20	36	166
计划支出成本	14	12	10	10	18	16	25	20	18	143
功能评分	10	12	13	14	8	14	12	8	9	100

【问题】

(1) 绘制实际进度前锋线;

(2) 如果后续工作按计划进行,试分析 D、E、F 三项工作对计划工期产生了什么影响?

(3) 如果要保证工期不变,第 9 周后需要压缩哪项工作?

（4）若第 9 周末实际支出成本 68 万元，试计算并分析第 9 周末费用偏差和进度偏差。

（5）计算 A、B、C、D、E、F、G、H、I 9 项工作的评价系数、成本系数和价值系数（计算结果保留小数点后两位）。

（6）在上述的 9 项工作中，施工单位应首选哪项工作作为降低成本的对象？说明理由。

【解】

（1）第 9 周实际进度前锋线，见图 7-18。

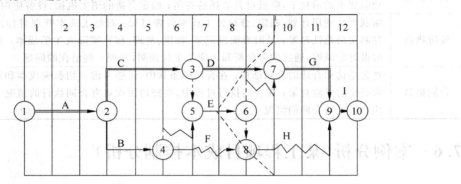

图 7-18　某工程第 9 周实际进度前锋线图

（2）三项工作对进度的影响

① D 工作是关键工作，D 工作延误 1 周将使工期延长 1 周；

② E 工作是非关键工作，E 工作延误 1 周，但 E 工作有 1 周的总时差，不影响工期；

③ F 工作按计划进行不影响工期。

（3）为保证工期不变，第 9 周后将 G 工作持续时间压缩 1 周。

（4）成本偏差及费用偏差

① 第 9 周末已经完成计划成本：

$$BCWP=12+10+8+2/3\times12+1/2\times16+18=64（万元）$$

② 第 9 周末计划完成成本：

$$BCWS=12+10+8+12+16+18+20=96（万元）$$

③ 第 9 周末实际支出成本：$ACWP=68（万元）$

$$CV=BCWP-ACWP=64-68=-4\text{ 万元}<0\text{ 成本超支}$$
$$SV=BCWP-BCWS=64-96=-32\text{ 万元}<0\text{ 进度延误}$$

（5）工作 A、B、C、D、E、F、G、H、I 的评价系数、成本系数和价值系数计算见表 7-48。

（6）施工单位应首选 H 工作作为降低成本的对象。理由是：H 工作价值系数最低，降低成本潜力最大。

表 7-48　本工程有关计算系数表

工作名称	功能评分	计划支出成本	功能系数	成本系数	价值系数
A	10	14	0.10	0.10	1.00
B	12	12	0.12	0.08	1.50
C	13	10	0.13	0.07	1.86
D	14	10	0.14	0.07	2.00

续表

工作名称	功能评分	计划支出成本	功能系数	成本系数	价值系数
E	8	18	0.08	0.13	0.62
F	14	16	0.14	0.11	1.27
G	12	25	0.12	0.17	0.71
H	8	20	0.08	0.14	0.57
I	9	18	0.09	0.13	0.69
合计	100	143	1.00	1.00	—

本章习题

一、单项选择题

1. 施工成本管理的每一个环节都是相互联系和相互作用的,其中( )是成本决策的前提。

    A. 成本预测　　　　B. 成本计划　　　　C. 成本核算　　　　D. 成本考核

2. 若施工企业所能依据的定额齐全,则在编制施工作业计划时宜采用的定额是( )。

    A. 概算指标　　　　B. 概算定额　　　　C. 预算定额　　　　D. 施工定额

3. 时间-成本累积曲线的特征是( )。

    A. 每个工程只有一条时间-成本累积曲线

    B. 每一条时间-成本累积曲线都对应某一特定的工程进度计划

    C. 时间-成本累积曲线是按最早开始时间编制所形成的曲线

    D. 时间-成本累积曲线必然包络在由关键工作都按最早开始时间开始和关键工作都按最迟必须开始时间开始的曲线所组成的"香蕉图"内

4. 某打桩工程施工到第三个月底,出现了工程的费用偏差小于 0,进度偏差大于 0 的状况。则至第三个月底该打桩工程的已完工作实际费用(ACWP)、计划工作预算费用(BCWS)和已完工作预算费用(BCWP)的关系可以表示为( )。

    A. BCWP>ACWP>BCWS　　　　　　B. BCWS>BCWP>ACWP

    C. ACWP>BCWP>BCWS　　　　　　D. BCWS>ACWP>BCWP

5. 价值工程中价值的含义是产品的( )。

    A. 使用价值

    B. 交换价值

    C. 效用价值

    D. 一定功能与获得这种功能所支出的费用之比

二、多项选择题

1. 关于施工总承包费用控制特点的说法,正确的有( )。

    A. 投标人的投标报价依据较充分

    B. 不利于业主对总造价的早期控制

    C. 在施工过程中发生设计变更,可能发生索赔

    D. 业主的合同管理工作量大大增加

    E. 合同双方的风险较低

2. 分部分项工程成本分析过程中,计算偏差和分析偏差产生的原因,首先需进行对比的"三算"是(　　)。

　　A. 预算成本　　　　　B. 业务成本　　　　　C. 目标成本　　　　　D. 实际成本

　　E. 统计成本

3. 关于运用动态控制原理控制施工成本的方法,正确的有(　　)。

　　A. 相对于工程合同价而言,施工成本规划的成本值是实际值

　　B. 施工成本的计划值和实际值的比较,可以是定性的比较

　　C. 如果原定施工成本目标无法实现,则应采取特别措施及时纠偏,以免产生严重的不良后果

　　D. 在进行成本目标分解时,要分析和论证其实现的可能性

　　E. 成本计划值和实际值比较的成果是成本跟踪和控制报告

4. 在施工成本控制的步骤中,分析是在比较的基础上,对比较结果进行的分析,目的有(　　)。

　　A. 发现成本是否超支　　　　　　　　　B. 确定纠偏的主要对象

　　C. 确定偏差的严重性　　　　　　　　　D. 找出产生偏差的原因

　　E. 检查纠偏措施的执行情况

5. 提高产品价值的途径(　　)。

　　A. 在提高功能水平的同时,降低成本

　　B. 在保持成本不变的情况下,提高功能水平

　　C. 在提高功能水平的同时,提高成本

　　D. 在保持功能水平不变的情况下,降低成本

　　E. 成本稍有增加,功能水平大幅度提高

三、思考题

1. 简述施工成本的概念及构成。

2. 工程项目成本管理的内容有哪些?

3. 施工阶段目标成本的编制程序是什么?

4. 什么是工期-累计计划成本曲线?如何绘制?

5. 简述施工项目成本控制的原理。

6. 施工成本控制的程序及主要内容是什么?

7. 什么是挣值分析法?如何进行挣值分析?

8. 降低工程成本的主要途径有哪些?

9. 成本分析的方法有哪些?

四、案例分析题

1. 某建筑工程施工进度计划网络图见图 7-19。

施工中发生了以下事件。

事件 1：A 工作因设计变更停工 10d;

事件 2：B 工作因施工质量问题返工,延长工期 7d;

事件 3：E 工作因建设单位供料延期,推迟 3d 施工;

事件 4：在设备管道安装气焊作业时,火星溅落到正在施工的地下室设备用房聚氨酯防水涂膜层上,引起火灾。

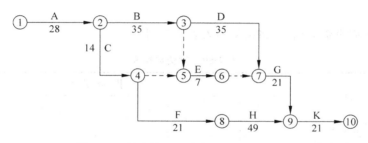

图 7-19　某建筑工程施工进度计划网络图

在施工进展到第 120 天后,施工项目部对第 110 天前的部分工作进行了统计检查。统计数据见表 7-49。

表 7-49　某建筑工程施工统计数据表　　　　　　　　　　　　　　万元

工作代号	计划完成工作预算成本	已完成工作量/%	实际发生成本	挣得值
1	540	100	580	
2	820	70	600	
3	1620	80	840	
4	490	100	490	
5	240	0	0	
合计				

【问题】

(1) 本工程计划总工期和实际总工期各为多少天?

(2) 施工总承包单位可否就事件 1~事件 3 获得工期索赔? 分别说明理由。

(3) 计算截止到第 110 天的合计 BCWP 值。

(4) 计算第 110 天的成本偏差 CV 值,并做 CV 值结论分析。

(5) 计算第 110 天的进度偏差 SV 值,并做 SV 值结论分析。

2. 某工程计划进度与实际进度如图 7-20 所示,图中实线表示计划进度(进度线上方的数据为每周预算成本),虚线表示实际进度(进度线上方的数据为每周实际成本),假定各分项工程每周计划完成和实际完成的工程量相等,且进度匀速进展。

分项 工程	进度计划/周									
	1	2	3	4	5	6	7	8	9	10
A	6　6　6 6　6　5									
B		5　5　5　5 　4　4　5　5								
C			8　8　8　8 　8　8　7　7							
D					3　3　3　3 　4　4　3　3					

图 7-20　某工程计划进度与实际进度横道图比较

【问题】

（1）计算每周投资数据,并将结果填入表 7-50 中。

表 7-50　投资数据表

项　　目	投 资 数 据									
	1	2	3	4	5	6	7	8	9	10
每周计划工作量预算成本										
计划工作量预算成本累计										
每周已完成工程实际成本										
已完成工程实际成本累计										
每周已完成工程计划成本										
已完成工程计划成本累计										

（2）分析第 5 周和第 8 周末的成本偏差和进度偏差。

（3）某工程浇筑一层结构商品混凝土,目标成本为 364000 元,实际成本为 383760 元,比目标成本增加 19760 元,资料见表 7-51。

表 7-51　商品混凝土目标成本与实际成本对比表

项　　目	单　　位	目　　标	实　　际	差　　额
产量	m³	500	520	＋20
单价	元	700	720	＋20
损耗率	％	4	2.5	－1.5
成本	元	364000	383760	＋19760

【问题】

试述因素分析法的基本理论,并根据表 7-51 的资料,分析其成本增加的原因。

习题答案

一、单项选择题

1. A　2. D　3. B　4. B　5. D

二、多项选择题

1. ACE　2. ACD　3. ACD　4. CD　5. ABDE

三、思考题（答案略）

四、案例分析题（答案略）

第8章

土木工程项目全面风险管理

教学要点和学习指导

本章叙述了土木工程项目全面风险管理的基本管理知识；项目全面风险管理的基本概念、项目风险因素的分析、项目风险的识别、项目风险分析与评价、风险防范措施与方法、几种重要的风险管理、项目保险与担保。

本章所涉及的具体概念比较多，但不难掌握。在学习中，难点是理解土木工程项目风险管理的步骤和分析评价。通过本章的学习，读者可以了解项目风险管理的基本知识，了解识别方法等。

8.1　工程项目风险识别

8.1.1　风险及风险管理

风险是在给定条件下和特定时间内，可能发生的结果间的差异。

风险管理是指对风险的不确定性及可能性等因素进行考察、预测、分析的基础上，制定出包括识别衡量风险、管理处置风险、控制防范风险等一整套科学系统的管理方法，其目的是减少风险对项目实施过程的影响，保证项目目标的实现。

土木工程项目风险是指土木工程项目实施过程中对目标产生影响的各种不确定因素，是影响施工项目目标实现的事先不能确定的内外部干扰因素及其发生的可能性。土木工程项目一般都规模大、工期长、关联单位多、与环境接口复杂，包含着大量的风险。

土木工程项目风险管理是用系统的动态的方法，对施工项目实施全过程中的每个阶段所包括的全部风险进行识别、衡量、控制。有准备地科学地安排、调整施工活动中合同、经济、组织、技术、管理等各个方面和质量、速度、成本、安全等各个子系统的工作，使之顺利进行，减少风险损失，创造更大效益的综合性管理工作。

土木工程项目风险管理主要包括风险识别、风险分析与评价、风险的防范措施与方法等工作过程。施工项目管理人员应对工程项目实施全过程进行风险管理，加强工程项目实施过程中对风险的防范。

8.1.2　风险识别的步骤与方法

风险识别是确认施工活动中客观存在的各种风险，从总体到细节，从宏观到微观，层层分解，并根据项目风险的相互关系将其归纳为若干个子系统，使人们能比较容易地识别项目风险。根据项目特点一般按目标、时间、结构、环境、因素等进行综合分析。具体做法有：

（1）分析询问。通过向有关经济、施工、技术专家和当事人提出一系列有关财产和经营的问卷调查，了解相关风险因素、风险程度和有关信息。

（2）分析财务报表。通过分析资产负债表、损益表、财务现金流量表、资金来源与运用表及相关资料可以从财务角度发现识别企业当前所面临的潜在风险和财务损失风险；将这些报表与财务预测、预算结合起来，可以发现未来风险。

（3）绘制流量图。将一项特定的经营活动按步骤或阶段顺序以若干模块形式形成一个施工项目流量图系列，对每个模块都进行深入调查分析，以发现潜在的风险，并标出各种潜在的风险或利弊因素，从而给决策者一个清晰具体的印象。

（4）现场考察。通过现场考察了解有关施工项目的第一手资料能发现许多客观存在的风险因素，做到心中有数，有利于对未来施工活动中的风险因素预测。各部门相互配合与施工项目活动相关的各个部门都应参与风险识别工作，提供有关信息、意见和敏感因素资料，共同商讨，分析判断。最后，由决策部门进行取舍、判断，形成结论。

（5）参考统计记录。借鉴以往的历史资料和类似施工项目的风险案例是施工项目风险识别的一个重要手段。

（6）环境分析。详细分析企业或一项特定的经营活动的外部环境与内在风险的联系是风险识别的重要方面。分析外部环境时，应着重分析项目的资金来源、业主的基本情况、可能的竞争对手、政府管理系统和材料的供应情况等几项因素；分析内部环境时，主要考察项目的组织机构、管理水平、人财物资源等状况。

（7）向外部咨询。在自己已经辨识风险的提前下，还应向有关行业、部门或专家进一步咨询。

8.2 工程项目风险分析与评价

8.2.1 工程项目风险因素分析

风险因素分析是确定一个项目的风险范围，即有哪些风险存在，将这些风险因素逐一列出，以作为全面风险管理的对象。在不同阶段，由于目标设计、项目的技术设计和计划，环境调查的深度不同，人们对风险的认识程度也不同，经历一个由浅入深逐步细化的过程。但不管哪个阶段首先都是将对项目目标有影响的各种风险罗列出来，作为项目风险目录，再采用系统方法进行分析。

风险因素分析是基于人们对项目系统风险的基本认识上的，通常先罗列对整个工程建设有影响的风险，然后再注意对自己有重大影响的风险，罗列风险因素通常要从多角度、多方面进行，形成对项目系统风险的多方位透视，风险因素分析可以采用结构化分析方法，即由总体到细节，由宏观到微观，层层分解。通常可以从以下几个角度进行分析。

1. 按项目系统要素进行分析

从项目系统要素进行分析，最常见的风险因素为：

（1）政治风险。例如政局的不稳定性,战争状态、动乱、政变可能性,国家的对外关系,政府信用和政府廉洁程度,政策及政策的稳定性,经济的开放程度或排外性,国有化的可能性、国内的民族矛盾、保护主义倾向等。

（2）法律风险。如法律不健全,有法不依、执法不严,相关法律内容的变化,法律对项目的干预;可能对相关法律未能全面正确理解,工程中可能有触犯法律的行为等。

（3）经济风险。国家经济政策的变化,产业结构的调整,项目产品的市场变化,项目的工程承包市场,劳动力市场的变动,工资的提高,物价的上涨,通货膨胀速度加快,原材料进口风险,金融风险,外汇率的变化等。

（4）自然条件。如地震、风暴,特殊的未预测到的地质条件如泥石流、河塘、垃圾场、流沙、泉眼等,反常的恶劣的雨、雪天气,冰冻天气,恶劣的现场条件,周边存在对项目的干扰源,工程项目的建设可能对自然环境的破坏,不良的运输条件可能造成供应中断。

（5）社会风险。包括宗教信仰的影响和冲击,社会治安的稳定性,社会的禁忌,劳动者的文化素质,社会风气等。

2. 按项目的行为主体进行分析

从项目的行为主体进行分析,产生的主要风险有:

（1）业主和投资者。例如,业主的支付能力差,企业的经营状况恶化,资金不足,企业倒闭,撤走资金,或改变投资方向,改变项目目标;业主违约,苛求、刁难、随便改变主意,但又不赔偿,错误的行为和指令,非程序的干预工程;业主不能完成合同责任,如不及时供应其负责的设备材料,不及时交付场地,不及时支付工程款。

（2）承包商（分包商、供应商）。例如,技术能力和管理能力不足,没有适合的技术专家和项目经理,不能积极地履行合同,由于管理和技术方面的失误造成工程中断。

（3）项目管理者。例如,项目管理者的管理能力、组织能力、工作热情和积极性、职业道德、公正性差;管理风格、文化偏见,可能会导致不正确地执行合同,在工程中苛刻要求;在工程中起草错误的招标文件、合同条件,下达错误的命令。

（4）其他方面。例如,中介人的资信、可靠性差;政府机关人员,城市公共供应部门（如水电等部门）的干预等。

3. 按风险对目标的影响进行分析

按风险对目标的影响进行分析,产生的风险有:

（1）工期风险。局部的（工程活动、分项工程）或整个工程的工期延长,不能及时投入使用。

（2）费用风险。包括财务风险、成本超支、投资追加、报价风险、收入减少、投资回收期延长或无法收回、回报率降低。

（3）质量风险。包括材料、工艺、工程不能通过验收,工程生产不合格,经过评价质量未达到标准。

（4）生产能力的风险。项目建成后达不到设计生产能力,可能是由于设计、设备问题或生产用原材料、能源、水、电供应问题。

（5）市场风险。工程建成后产品未达到预期的市场份额,销售不足,没有销路,没有竞争力。

（6）信誉风险。企业形象、职业责任、企业信誉的损害。

（7）人身伤亡、安全、健康以及工程设备的损坏。

（8）法律责任。可能被起诉或承担相应法律或合同的处罚。

4．按管理的过程和要素进行分析

这里包括极其复杂的内容，常常是分析责任的依据。例如：

（1）高层战略风险，如指导方针、战略思想可能有错而造成项目目标设计错误。

（2）环境调查和预测的风险。

（3）决策风险，如错误的选择、错误的投标决策、报价等。

（4）计划风险，包括对目标（任务书、合同招标文件）理解错误，合同条款不准确、不严密、错误、二义性，过于苛刻的单方面约束性的、不完备的条款，方案错误、报价（预算）错误、施工组织措施错误。

（5）实时控制的风险。例如：

① 合同风险。合同未履行，合同伙伴争执，责任不明，产生索赔要求。

② 供应风险。如供应拖延、供应商不履行合同，运输中的损坏以及在工地上的损失。

③ 新技术、新工艺风险。

④ 由于分包次数太多，造成计划执行和调整实施控制的困难。

⑤ 工程管理失误。

8.2.2 风险分析的方法

1．核对表法

风险识别实际就是关于将来风险事件的设想，是一种预测。如果把经历的风险事件及其来源罗列出来，写成一张核对表，那么项目管理人员看了可开阔思路，容易想到本项目会有哪些潜在的风险。核对表可以包含多种内容，例如以前工程项目成功或失败的原因、项目其他方面规划的结果（范围、成本、质量、进度、采购与合同、人力资源与沟通等计划成果）、项目的工程概况、项目班子成员的技能、项目可用的资源等，还可以到保险公司去收集资料，认真研究其中的保险例外，这能够提醒还有哪些风险尚未考虑。

2．常识、经验和判断法

以前的工程项目积累的资料、数据、经验和教训，项目班子成员个人的常识、经验和判断在风险识别时非常有用。对于那些采用新技术、无先例可循的工程项目，更是如此。另外，将项目有关各方找来就风险识别进行面对面的讨论，也有可能触及一般规划活动中未曾或不能发现的风险。

3．实验或试验结果法

利用实验或试验结果识别风险实际上是花钱买信息。例如在地震区建设高耸的电视塔，预先做一个模型，放在振动台上进行抗震实验等。实验或试验还包括数学模型、计算机模型、市场调查等方法。进行文献调查也属于这种方法。

4. 敏感性分析法

敏感性分析研究在项目寿命期内，当项目变数（例如产量、产品价格、变动成本等）以及项目的各种前提与假设发生变动时，项目的性能（例如现金流的净现值、内部收益率等）会出现怎样的变化以及变化范围。敏感性分析能够回答哪些项目变数或假设的变化对项目的性能影响最大。这样，项目管理人员就能识别出风险隐藏在哪些项目变数或假设下。

5. 事故树分析法

在可靠性工程中常常利用事故树进行系统的风险分析。此法不仅能识别出导致事故发生的风险因素，还能计算出风险事件发生的概率。事故树是由节点与连接节点的线组成。节点表示事件，而连线表示事件之间的关系。事故树分析是从结果出发，通过演绎推理查找原因的过程。在风险识别中，事故树分析不但能够查明项目的风险因素，求出风险事故发生的概率，还能提出各种控制风险因素的方案，既可做定性分析，也可做定量分析。事故树分析一般用于技术性强、较为复杂的项目。对于使用者的要求也比较高。

6. 头脑风暴法

头脑风暴法（Brain storming）是为了克服阻碍产生创造性方案的一种相对简单的方法。它利用一种思想产生过程，鼓励提出任何种类的方案设计思想，同时禁止对各种方案的任何批评。

在典型的头脑风暴会议中，人们围桌而坐。群体领导者以一种明确的方式向所有参与者阐明问题，然后成员在一定的时间内"自由"提出尽可能多的方案，不允许任何批评，并将所有方案当场记录下来，留待稍后讨论和分析。

7. 德尔菲法

德尔菲法依据系统的程序，采用匿名发表意见的方式，即专家之间不得互相讨论，不发生横向联系，只能与调查人员发生关系，通过多轮次调查专家对问卷所提问题的看法，经过反复征询、归纳、修改，最后汇总成专家基本一致的看法，作为预测的结果。这种方法具有广泛的代表性，较为可靠。

德尔菲法的具体实施步骤如下：

（1）组成专家小组。按照工程项目所需要的知识范围，确定专家。专家人数的多少，可根据预测项目的大小和涉及面的宽窄而定，一般不超过20人。

（2）向所有专家提出所要预测的问题及有关要求，并附上有关这个问题的所有背景材料，同时请专家提出还需要什么材料。然后，由专家做书面答复。

（3）各个专家根据他们所收到的材料，提出自己的预测意见，并说明自己是怎样利用这些材料并提出预测值的。

（4）将各位专家第一次判断意见汇总，列成图表，进行对比，再分发给各位专家，让专家比较自己同他人的不同意见，修改自己的意见和判断。也可以把各位专家的意见加以整理，或请身份更高的其他专家加以评论，然后把这些意见再分送给各位专家，以便他们参考后修改自己的意见。

(5) 将所有专家的修改意见收集起来,汇总,再次分发给各位专家,以便做第二次修改。逐轮收集意见并为专家反馈信息是德尔菲法的主要环节。收集意见和信息反馈一般要经过三四轮。在向专家进行反馈的时候,只给出各种意见,不说明发表各种意见的专家的具体姓名。这一过程重复进行,直到每一个专家不再改变自己的意见为止。

(6) 对专家的意见进行综合处理。德尔菲法同常见的召集专家开会,通过集体讨论,得出一致预测意见的专家会议法既有联系又有区别。

8. 工作分解结构法(WBS)

WBS(Work Breakdown Structure)是一种分层次定义项目范围内工作的方法,它将整个项目分解成若干子项,再分为工作和子工作,继而再细分为一系列更小的任务。通过这样的层层细分,将项目划分到各个可以切实关注和操作的程度,这样既可以使每一步的工作具有切实的目标,也可以很清晰地反映工作的完成程度。

由于项目管理在建筑行业中的应用已经较为成熟,对项目在现场的实施过程从计划、组织、协调、控制各个方面都有了很多切实可行的办法,有许多可以借鉴的经验。

9. 现场考察法

现场考察对于识别风险非常重要,通过对现场的实地考察,可以发现许多客观存在的因素,有利于帮助企业预测、判断某些不确定性因素。如投标报价前的现场实地考察,通过对模拟建设项目的地理位置,现场周边的环境,包括建筑物的状况、居民的情况、交通运输的情况、管辖部门的情况,地质形成的过程等的实地调查,得出直观的认识,可以分析工程项目的外部环境与内在风险的联系,也是分辨识别风险的重要环节。

8.2.3 风险分析的评价

风险评价是分析项目所有阶段的整体风险、各风险之间的相互影响、相互作用以及对项目的总体影响、项目主体对风险的承受能力等。

风险评价的4个目的:

(1) 对项目诸风险进行比较和评价,确定它们的先后顺序。

(2) 表面上看起来不相干的多个风险事件常常有一个共同的风险来源。

(3) 考虑各种不同风险之间相互转化的条件,研究如何才能化风险为机会,还要注意,原以为是机会的在什么条件下会转化为风险。

(4) 进一步量化已识别风险的发生概率和后果,减少风险发生概率和后果估计中的不确定性。必要时根据项目形势的变化重新分析风险发生的概率和可能的后果。

风险评价可分三步:

(1) 确定风险评价基准。风险评价基准就是项目主体对每一种风险后果确定的可接受水平。单个风险和整体风险都要确定评价基准,分别称为单个评价基准和整体评价基准。风险的可接受水平可以是绝对的,也可以是相对的。

(2) 确定项目整体风险水平。项目整体风险水平是综合了所有个别风险之后确定的。

(3) 将单个风险与单个评价基准、项目整体风险水平与整体评价基准对比,看一看项目风险是否在可接受的范围之内,进而确定该项目应该就此止步,还是继续进行。

8.2.4　风险的评价方法

风险评价方法有定性和定量两大类。最简单的定性风险评价方法莫过于在工程项目的所有风险中找到后果最严重的,看看这最严重的后果是否低于项目整体评价基准。例如从经济风险的角度,看一个投资项目失败时造成的损失是否低于 30 万人民币。这种方法不用收集很多资料,也用不着估算风险发生概率,是最简单,最保守的方法。这种方法可以确定一个风险可接受水平的上限。此法实际上是假定最严重的风险存在整个项目期间,其结论要么是项目干下去,要么是不干。否认了进行风险管理的必要性。

1．定性风险评价方法

一般取 0~10 之间的整数,0 代表没有风险,10 代表风险最大;然后由项目管理人员和各方面的专家进行评价,为每一单个风险赋予一个权重数;把各个权重下的评价值加起来,再同风险评价基准进行比较。

2．定量风险评价方法

1）等风险图法

等风险图包括两个因素:失败的概率和失败的后果。这种方法把已识别的风险分为低、中、高三类。低风险指对项目目标仅有轻微不利影响,发生概率也小(小于 0.3)的风险。中等风险指发生概率大(0.3~0.7)且影响项目目标实现的风险。高风险指发生概率很大(0.7 以上),对项目目标的实现有非常不利影响的风险。

用 P_f 和 P_s 分别表示项目失败和成功的概率,则有 $P_s = 1 - P_f$。

再用 C_f 和 C_s 分别表示项目失败的后果非效用值和成功的后果效用值。根据效用理论,$C_f + C_s = 1, 0 < C_f < 1, 0 < C_s < 1$。

项目风险系数用 R 表示,其公式为:

$$R = 1 - C_s P_s = 1 - (1 - C_f)(1 - P_f) = P_f + C_f - P_f C_f$$

现将 R 看作是常量,上式可转化为:$P_f = 1 + \dfrac{R-1}{1-C_f}$

分别取 $R = 0.1, 0.2, 0.3, 0.4, 0.5, 0.6, 0.7, 0.8, 0.9, 0.95, 0.98, 1.00$。代入上述方程,做出了一系列关于 P_f 和 C_f 关系的图像(图 8-1),因为在同一曲线上的风险都是相等的,所以把这一系列的曲线叫做等风险图。有了等风险图,就可以把具体项目的风险系数拿来与之对照。

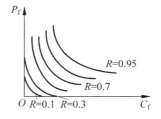

图 8-1　等风险图

根据对沈阳市几家大型建筑公司和房地产企业的调查,分析得到工程项目主要四个风险因素的概率分布和不良后果的严重度分布,结果列在表 8-1 和表 8-2 中。

一般工程项目 4 个主要风险概率的分布和三种不良后果的严重程度分布求得之后,项目管理人员还要根据具体情况确定某具体项目的 4 个主要风险的概率和 3 种不良后果的严重程度。就本次调查中的 ×建筑工程公司对工期拖延这项指标而言,该公司在过去 5 年中完成了 72 个工程项目施工任务,对这 72 个项目进行整理得到表 8-4。

表 8-1 沈阳市工程项目主要风险发生的原因及概率表

征 地 受 阻	资金不到位	设计与施工	预计销售投入	问题及发生概率
严重受阻必须改址	投资方撤出	严重拖延,需重新设计	不到预测的 40%	0.1
严重受阻局部改址	投资方资金不足	严重拖延,需局部重新设计	不到预测的 50%	0.3
严重受阻	同银行谈判不顺利	施工严重拖延	不到预测的 60%	0.5
一般受阻	建设债券发行不顺利	施工一般拖延	不到预测的 70%	0.7
轻微受阻	汇率发生不利变化	施工轻微拖延	不到预测的 80%	0.9

表 8-2 沈阳市工程项目风险发生结果及概率核对表

费 用 超 支	工 期 拖 延	年现金流量不足	后果严重程度分布
超过预算 1% 以下	拖延不到一个月	达预计的 60%	0.1
超过预算 1%～5%	拖延不到半年	达预计的 50%	0.3
超过预算 5%～20%	拖延不到一年	达预计的 40%	0.5
超过预算 20%～50%	拖延不到二年	达预计的 30%	0.7
超过预算 50% 以上	拖延二年以上	达预计的 20%	0.9

表 8-3 调查数据统计分析结果表

工期拖延占计划工期的比值/%	组中值/%	频数:工程数目	频率=频数/样本个数	概率
−34～−30	−32	0	0/72	0
−29～−25	−27	2	2/72	0.0278
−24～−20	−22	1	1/72	0.0139
−19～−15	−17	3	3/72	0.0417
−14～−10	−12	7	7/72	0.0972
−9～−5	−7	10	10/72	0.1389
−4～0	−2	15	15/72	0.2083
1～5	3	12	12/72	0.1667
6～10	8	9	9/72	0.125
11～15	13	8	8/72	0.1111
16～20	18	4	4/72	0.0556
21～25	23	0	0/72	0
26～30	28	1	1/72	0.0139
31～35	33	0	0/72	0
合计		72	72/72	1.0

根据表 8-3,运用数理统计理论计算 $u=0.49, \sigma^2=0.1183$,该建筑公司已完成的项目工期拖延发生的概率大致服从 $N(0.49, 0.1183)$ 的正态分布。假如现在估计工期拖延不到 2

年的概率,先计算拖延时间占计划工期的比率为 26%。则 $P\left(\dfrac{26+0.49}{11.83}\right)=P(x=2.24)$,查正态分布表得到 $P(X<2.24)$ 发生的概率为 70%。同样可以得到征地严重受阻发生的概率为 50%,建设债券发行不顺发生的概率为 70%,严重拖延局部重新设计发生的概率为 30%,销售量不到预测数的 40% 发生的概率为 10%,费用超过预算的 18% 发生的概率为 50%,年现金流未达到预计的 20% 发生的概率为 90%。有了以上估计,分别计算出 $P_f=0.4,C_f=0.7,R=0.82$,对照等风险图可知,现阶段该市的工程项目应承担的风险很大。

2）网络模型法

时间进度和成本费用都是项目管理的重点,越来越广泛地使用网络模型。网络模型有关键线路法（CPM）、计划评审技术（PERT）和图形评审技术（GW）。使用网络模型进行风险评价,主要是揭示项目在费用和时间进度方面的风险。

3）模糊评价法

模糊评价法是利用模糊集理论进行评价的一种方法。由于模糊的方法更接近于东方人的思维习惯和描述方法,因此它更适用于对社会经济系统及工程技术问题进行评价。

4）概率优势法

在单点准则的基础上比较项目,比如项目成本、收益成本比、内部收益率,是很简单的工作。但是如果运用模拟的方法得到一个概率分布结果,那么比较方案就变得复杂多了,有时候,叠加概率密度函数和累积分布函数,就很清楚哪一个项目具有概率优势。

5）动态决策树法

动态决策树方法是进行风险决策的有效方法。它把有关决策的相关因素分解开,逐项计算其概率和期望值,并进行方案的比较和选择。决策树方法不仅可以用来解决单阶段的决策问题,还可以用来解决多阶段的决策问题,它具有层次清晰、不遗漏、不易错的优点。

上面从理论和技术上讨论了一系列风险评价方法。在风险评价中我们必须灵活运用以上各种评价方法,从工程项目的不同角度出发进行评价,对用不同评价方法评价出来的结果进行综合、分析、计算,最后得到工程项目某一风险的发生概率和损失大小,这样才能为后阶段的风险防范制定可行的、合理的对策。

8.3　土木工程项目风险管理

8.3.1　工程项目风险防范措施与方法

1. 风险防范

风险防范是对识别出来的风险,经过估计和评价后,选择并确定最佳的对策组合,并进一步落实到计划和实施中。在建筑工程项目实施过程中,要对各项风险对策的执行情况进行监控,评价各项风险对策的执行效果;在项目实施条件发生变化时,确定是否需要提出不同的风险处理方案。除此之外,还要检查是否有被遗漏的风险或发生新的风险,即进入新一轮的风险识别,开始新一轮的风险管理过程。

2. 防范措施与方法

采用风险控制措施,可降低项目的预期损失或使这种损失更具有可测性。风险控制措施包括风险回避、损失控制、风险分离、风险分散及风险转移等。

（1）风险回避。风险回避主要是中断风险源，使其不致发生或遏制其发展。回避风险有时需要做出必要的牺牲，但较之承担风险，这些牺牲与风险真正发生时能造成的损失相比，要小得多，甚至微不足道。如回避风险大的项目，选择风险小或适中的项目。因此，在项目决策时要注意，放弃明显导致亏损的项目。对于风险超过自己承担能力、成功把握不大的项目，不参与投标与合资。回避风险虽然是一种风险防范措施，但应该承认，这是一种消极的防范手段。因为回避风险固然能避免损失，但同时也失去了获利的机会。

（2）损失控制。损失控制是指减少损失发生的机会或降低损失的严重性，使损失最小化。损失控制主要包括以下两方面的工作。

① 预防损失。预防损失是指采取各种预防措施，以杜绝损失发生的可能，例如房屋建造者通过改变建筑用料，以防止建筑物用料不当而倒塌；供应商通过扩大供应渠道，避免货物滞销；承包商通过提高质量控制标准，防止因质量不合格罚款；生产管理人员通过加强安全教育和强化安全措施，减少事故发生的机会等。在工程承包的过程中，交易各方均将损失预防作为重要事项。业主要求承包商出具各种保函，就是为了防止承包商不履约或履约不力；而承包商要求在合同条款中赋予其索赔权利，就是为了防止业主违约或发生种种不测事件。

② 减少损失。减少损失是指在风险损失已经不可避免的情况下，通过种种措施以遏制损失继续恶化或限制其扩展范围，使其不再蔓延或扩展，也就是损失局部化。例如，承包商在业主付款延误期超过合同规定限期的情况下，提出停工或撤出队伍并提出索赔要求甚至提出诉讼；业主在确信承包商无力继续实施其委托的工程时，立即撤换承包商；施工事故发生后采取紧急救护，安装火灾报警系统；投资者控制内部核算，制定种种资金运作方案等，就是为了达到减少损失的目的。控制损失应采取主动，以预防为主，防控结合。

（3）风险分离。风险分离是指将各风险单位分隔开，以避免发生连锁反应或互相牵连。这种处理可以将风险限制在一定范围内，从而达到减少损失的目的。

风险分离常用于承包工程中的设备采购。为了尽量减少因汇率波动而造成的汇率风险，承包商可在若干不同的国家采购设备，采用多种货币付款。这样即使发生大幅度波动，也不致出现全面损失。

（4）风险分散。风险分散与风险分离不同，后者是对风险单位进行分隔、限制以避免互相波及，发生连锁反应；而风险分散则是通过增加风险单位，以减轻总体风险的压力，达到共同分担集体风险的目的。对一个工程项目而言，其风险有一定的范围，这些风险必须在项目参与者（如投资者、业主、项目管理者、各承包商、供应商等）之间进行分配。每个参与者都必须有一定的风险责任，这样才有管理和控制的积极性和创造性。风险分配通常在任务书、责任书、合同文件中定义。在起草这些文件时，必须对风险做出预计、定义和分配。只有合理地分配风险，才能调动各方面的积极性，才能有项目的高效益。

（5）风险转移。风险转移是风险控制的另一种手段。在项目管理实践中，有些风险无法通过上述手段进行有效的控制，项目管理者只好采取转移手段，以保护自己。风险转移并非损失转嫁，这种手段也不能被认为是一种损人利己、有损商业道德的行为。因为有许多风险确实对一些人可能会造成损失，但转移后并不一定给他人造成损失。其原因是各人的优劣势不一样，因而对风险的承受能力也不一样。

8.3.2　业主方的风险管理

风险是指整个工程项目生命周期的管理活动中,由于管理原则的缺陷、体系的缺失、人员的问题等导致管理活动的低效,甚至混乱,致使项目失败。工程建设要经历机会研究、可行性研究、勘察、设计、施工、投产、验收等阶段和环节。本节从业主的角度,探寻工程建设项目管理在施工阶段的管理风险源,并提出应对的方案。

1. 建立一整套管理体系,加强企业内部管理

这是一个漫长的、循序渐进的过程,相关企业和项目部的建制都要按照项目管理的要求设置,企业管理和项目部管理要匹配。项目部的建制要有统一的模式,既要发挥项目部的能动性,又保持企业有效的监督,不能以内部承包代替管理。项目部需要企业过程资产、集体智慧和资源的支持,发展才有方向。有了统一模式,项目部的经验总结、提炼后又会更新企业的过程资产,这样,项目部的成败就不会取决于项目经理,企业也不会失去对项目的控制,而且企业和项目部相互促进,企业就可以形成合力。

2. 减少中间环节

在政策、法律的框架下,减少中间环节是有效的方法。当然也同样要建立一整套管理体系,加强企业内部管理。减少中间环节能减少成本,但是如果处理不好,可能造成企业混乱。

3. 加强采购管理,寻找优秀的服务商

这就是把握住源头,在选定服务商时,要加强程序控制、完善评价指标、签订周密的合同和完善合同履行过程监督。建立完善的采购程序,用严格的标准规范每个过程,充分考察潜在的服务商,建立服务商档案;询价的说明书要详细、规范,避免因标的物、合同条款不明确导致报价的重大偏差;评价委员会要集中企业的智力,必要时邀请行业专家,专家的经验可以弥补程序和评价标准的不足;评价标准要根据标的物的不同类型分别制定,营业执照、资质、注册资金等硬件是必要条件,要重视对管理体系、制度等软件的评价,更重视提供服务的特定个人或团队的评价;合同文本应加上建设工程项目管理相关知识领域所有的要求。

4. 加强团队建设,改善人才结构

团队建设、人才培养是热门的话题。人是最宝贵的资源,人力源管理应以团队建设为龙头,优秀的团队可以吸引和留住人才,相对于全企业的人才结构调整,以项目部为单位的团体建设相对简单,周期也短,而且能保持企业的平稳前进。人才结构应是管理型和技术型搭配,中青年结合、层次合理。

8.3.3　承包商的风险管理

1. 承包商面临的主要工程风险

作为承包商,在建设项目管理过程中,主要经历项目选择、项目决策、合同签署、施工期、缺陷期等几个阶段。承包商在每个阶段都将面临不同的风险。

1）项目选择阶段的工程风险

（1）承包商面临的最大风险是项目选择的错误。在对工程背景、规模、技术要求、工艺要求等知之不多或者急于承揽工程的情况下，参与自己不熟悉工程的竞投，最后的结果通常是以不中标收场，导致投标期间人力、财力的损失；更惨的是与专业公司竞争，因承包商对工程的技术工艺不了解而报出低价，却中了标，分包无望，陷自己于困境之中。

（2）承包商与业主及其选择的监理工程师的配合存在潜在的风险。这种风险的存在以及大小取决于业主、监理的职业道德、责任心、现场管理水平，并结合承包商的现场项目管理而定。

（3）项目资金不足导致工程不能顺利进行的风险。当前，烂尾楼成了城市建设的顽瘤，解决拖欠工程款问题已列入到各市建设主管部门甚至市长的办公日程上。归根到底，就是建设资金的落实问题。业主未落实建设资金就急于立项、招标；或者国家金融政策的改变导致资金链中断；又或者某些人从一开始就动机不纯，以欺骗的手段骗取承包商带资、垫资进行施工，之后又不能按承诺支付工程款。这种风险导致承包商损失的几率是最大的，有的承包商因此而破产。

2）项目决策阶段的工程风险

项目到了决策阶段，就是决定是否参与投标竞价，以怎样的价格报价的问题。经过了项目选择阶段，基本上摸清了有关工程、业主、监理以及资金落实等方面的情况，对是否决定参与投标竞价应该有一个基本的定论。这一阶段的风险，主要是报价策略的运用带来的风险。

（1）低价夺标，希望通过索赔获取利润的风险。目前，工程招标评标办法是根据招标的具体工程和业主的需求而定的，种类多样，其中一种是工程本身技术要求不高或投标单位的技术标通过评审后，最低价中标。承包商如果为了夺标，不顾一切地报低价，将利润希望寄予日后的工程索赔上，一旦索赔不成将导致损失。如某公司以低价中标取得某大型工程的施工，该工程实行总价包干，合同条款在工程变更、调整造价方面作了严密的规定，在工程实施过程中，虽然承包商在工程现场施工管理方面实行了一系列的有效措施，但该工程设计变更不大，加上业主和监理经验丰富，认真负责，及时对已变更的部分进行了调整，少量的变更也根本无法填补其因低报价而造成的差额。该工程最后仍以亏本两千多万的结果收场。

（2）依仗技术优势报高价的风险。任何一个承包商如果没有施工项目就意味着没有利润来源。承包商的投标过程实际上就是竞争的过程。这种竞争除了技术上的竞争，还有经济上的竞争。这一点承包商在投标报价时得从评标办法上下工夫，千万别依仗技术一流，无视经济报价，造成最后落标的败局。

3）合同签订阶段的工程风险

这一阶段首先要注意的是合同的不平等条款。业主多利用自己的优越地位，把某些工程的不确定因素转嫁给承包商，如业主对施工现场的周边环境、地下管线、地下障碍物、地质情况等交代不清，或者虽有所交代，但说明仅供参考，在合同中要求承包商承担重新履行勘察的义务。又如在合同中解除业主责任的条款过多；奖罚条款不平等；合同条款用词含糊，导致理解不唯一，产生分歧；某些承包商急于收取预付款，进场开工，在对合同未进行认真的推敲，未吃透合同条款的情况下，就匆匆与业主签定了施工合同。要知道，工程施工不是一天两天的事情，施工过程受天气、自然环境、市场物价、政治因素影响，如果没有合同风险意识，将会付出沉重的代价。

4）项目施工阶段的工程风险

进入施工阶段，对承包商而言，面临的是如何解决进度、质量和造价的问题，在这个过程中，承包商还要面临各种责任的风险。

（1）管理不善的风险。要妥善处理好进度、质量和造价三者的关系，创造出更好的效益，就必须要有现代的科学的管理方法。施工方法陈旧，施工工艺落后，工期安排不合理，施工组织缺乏合理性，人员管理不到位，物资采购安排不科学，物资管理存在漏洞等，都将导致工期拖延，质量低劣，成本失控，同时按合同条款还会招致罚款和没收履约金的可能。

（2）责任风险。工程承包本身就是一种法律行为，承包商必须承担起因工程承包而导致的一系列责任。如现场工程技术管理人员或施工人员出现的任何不该出现的过失，造成返工，承包商要承担专业责任。施工期间发生安全事故，如建筑物本身或因施工引起周边建筑物出现开裂、坍塌事件，员工伤亡或因施工造成第三者伤亡事件，承包商都要承担法律责任。还有就是因分包或材料供应商引起的任何妨碍工程进度、质量、安全事件的发生，承包商都要承担连带责任。

2．工程风险的防范措施

由上可见，承包商的风险存在于工程承包的每一个环节。因此，承包商的风险管理应该是全方位、全过程的管理。在不同的阶段应采取相应的风险防范措施。

1）项目选择阶段的风险防范措施

项目选择阶段涉及工程背景、技术要求、业主、资金来源等。因此，承包商在作出投标选择之前要着重做好以下几方面的工作。

（1）摸清工程的真实背景，包括工程所处的位置，周边环境对工程施工是否会造成较大的影响；该工程的建设是否已取得政府部门的建设许可；本企业对该项目的施工技术及施工工艺要求有哪方面的优势；工程的业主是国企还是私企，经济实力如何；建设资金是否已经落实；竞争对手是谁；以什么方式获得工程的承包权；业主的信誉如何，能否按合同付款；本工程的业主及监理工程师在以往的其他项目中与承包商的配合程度如何；项目的利润空间大不大等。承包商对以上问题都有了答案以后，联系自身的具体情况，再作出是否参与竞争的选择。

（2）在项目选择之前，要对工程合作伙伴作出谨慎的选择。

① 作为总承包商对分包商应作以下的考察：分包商是否有类似工程的施工记录；是否具备本工程要求的技术力量；是否有足够的人员和设备；分包商的信誉如何，能否保障总承包商不因分包商的过失造成损失。

② 作为分包商应弄清楚总承包商是否具备承担总承包任务的资格；自己对该工程的技术要求是否熟悉，有没有能力承担工程的施工任务；谁是业主，自己能否和业主直接联系以获得必要的信息；业主的资金状况如何，能否及时支付工程款；总承包商的信誉怎样，是否会以业主未支付工程款为由拖欠分包工程款；总包合同条款是否合理，总包是否有借分包之名，转移施工风险之嫌。

2）项目决策阶段的风险防范措施

（1）在项目决策阶段，不要轻易运用低价夺标、事后索赔的策略，除非业主用于招标的是初步设计图纸，将来变更的可能性很大；或者承包商在投标报价过程中发现设计图纸确

244

实存在诸多不合理的地方,施工方案改变的几率很大,如暗挖改明挖,基坑支护方法改变等;又或者通过计算发现业主提供的工程量清单数量有误,可以利用不平衡报价,通过结算工程量的调整,挽回损失。

(2)通过低价夺标,希望取得后续工程的策略更要谨慎使用。使用这一策略的前提是承包商要对工程的各方面情况有一个充分了解,同时对国家的政策走向要有相对合理的预测,还要有信心在首个工程的施工过程中能与业主和监理配合默契,合作愉快。这样才能增加后续工程中标的可能性。

(3)认真阅读招标文件及评标办法,凭自身的技术实力,合理报价。对某些技术要求高,施工难度大的工程,如果采用技术和商务综合评分,技术分权重较高的评标办法,报价可适当高些。此外,要顺应市场,寻找报价的支撑点,再通过科学的现场管理,发挥自身的技术优势,让技术和管理创造效益。

3)合同签订阶段的风险防范措施

合同条款合理、平等、公平与公正,以及合同的可操作性,是工程得以顺利进行的前提。合同风险通常是在合同履行过程中或履行完毕后才显现,但该风险却是在合同签订过程中就已埋下的隐患。因此,合同风险的防范应从签订阶段着手。

(1)针对项目成立专门的谈判小组。建筑工程是一项综合性很强的工作,涉及法律、法规、财税、经济、相关技术等。谈判小组应由具备各专业知识的人员组成。

(2)承包商谈判小组不但要有渊博的综合管理知识,还要有丰富的实践经验。对合同标的、工程承包方式、工程价款、工程的技术要求、工艺的选择、工程数量、工程质量、变更条款、结算方式、付款方式、违约责任条款、争议解决方式等,必须明确,切忌含糊不清。在谈判过程中,还要特别注意工程本身的具体情况,在条款条件的设置方面,为将来的索赔或解除责任留下足够的回旋空间。

4)项目实施阶段的风险防范措施

(1)项目实施阶段也就是合同的履行过程。因此,要严格按照合同要求制订具体的现场施工管理办法,配备专职合同管理人员跟踪合同的执行过程,同时也要求业主严格执行合同,加强合同索赔管理。特别要注意抓好质量、进度和成本的控制,自觉主动地配合现场代表和监理工程师做好现场管理工作并处理好与他们的关系。在物资管理方面,要制订详细的材料采购计划,对订货、采购、运输、仓储等各个环节都不能掉以轻心,以免出现差错。如果作为总包商,还要加强对分包商的管理,要清楚总包对分包有连带的责任。

(2)合同条款的完备和规范并不能完全避免风险的产生,有些风险甚至是承包商本身原因造成的,承包商一定要有极其专业的技术功底和高度的责任心,认真履行承包商义务,施工前要仔细查阅施工图,如发现问题及时指出,以免承担风险。另外,施工过程中有太多的不确定性,自然灾害、意外事件和质量事故是承包商面临的大敌。承包商一定要加强现场安全设施,加强现场工人和施工管理人员的安全教育,切勿偷工减料,盲目施工。或者盲从业主的意图,不管施工的合法性和施工图纸的合理性,违规施工,酿成重大安全事故。

8.3.4 承包商风险处理方式的选择

承包商对项目风险采用各种不同的方式进行处理,目的是用较小的成本获得较大的安全和经济保障。承包商通常采用的风险处理方式主要有以下几种。

（1）工程风险的回避。即绕开风险事件,放弃有风险的活动,是一种主动行为。例如放弃某些先进的、但技术难度大可能带来风险的新工艺;或放弃承包有风险的工程。需要特别提醒的是,风险与利润共存,回避了风险,也就回避了获得利润的可能性。因此,回避风险之前要权衡得失。

（2）工程风险的控制。控制是在风险事件难以避免的情况下,采取积极的态度,采用各种方法尽量减少损失。这种方法通常在风险无法避免和转嫁的情况下采用。

（3）工程风险的自留。就是把风险部分或全部留给自己。自留风险可能是主动的,也可能是被动的。当某些风险是无法转移给他人时,承包商只好自留。当承包商经过认真的分析比较,认为该风险的发生几率小,即使发生了损失,金额也不大,风险自留的成本比采用其他风险处理方式低,因此采用自留方式。这种情况下,承包商应同时采取相应的应急措施,以防意外事件的发生。

（4）工程风险的转移。即有意识地将风险转给他人承担。当风险属于自己无力承受或者经过比较认定不值得自己去承受的情况下,多采用风险转移方式。如对那些发生几率大,损失金额也大;或者发生几率小,损失金额很大的风险则采用风险转移方式。工程保险是风险转移的主要形式。与其他的风险处理手段相比,工程保险更优越,在目前的工程建设过程中得到广泛的应用。

8.3.5　咨询监理的风险管理

监理企业风险是指影响监理企业目标实现的不确定性因素发生的可能性及其后果的综合。这一定义的内涵,应引申考虑以下几点:①监理企业风险与人或组织的决策密切相关;②客观条件的变化是风险形成的重要原因;③风险是指可能的后果与目标发生的负偏离,这种负偏离需要根据具体情况加以分析。

监理企业风险的种类及形成原因,从不同的角度,按不同的标准,可以对监理企业风险进行多种分类,其目的是便于根据风险的不同类别采取不同的风险管理策略。按风险的潜在损失形态可将其分为财产风险、人身风险和责任风险;按风险事故的后果可将其分为纯粹风险和投机风险;按风险产生的原因可将其分为自然风险和人为风险;按风险能否处理可将其分为可控风险和不可控风险;按风险涉及的范围可将其分为经济方面的风险、合同方面的风险、技术环境方面的和人力资源方面的风险等。下面主要介绍监理企业几种主要的风险及其形成原因。

1. 投标阶段（项目评审）

一般在获取项目建设信息（招标文件）后,首先要做的是收集资料,尽可能多地了解项目各方面的情况,包括建设方的信誉、资金来源、项目背景、付款条件、工程期限、质量要求、评标办法等。公司相关部门及决策层针对获取的信息,首先要研究建设方所提出的各方面条件是否可以接受（外部环境）,公司现有资源情况,包括人力资源、设施、设备和财务状况等是否可以满足项目的要求,如果做这个项目将会面临哪些风险（风险识别）,根据以往的经验估计这些风险会带来哪些不利的后果,哪些风险是可以接受的,哪些风险是可以避免的,哪些风险是可以转移的,哪些风险是可以控制的等。要吃透读懂招标文件,当对这个项目进行了充分的评审和仔细研究后,再决定是否参加项目的投标工作,最大限度地降低盲目投标带来的风险。

2.签订合同阶段

许多项目的风险都是源于合同。由于目前建筑市场是买方市场,业主总想少花钱,所以千方百计在招标文件和签订合同条款上做文章,如在招标文件中夸大项目投资规模,本来投资只有 1.5 亿元却说 2.5 亿元,骗取监理单位的投标费率降低;招标时说建筑面积 15 万 m^2,一旦签合同时又变成分两期建设,一期只建 8 万 m^2,投标时的平方米报价无法变更等。

3.项目施工阶段

项目施工阶段的风险,对于自身原因风险,应该说通过有效管理有一部分是可以控制的,另一部分是可以降低发生几率的;而来自外部原因的风险具有一定的偶然性,监理不好控制,但有些通过风险意识、未雨绸缪、主动出击、用智慧和头脑勤奋工作等措施,可以规避或降低风险发生的可能性,减少造成的损失。

针对外部原因的风险管理对策:

(1)慎重签发开工报告。对没有规划许可证、施工许可证、安全生产许可证,以及承包商没有报送施工组织设计(方案),开工条件不具备的,总监一定不要签发开工报告,要以监理工作联系单或其他书面形式向业主说明原因,避免出现问题时无法推脱监理责任。

(2)认真审查施工单位的资质,包括项目部履行各职能的管理人员、特殊工种等。

(3)认真审查施工组织设计(方案)和专项施工方案,尤其是对于《建设工程安全生产管理条例》中明确规定的各专项施工方案,每一个都必须严格审查,并提出详细的书面审查意见,不能草率签字同意,如果因为其中有遗漏或计算错误等原因出了事故是要承担监理责任的,不能主动地给自己设置陷阱。

(4)对进场材料、设备、购配件的质量要严格把关,尤其是对于结构安全和使用功能影响较大的要重点跟踪检查,未经报验的决不允许进入下一道程序,特别要求监理人员一定要了解和掌握工程建设强制性标准,按照监理程序开展工作。

(5)发现存在安全事故隐患的,应当以书面形式通知相关方,并且要有收件人签字,往往出现事故时谁都想远离事端,监理应该在这些环节上有意识地保护好自己,以降低或规避风险责任。

(6)充分利用好工地监理例会这个平台,不能轻视这个可以规避监理责任的机会,会议纪要一定要让业主和相关方都签收,纪要里有关安全和质量问题不怕老生常谈,监理的意见和观点要明确。

8.4 工程项目保险与担保

1.工程项目保险

工程保险是指业主和承包商为了工程项目的顺利实施,向保险人(公司)支付保险费,保险人根据合同约定对工程建设中可能产生的财产和人身伤害承担赔偿保险金责任。工程保险一般分为强制性保险和自愿保险两类。

国际上工程保险的通行做法和特点是：保险经纪人在保险业务中充当重要的角色,健全的法律体系为工程保险发展提供了保障,投保人与保险商通力合作是控制意外损失的有效途径,保险公司返赔率高且利润率低。

工程项目保险的险种：①在工业发达国家和地区,强制性的工程保险主要有以下几种：建筑工程一切险、安装工程一切险、社会保险(外险、雇主责任险和其他国家法令规定的强制保险)、机动车辆险、10 年责任险和 5 年责任险、专业责任险等。②国内现行的保险专业书籍多数把它界定为一类较小的财产保险。但是,从工程保险承包的对象和保险公司实际的开展情况看,把工程保险仅仅界定为财产险种是不恰当的。工程保险不仅涉及财产保险,还涉及人身保险、责任保险等,是一类综合性险种。

由于工程建设项目越来越多,建筑安装设计和施工越来越复杂,工程保险分散风险的作用是显而易见的,投保人以较少的保费可以获得较多的风险保障。工程保险的一人出险多人分担的保障机制起到有效分散工程险损失的作用。工程保险在微观方面的作用包括：①保护工程承包商或分包商的利益；②保护业主利益；③减少工程风险发生。在宏观层面的重要作用：①工程建筑安装领域引进工程保险机制,保险公司作为工程利益相关者,必然关心工程施工的费用和质量等问题；②发展工程保险市场,创新工程保险险种,完善工程保险机制,有利于健全我国金融体系,带动相关产业发展；③鼓励业主和承包商积极投资工程项目；④改善融资条件。

2．工程项目担保

工程担保是指担保人(一般为银行、担保公司、保险公司、其他金融机构、商业团体或个人)应工程合同一方(申请人)的要求向另一方(债权人)作为的书面承诺。工程担保是工程风险转移措施的又一重要手段,它能有效地保障工程建设的顺利进行。

本章习题

一、单项选择题

1. 风险管理的最终目的是(　　　)。

　　A．分析　　　　　　　B．缓和　　　　　　　C．评估

　　D．偶发事件计划　　　E．以上皆是

2. 以下哪一项是减少风险的转移方法的一个例子。(　　　　)

　　A．担保　　　　　　　B．保险　　　　　　　C．偶发事件计划

　　D．A 和 B　　　　　　E．B 和 C

3. 受欢迎的未来事件和结果被称作(　　　)。

　　A．风险　　　　　　　B．机会　　　　　　　C．惊喜

　　D．偶发性事件　　　　E．以上都不是

4. 不受欢迎的未来事件和结果被称作(　　　)。

　　A．风险　　　　　　　B．机会　　　　　　　C．惊喜

　　D．偶发性事件　　　　E．以上都不是

5. 项目风险通常被定义为一项减少（　　）的功能。
  A. 不确定性　　　　B. 破坏　　　　C. 时间
  D. 成本　　　　　　E. A 和 B

6. 以下四类项目管理的内在风险中，从客户的角度出发，哪一类风险如果管理不善，会产生最为深远的影响？（　　）
  A. 范围风险　　　B. 进度风险　　　C. 成本风险　　　D. 质量风险

7. 当为了降低相关风险而改变一个项目的范围时，项目经理会考虑对（　　）产生的影响。
  A. 工期计划　　　B. 成本　　　C. 质量
  D. 以上皆是　　　E. 只有 A 和 B

8. 下面哪种图在影响分析中是最有用的？（　　）
  A. 箭线图　　　B. 次序图　　　C. 决策树
  D. 直方图　　　E. 因果图

9. 下面哪种图在影响分析中是最有用的？（　　）
  A. 箭线图　　　B. 次序图　　　C. 决策树
  D. 直方图　　　E. 因果图

10. 制定风险应对计划的目的是（　　）。
  A. 建立识别项目风险的步骤　　　B. 制定处理不利事件的策略
  C. 建立以前项目风险的清单　　　D. 建立量化项目风险的指标

二、简述题

1. 简述风险识别的方法。
2. 什么是风险评价？风险评价的目的是什么？风险评价的方法有哪些？
3. 简述定量风险评价方法。
4. 简述等风险图的原理。
5. 什么是风险防范？采取的措施和方法有哪些？
6. 业主方减少风险的措施有哪些？
7. 某住宅小区建设过程中，主要风险发生的概率如表 8-4 所示。

表 8-4　主要风险发生概率表

被调查者	费用风险	工期风险	质量风险	组织风险	技术风险
专家 1	0.7	0.6	0.5	0.4	0.1
专家 2	0.8	0.8	0.6	0.3	0.1
专家 3	0.7	0.7	0.4	0.3	0.2
专家 4	0.7	0.8	0.4	0.2	0.2
专家 5	0.6	0.8	0.3	0.2	0.1
专家 6	0.8	0.5	0.5	0.1	0.2
专家 7	0.8	0.7	0.5	0.2	0.2

由风险带来的后果概率如表 8-5 所示。

表 8-5　风险后果概率表

被调查者	总投资超支	进度拖延	质量缺陷
专家 1	0.4	0.2	0.1
专家 2	0.5	0.3	0.4
专家 3	0.3	0.4	0.3
专家 4	0.3	0.2	0.2
专家 5	0.2	0.4	0.1
专家 6	0.3	0.3	0.3
专家 7	0.3	0.3	0.6

试计算风险系数并利用等风险图分析该小区投资项目风险程度。

习题答案

一、单项选择题

1．B　2．D　3．A　4．A　5．E　6．D　7．D　8．C　9．C　10．B

二、简述题（答案略）

第 9 章

土木工程项目安全与环境管理

教学要点和学习指导

　　通过本章学习,理解土木工程项目职业健康与环境管理的基本概念,掌握土木工程项目施工安全控制的程序及措施方法,了解安全事故的分类及处理,掌握现场文明施工与环境保护方案的编制方法。

　　具备土木工程项目施工安全控制基本能力;能进行建筑工程职业健康安全事故的分类和处理;能进行文明施工和现场环境保护方案编制。

9.1　工程项目安全管理

9.1.1　基本概念

　　工程项目安全管理,就是工程项目在施工过程中,组织安全生产的全部管理活动。通过对生产因素具体的状态控制,减少或消除生产中不安全的行为和状态,不引发事故,尤其是不引发使人受到伤害的事故。工程项目要实现以经济效益为中心的工期、成本、质量、安全等的综合目标管理,就要对与实现效益相关的生产因素进行有效的控制。

　　安全生产是工程项目重要的控制目标之一,也是衡量工程项目管理水平的重要标志。因此,工程项目必须把实现安全生产当作组织工程活动时的重要任务。

9.1.2　工程项目安全生产管理体制

　　当前适用的安全生产管理体制为"企业负责、行业管理、国家监察和群众监督、劳动者遵章守纪"。

　　(1) 企业负责。企业负责就是企业在其经营活动中必须对本企业安全生产负全面责任,企业法定代表人是安全生产的第一责任人。企业应自觉贯彻"安全第一,预防为主",必须遵守国家的法律、法规和标准,根据国家有关规定,制定本企业安全生产规章制度;必须设置安全机构,配备安全管理人员对企业的安全工作进行有效管理。

　　(2) 行业管理。行政主管部门根据"管生产必须管安全"的原则,管理本行业的安全生产工作,建立安全生产管理机构,配备安全技术干部,组织贯彻执行国家安全生产方针、政策、法律、法规,制定行业的规章制度和规范标准。

　　(3) 国家监察。安全生产行政主管部门按照国务院要求实施国家劳动安全监察。国家监察是一种执法监察,主要是监察国家法规、政策的执行情况,预防和纠正违反法规、政策的偏差;它不干预企事业遵循法律法规、制定的措施和步骤等具体事务,也不能替代行业管理部门日常管理和安全检查。

(4)群众监督。《安全生产法》第七条指出"工会依法组织职工参加本单位安全生产工作的民主管理和民主监督,维护职工在安全生产方面的合法权益"。说明群众监督是安全生产工作不可缺少的重要环节,是与国家安全监察和行政管理相辅相成的,应密切配合和合作,共同搞好安全生产工作。新的经济体制的建立,群众监督的内涵也在扩大,不仅是各级工会,而且社会团体、民主党派、新闻单位等也应共同对安全生产起监督作用。

(5)劳动者遵章守纪。从许多事故发生的原因看,大多与职工的违章行为有直接关系。因此,劳动者在生产过程中应自觉遵守安全生产规章制度和劳动纪律,严格执行安全技术操作规程,不违章操作。劳动者遵章守纪也是减少事故,实现安全生产的重要保证。

9.1.3 工程项目安全责任体系

1. 建设单位的安全责任

建设单位是建设工程的投资人,是整个工程的总负责人,有权确定建设工程项目的规模、功能、地点,选择建筑材料和设备,有权选择勘察单位、设计单位、施工单位和工程监理单位,并对建设工程进行最后验收,对建设工程起着主导作用,对建设工程安全生产负有重要责任。建设单位的安全责任包括:

(1)建设单位应当向施工单位提供施工现场及毗邻区域内供水、排水、供电、供气、供热、通信、广播电视等地下管线资料,气象和水文观测资料,相邻建筑物和构筑物、地下工程的有关资料,并保证资料的真实、准确、完整。

(2)建设单位不得对勘察、设计、施工、工程监理等单位提出不符合建设工程安全生产法律、法规和强制性标准规定的要求,不得压缩合同约定的工期。

(3)建设单位在编制工程概算时,应当确定建设工程安全作业环境及安全施工措施所需费用。

(4)建设单位不得明示或者暗示施工单位购买、租赁、使用不符合安全施工要求的安全防护用具、机械设备、施工机具及配件、消防设施和器材。

(5)建设单位在申请领取施工许可证时,应当提供建设工程有关安全施工措施的资料。依法批准开工报告的建设工程,建设单位应当自开工报告批准之日起 15 日内,将保证安全施工的措施报送建设工程所在地的县级以上地方人民政府建设行政主管部门或者其他有关部门备案。

(6)建设单位应当将拆除工程发包给具有相应资质等级的施工单位。建设单位应当在拆除工程施工 15 日前,将相关资料报送建设工程所在地的县级以上地方人民政府建设行政主管部门或者其他有关部门备案。

2. 勘察、设计、工程监理及其他有关单位的安全责任

与建设工程安全生产有关的单位应承担一定的安全责任。

(1)勘察单位应当按照法律、法规和工程建设强制性标准进行勘察,提供的勘察文件应

当真实、准确,满足建设工程安全生产的需要。勘察单位在勘察作业时,应当严格执行操作规程,采取措施保证各类管线、设施和周边建筑物、构筑物的安全。

(2)设计单位应当按照法律、法规和工程建设强制性标准进行设计,防止因设计不合理导致生产安全事故的发生。设计单位应当考虑施工安全操作和防护的需要,对涉及施工安全的重点部位和环节在设计文件中注明,并对防范生产安全事故提出指导意见。采用新结构、新材料、新工艺的建设工程和特殊结构的建设工程,设计单位应当在设计中提出保障施工作业人员安全和预防生产安全事故的措施建议。设计单位和注册建筑师等注册执业人员应当对其设计负责。

(3)工程监理单位应当审查施工组织设计中的安全技术措施或者专项施工方案是否符合工程建设强制性标准。工程监理单位在实施监理过程中,发现存在安全事故隐患的,应当要求施工单位整改;情况严重的,应当要求施工单位暂时停止施工,并及时报告建设单位。施工单位拒不整改或者不停止施工的,工程监理单位应当及时向有关主管部门报告。

(4)为建设工程提供机械设备和配件的单位,应当按照安全施工的要求配备齐全有效的保险、限位等安全设施和装置。

(5)出租的机械设备和施工机具及配件,应当具有生产(制造)许可证、产品合格证。出租单位应当对出租的机械设备和施工机具及配件的安全性能进行检测,在签订租赁协议时,应当出具检测合格证明。禁止出租检测不合格的机械设备和施工机具及配件。

(6)在施工现场安装、拆卸施工起重机械和整体提升脚手架、模板等自升式架设设施,必须由具有相应资质的单位承担。安装、拆卸施工起重机械和整体提升脚手架、模板等自升式架设设施,应当编制拆装方案,制定安全施工措施,并由专业技术人员现场监督。施工起重机械和整体提升脚手架、模板等自升式架设设施安装完毕后,安装单位应当自检,出具自检合格证明,并向施工单位进行安全使用说明,办理验收手续并签字。

(7)施工起重机械和整体提升脚手架、模板等自升式架设设施的使用达到国家规定的检验检测期限的,必须经具有专业资质的检验检测机构检测。经检测不合格的,不得继续使用。

(8)检验检测机构对检测合格的施工起重机械和整体提升脚手架、模板等自升式架设设施,应当出具安全合格证明文件,并对检测结果负责。

3.施工单位的安全责任

建设工程的施工是工程建设的关键环节,施工现场的复杂性、特殊性,决定了建设工程的施工安全不同于其他行业的生产安全,对此需要有针对制度和措施。

(1)施工单位从事建设工程的新建、扩建、改建和拆除等活动,应当具备国家规定的注册资本、专业技术人员、技术装备和安全生产等条件,依法取得相应等级的资质证书,并在其资质等级许可的范围内承揽工程。

(2)施工单位主要负责人依法对本单位的安全生产工作全面负责。施工单位应当建立健全安全生产责任制度和安全生产教育培训制度,制定安全生产规章制度和操作规程,保证本单位安全生产条件所需资金的投入,对所承担的建设工程进行定期和专项安全检查,并做好安全检查记录。

(3)施工单位的项目负责人应当由取得相应执业资格的人员担任,对建设工程项目的安全施工负责,落实安全生产责任制度、安全生产规章制度和操作规程,确保安全生产费用的有效使用,并根据工程的特点组织、制定安全施工措施,消除安全事故隐患,及时、如实报告生产安全事故。

(4) 施工单位对列入建设工程概算的安全作业环境及安全施工措施所需费用,应当用于施工安全防护用具及设施的采购和更新、安全施工措施的落实、安全生产条件的改善,不得挪作他用。

(5) 施工单位应当设立安全生产管理机构,配备专职安全生产管理人员。专职安全生产管理人员负责对安全生产进行现场监督检查。发现安全事故隐患,应当及时向项目负责人和安全生产管理机构报告;对违章指挥、违章操作的,应当立即制止。专职安全生产管理人员的配备办法由国务院建设行政主管部门会同国务院其他有关部门制定。

(6) 建设工程实行施工总承包的,由总承包单位对施工现场的安全生产负总责。总承包单位应当自行完成建设工程主体结构的施工。总承包单位依法将建设工程分包给其他单位的,分包合同中应当明确各自安全生产方面的权利、义务。总承包单位和分包单位对分包工程的安全生产承担连带责任。分包单位应当服从总承包单位的安全生产管理,分包单位不服从管理导致生产安全事故的,由分包单位承担主要责任。

(7) 垂直运输机械作业人员、安装拆卸工、爆破作业人员、起重信号工、登高架设作业人员等特种作业人员,必须按照国家有关规定经过专门的安全作业培训,并取得特种作业操作资格证书后,方可上岗作业。

(8) 施工单位应当在施工组织设计中编制安全技术措施和施工现场临时用电方案,对达到一定规模的危险性较大的分部分项工程需要编制专项施工方案,并附具安全验算结果,经施工单位技术负责人、总监理工程师签字后实施,由专职安全生产管理人员进行现场监督。

(9) 建设工程施工前,施工单位负责项目管理的技术人员应当对有关安全施工的技术要求向施工作业班组、作业人员做出详细说明,并由双方签字确认。

(10) 施工单位应当在施工现场入口处、施工起重机械、临时用电设施、脚手架、出入通道口、楼梯口、电梯井口、孔洞口、桥梁口、隧道口、基坑边沿、爆破物及有害危险气体和液体存放处等危险部位,设置明显的安全警示标志。安全警示标志必须符合国家标准。

9.2　工程项目安全与环境管理概述

1. 职业健康安全与环境管理的一般内容

根据《职业健康安全管理体系规范》(GB/T 28001—2011)和《环境管理体系要求及使用指南》(GB/T 24001—2004),职业健康安全管理和环境管理都是组织管理体系的部分,管理的主体是组织,管理的对象是一个组织的活动、产品或服务中能与职业健康安全发生相互作用的不健康、不安全条件和因素以及能与环境发生相互作用的要素。

2. 职业健康安全与环境管理的目的

(1) 工程项目的职业健康安全管理的目的是防止和减少生产安全事故、保护产品生产者的健康与安全、保障人民群众的生命与财产免受损失。

（2）工程项目环境管理的目的是保护生态环境，使社会的经济发展与人类的生存环境相协调。

3．职业健康安全与环境管理的任务

（1）职业健康安全与环境管理的任务是建筑生产组织（企业）为达到工程的职业健康安全与环境管理的目的而进行的组织、计划、控制、领导和协调的活动，包括组织机构、计划活动、职责、惯例、程序、过程和资源。

（2）工程项目各个阶段的职业健康安全与环境管理的主要任务。

9.3　土木工程项目安全事故分类及分析处理

9.3.1　土木工程职业健康安全隐患概念

职业健康安全事故隐患是指可能导致职业健康安全事故的缺陷和问题，包括安全设施、过程和行为等方面的缺陷问题。因此，对检查和检验中发现的事故隐患，应采取必要的措施及时处理和化解，以"四不放过"为原则，并通过事故隐患的适当处理，防止职业健康安全事故的发生。

9.3.2　土木工程职业健康安全隐患分类

1．土木工程职业健康安全隐患分类

土木工程职业健康安全隐患一般情况下可以按危害程度、危害类型和表现形式进行分类。

（1）按危害程度分类。一般隐患、重大隐患、特别重大隐患（如发生事故可能造成死亡 10 人以上，或直接经济损失 500 万元以上）。

（2）按危害类型分类。火灾隐患（占 32.2%）、爆炸隐患（30.2%）、危房隐患（13.1%）、坍塌和倒塌隐患（5.25%）、滑坡隐患（2.28%）、交通隐患（2.71%）、泄漏隐患（2.01%）、中毒隐患（1%）等。

（3）按表现形式分类。人的隐患、机器设备隐患、环境隐患和管理隐患。

2．土木工程职业健康安全事故分类

土木工程职业健康安全事故分两大类，即职业伤害事故与职业病。

（1）职业伤害事故。职业伤害事故是指因生产过程及工作原因或与其相关的其他原因造成的伤害事故。按照我国《企业职工伤亡事故分类标准》（GB 6441—1986）规定，职业伤害事故分为 20 类，包括物体打击、车辆伤害、机械伤害、起重伤害、触电、淹溺、灼烫、火灾、高处坠落、坍塌、冒顶片帮、透水、放炮、火药爆炸、瓦斯爆炸、锅炉爆炸、容器爆炸、其他爆炸、中毒和窒息、其他伤害等。

（2）职业病。经诊断因从事接触有毒害物质或不良环境的工作而造成急慢性疾病，属职业病。2002 年卫生部会同劳动和社会保障部发布的《职业病目录》列出的法定职业病为

10 大类，共 115 种。该目录中所列的 10 大类职业病：尘肺、职业性放射疾病、职业中毒、物理因素所致职业病、生物因素所致职业病、职业性皮肤病、职业性眼病、职业性耳鼻喉口腔疾病、职业性肿瘤和其他职业病。

9.3.3　土木工程事故分类与预防

土木工程项目除了产品固定外，人、机、物都在流动。若不注意安全，极易引发伤亡事故。

1. 工伤事故的概念

工伤事故即因工伤亡事故，是因生产与工作发生的伤亡事故。国务院《工人职工伤亡事故报告规程》中指出，企业对于工人职员在生产区域中所发生的和生产有关的伤亡事故（包括急性中毒事故），必须按照规定进行调查、登记统计和报告。其中给了两个条件：一是生产区域，二是和生产有关。

2. 伤亡事故分类与等级

按伤害程度和严重程度可划分为以下 7 类：轻伤、重伤事故、多人事故、急性中毒、重大伤亡事故、多人重大伤亡事故、特大伤亡事故。

3. 生产安全事故等级

根据生产安全事故（以下简称事故）造成的人员伤亡或者直接经济损失，事故一般分为以下等级。

（1）特别重大事故，是指造成 30 人以上死亡，或者 100 人以上重伤（包括急性工业中毒，下同），或者 1 亿元以上直接经济损失的事故。

（2）重大事故，是指造成 10 人以上 30 人以下死亡，或者 50 人以上 100 人以下重伤，或者 5000 万元以上 1 亿元以下直接经济损失的事故。

（3）较大事故，是指造成 3 人以上 10 人以下死亡，或者 10 人以上 50 人以下重伤，或者 1000 万元以上 5000 万元以下直接经济损失的事故。

（4）一般事故，是指造成 3 人以下死亡，或者 10 人以下重伤，或者 1000 万元以下直接经济损失的事故。

4. 伤亡事故原因

直接使劳动者受到伤害的原因共有 20 种：物体打击、车辆伤害、机器工具伤害、起重伤害、触电、淹溺、灼烫、火灾、刺割、高处坠落、坍塌、冒顶片帮、透水、放炮、火药爆炸、瓦斯爆炸、锅炉和受压容器爆炸、其他爆炸、中毒和窒息、其他伤害。土木工程实施中最主要的安全事故原因有以下 5 种。

（1）高处坠落：由于土木工程随着生产的进行，建筑物向高处发展，从而高空作业现场较多，因此，高处坠落事故是主要的事故，占事故发生总数的 35%～40%，多发生在洞口、临边处作业，脚手架、模板、龙门架（井字架）等上面作业中。

（2）物体打击：建筑工程由于受到工期的约束，在施工中必然安排部分的或全面的交叉作业,因此,物体打击是建筑施工中的常见事故,占事故发生总数的 12%～15%。

（3）触电事故:建筑施工离不开电力,这不仅指施工中的电气照明,更主要的是电动机械和电动工具。触电事故是多发事故,近几年已高于物体打击事故,居第二位,占建筑施工事故总数的 18%～20%。

（4）机械伤害:主要指垂直运输机械或机具、钢筋加工、混凝土搅拌、木材加工等机械设备对操作者或相关人员的伤害。这类事故占事故总数的 10% 左右,是建筑施工中的第四大类事故。

（5）坍塌:随着高层和超高层建筑的大量增加,基础工程施工工艺越来越复杂,在土方升挖过程中坍塌事故也就成了施工中的第五类事故了,目前约占事故总数的 5%。建筑施工现场还容易发生溺水、中毒等事故。

我国建筑企业近年来发生的因工伤亡事故的基本原因有两条:一是人的不安全行为;二是物的不安全状态。据统计 80% 以上的伤亡事故是由于人的不安全行为造成的。

5. 伤亡事故预防措施

"建筑安全生产管理"作为《建筑法》的重要组成部分,充分体现了"安全第一、预防为主"这一指导方针,明确了建筑工程安全生产管理必须建立健全安全生产的责任制度和群防群治制度,为约束和规范建筑施工企业安全生产行为提供了法律依据。主要预防措施如下。

（1）健全安全监督机构,强化责任落实

土木工程行政主管部门应完善建筑安全生产监督管理运行机制,建立健全各级建筑安全生产监督管理机构,并配备建筑工程专业、电气专业、建筑机械专业等方面的专业技术人员,形成完整的施工安全监督管理网络,建立一支专业技术水平高、业务能力强、政治素质过硬的监督管理执法队伍。

（2）设置专职安全组织管理机构,健全安全生产管理保证体系

一是充分发挥安全管理机构的作用。安全管理部门是公司的一个重要生产管理部门,是企业贯彻执行安全生产方针、法规,实行安全目标管理的职能和具体工作部门,是领导的参谋和助手。建筑施工企业及其所属各工程项目部都必须依据国家有关安全生产工作的法律、法规,设置专职安全管理机构。二是健全企业安全生产管理三大保证体系:以公司法定代表人为首的各级生产指挥、安全管理保证体系;以工程师、经济师、会计师为首的安全技术、安全技术措施计划、安全技术经费计划保证体系;以安全部门为主的专业安全监督、检查、宣传、教育、协调保证体系,使企业的安全生产工作层层有人抓,级级有人管,从而形成强大有力的安全生产管理网络。

（3）安全生产规章制度,实施安全责任目标管理

建立和健全以安全生产责任制为核心的各项安全生产管理规章制度,是保证安全生产的重要手段。《建筑法》第四十四条规定"建筑施工企业必须依法加强对建筑安全生产的管理,执行安全生产责任制度,采取有效措施,防止伤亡和其他安全事故的发生",公司应依据法律、法规的规定,建立健全各级各部门、各类人员安全生产责任制、安全教育培训制度、安全生产检查制度、安全技术措施制度、职工伤亡事故统计报告制度、防护用品使用管理制度、安全生产责任考核奖惩制度、易燃易爆有毒有害物品保管制度、现场消防管理制度、班组安全活动制度。实施安全责任目标管理制,层层分解,逐级落实,按"安全生产一票否决

权"、"管生产必须管安全"、"安全生产人人有责"的原则,真正从制度上固定下来,从而增强各级管理人员的安全生产责任心,使公司的安全生产管理工作纵向到底,横向到边,层层有人负责,做到齐抓共管,专管成线、群管成网,责任明确、协调配合。

(4) 以人为本,加强职工安全技术教育培训

公司必须依法对从事土木工程施工安全技术和管理工作的人员进行严格的专业培训,开展以建筑施工安全检查标准、安全技术规范等为主要学习内容的年度培训考核,实施持证上岗。公司每年必须对职工进行一次专门的安全培训,并开展多层次、多种形式的安全教育,以全面提高职工的安全生产意识和自我防护能力,增强安全生产的自觉性,积极性和创造性,使各项安全生产规章制度得以更好地贯彻执行。

(5) 编制安技措施,开展多层次的安全检查

土木工程施工,一方面必须结合工程的具体特点,编制有针对性的施工安全技术措施及基础施工支护方案,施工现场安全防护方案,模板工程施工方案,脚手架搭设,拆除方案;施工现场临时用电施工组织设计,物料提升机(龙门架、井字架)安装、拆除方案,外用电梯安装、拆除方案,塔式起重机安装、拆除方案,起重吊装作业方案。实施措施方案审批制,落实考核制及执行检查制;开展各级检查,项目部定期检查,班组班前班后自检,发现事故隐患,及时采取积极整改措施,预防伤亡事故的发生。

(6) 严格执行安全技术交底制度,开展班组安全教育活动

土木工程施工是一项复杂的生产过程,具有人员流动性大、露天高处作业多、作业环境变化大、手工操作、劳动繁重且体力消耗大等特点。在施工中必须结合工程实际,按作业环境、作业部位及工作内容进行分部、分项施工安全技术交底并严格检查执行情况,使安全生产工作深入到每一组、每一工作环节。

(7) 采用新技术、新工艺,开展施工安全专项治理

企业应不断改进生产工艺,采取新技术,不断提高施工安全技术水平,为安全生产预防事故创造条件。一是在对"四口"、"五临边"按部颁标准进行水平及立体防护的同时,设置定型化、工具化的防护栏杆、防护门、防护盖板及转动部位防护罩等防护用具;二是设置统一的标准化安全警示牌、标志牌,发挥其警示作业人员、促进安全生产的作用;三是严格检查提升设备、塔吊、施工机具等的安全设施,对提升设备设置开门自锁停靠装置和防坠落断绳保险装置,实行大型机械设备准用证制度,使"物的不安全"状态造成的伤亡事故得到有效的遏制。

9.3.4　土木工程安全事故报告与调查处理

1. 安全事故处理的原则

安全事故处理的原则,即4不放过原则:事故原因不清楚,事故责任者和员工没有受到教育不放过,事故责任者没有处理,没有指定的防范措施不放过。

2. 安全事故处理程序

①报告安全事故;②处理安全事故,抢救伤员,排除险情,防止事故蔓延扩大,做好标志,保护好现场等;③安全事故调查;④对事故责任者进行处理;⑤编写调查报告并上报。

3. 事故报告

事故发生后,事故现场有关人员应当立即向本单位负责人报告;单位负责人接到报告后,应当于 1 小时内向事故发生地县级以上人民政府安全生产监督管理部门和负有安全生产监督管理职责的有关部门报告。情况紧急时,事故现场有关人员可以直接向事故发生地县级以上人民政府安全生产监督管理部门和负有安全生产监督管理职责的有关部门报告。

安全生产监督管理部门和负有安全生产监督管理职责的有关部门接到事故报告后,应当依照下列规定上报事故情况,并通知公安机关、劳动保障行政部门、工会和人民检察院。

(1)特别重大事故、重大事故逐级上报至国务院安全生产监督管理部门和负有安全生产监督管理职责的有关部门;

(2)较大事故逐级上报至省、自治区、直辖市人民政府安全生产监督管理部门和负有安全生产监督管理职责的有关部门;

(3)一般事故上报至设区的市级人民政府安全生产监督管理部门和负有安全生产监督管理职责的有关部门。

安全生产监督管理部门和负有安全生产监督管理职责的有关部门依照前款规定上报事故情况,应当同时报告本级人民政府。国务院安全生产监督管理部门和负有安全生产监督管理职责的有关部门以及省级人民政府接到发生特别重大事故、重大事故的报告后,应当立即报告国务院。必要时,安全生产监督管理部门和负有安全生产监督管理职责的有关部门可以越级上报事故情况。

报告事故应当包括下列内容:①事故发生单位概况;②事故发生时间地点及事故现场情况;③事故的简要经过;④事故已经造成或可能造成的伤亡人数(包括下落不明的人数)和初步估计的直接经济损失;⑤已经采取的措施;⑥其他应当报告的情况。

4. 事故责任

事故发生单位及其有关人员有下列行为之一:①谎报或者瞒报事故的;②伪造或者故意破坏事故现场的;③转移、隐匿资金、财产,或者销毁有关证据、资料的;④拒绝接受调查或者拒绝提供有关情况和资料的;⑤在事故调查中作伪证或者指使他人作伪证的;⑥事故发生后逃匿的。对事故发生单位处 100 万元以上 500 万元以下的罚款;对主要负责人、直接负责的主管人员和其他直接责任人员处上一年年收入 60%～100%的罚款;属于国家工作人员的,依法给予处分;构成违反治安管理行为的,由公安机关依法给予治安管理处罚;构成犯罪的,依法追究刑事责任。其他的相关责任人和事故发生单位应负有的责任见《安全生产事故处理条例》中的第三十七条、第三十八条和第四十条相关内容。

5. 工伤认定

(1)职工有下列情形之一的,应当认定为工伤。

① 在工作时间和工作场所内,因工作原因受到事故伤害的;

② 工作时间前后在工作场所内,从事与工作有关的预备性或者收尾性工作受到事故伤害的;

③ 在工作时间和工作场所内,因履行工作职责受到暴力等意外伤害的;

④ 患职业病的;

⑤ 因工外出期间,由于工作原因受到伤害或者发生事故下落不明的;

⑥ 在上下班途中,受到机动车事故伤害的;

⑦ 法律、行政法规规定应当认定为工伤的其他情形。

(2) 职工有下列情形之一的,视同工伤。

① 在工作时间和工作岗位,突发疾病死亡或者在 48 小时之内经抢救无效死亡的;

② 在抢险救灾等维护国家利益、公共利益活动中受到伤害的;

③ 职工原在军队服役,因战、因公负伤致残,已取得革命伤残军人证,到用人单位后旧伤复发的。

(3) 职工有下列情形之一的,不得认定为工伤或者视同工伤。

① 因犯罪或者违反治安管理条例伤亡的;

② 醉酒导致伤亡的;

③ 自残或者自杀的。

6. 职业病的处理

1) 职业病报告

(1) 地市各级卫生行政部门指定相应的职业病防治机构或卫生防疫机构负责职业病统计和报告工作;职业病报告实行以地方为主,逐级上报的办法。

(2) 一切企事业单位发生的职业病,都应按规定要求向当地卫生监督机构报告,由卫生监督机构统一汇总上报。

2) 职业病处理

(1) 职工被确诊患有职业病后,其所在单位应根据职业病诊断机构的意见,安排其医疗或疗养。

(2) 在医治或疗养后被确认不宜继续从事原有害作业或工作的,应自确认之日起的两个月内将其调离原工作岗位,另行安排工作;对于因工作需要,暂不能调离的生产、工作技术骨干,调离期限最长不得超过半年。

(3) 患有职业病的职工变动工作单位时,其职业病待遇应由原单位负责或两个单位协调处理,双方商妥后方可办理调转手续,并将其健康档案、职业病诊断证明及职业病处理情况等材料全部移交新单位;调出、调入单位都应将情况报告所在地的劳动卫生职业病防治机构备案。

(4) 职工到新单位后,新发生的职业病不论与现工作有无关系,其职业病待遇由新单位负责;劳动合同制工人、临时工终止或解除劳动合同后,在待业期间新发现的职业病,与上一个劳动合同期工作有关时,其职业病待遇由原终止或解除劳动合同的单位负责,如原单位已与其他单位合并,由合并后的单位负责;如原单位已撤销,应由原单位的上级主管机关负责。

7. 施工伤亡事故处理程序

施工生产场所,发生伤亡事故后,负伤人员或最先发现事故的人应立即报告项目领导。项目安技人员根据事故的严重程度及现场情况立即上报上级业务系统,并及时填写伤亡事故表上报企业。处理程序如下。

1）迅速抢救伤员、保护事故现场

事故发生后，现场人员要有组织，统一指挥。首先抢救伤亡和排除险情，尽量制止事故蔓延扩大。同时注意，为了事故调查分析的需要，应保护好事故现场。如因抢救伤亡和排除险情而必须移动现场构件时，还应准确做出标记，最好拍出不同角度的照片，为事故调查提供可靠的原始事故现场。

2）组织调查组

企业在接到事故报告后，经理、主管经理、业务部门领导和有关人员应立即赶赴现场组织抢救，并迅速组织调查组开展调查。发生人员轻伤、重伤事故，由企业负责人或指定的人员组织施工生产、技术、安全、劳资、工会等有关人员组成事故调查组，进行调查。死亡事故由企业主管部门会同现场所在地区的市（或区）劳动部门、公安部门、人民检察院、工会组成事故调查组进行调查。重大死亡事故应按企业的隶属关系，由省、自治区、直辖市企业主管部门或国务院有关主管部门，公安、监察、检察部门、工会组成事故调查组进行调查。也可邀请有关专家和技术人员参加。调查组成员中与发生事故有直接利害关系的人员不得参加调查工作。

3）现场勘察

调查组成立后，应立即对事故现场进行勘察。因现场勘察是项技术性很强的工作，它涉及广泛的科学技术知识和实践经验。因此勘察时必须及时、全面、细致、准确、客观地反映原始面貌，勘察的主要内容有以下几点。

（1）作出笔录。包括发生事故的时间、地点、气象等；现场勘察人员的姓名、单位、职务；现场勘察起止时间、勘察过程；能量逸散所造成的破坏情况、状态、程度；设施设备损坏或异常情况及事故发生前后的位置；事故发生前的劳动组合，现场人员的具体位置和行动；重要物证的特征、位置及检验情况等。

（2）实物拍照。包括方位拍照，反映事故现场周围环境中的位置；全面拍照，反映事故现场各部位之间的联系；中心拍照，反映事故现场的中心情况；细目拍照，揭示事故直接原因的痕迹物、致害物等；人体拍照，反映伤亡者主要受伤和造成伤害的部位。

（3）现场绘图。根据事故的类别和规模以及调查工作的需要应绘制出下列示意图，包括：建筑物平面图、剖面图，事故发生时人员位置及疏散（活动）图，破坏物立体图或展开图，涉及范围图，设备或工、器具构造图等。

4）分析事故原因、确定事故性质

事故调查分析的目的，是通过认真调查研究，搞清事故原因，以便从中吸取教训，采取相应措施，防止类似事故重复发生。分析的步骤和要求包括：

（1）通过详细的调查查明事故发生的经过。弄清事故的各种产生因素，如人、物、生产和技术管理、生产和社会环境、机械设备的状态等方面的问题，经过认真、客观、全面、细致、准确地分析，确定事故的性质和责任。

（2）事故分析时，首先整理和仔细阅读调查材料，对受伤部位、受伤性质、起因物、致害物、伤害方法、不安全行为和不安全状态等7项内容进行分析。

（3）在分析事故原因时，应根据调查所确认的事实，从直接原因入手，逐步深入到间接原因。通过对原因的分析，确定事故的直接责任者和领导责任者，根据在事故发生中的作用,找出主要责任者。

（4）确定事故的性质。工地发生伤亡事故的性质通常可分为责任事故、非责任事故和破坏性事故。事故的性质确定后,就可以采取不同的处理方法和手段了。

（5）根据事故发生的原因,找出防止发生类似事故的具体措施,并应定人、定时间、定标准,完成措施的全部内容。

5）写出事故调查报告

事故调查组在完成上述几项工作后,应立即把事故发生的经过、原因、责任分析和处理意见及本次事故的教训、估算和实际发生的损失,对本事故单位提出的改进安全生产工作的意见和建议写成文字报告,经调查组全体成员会签后报有关部门审批。如组内意见不统一,应进一步弄清事实,对照政策法规反复研究,统一认识。不可强求一致,但报告上应言明情况,以便上级在必要时进行重点复查。

6）事故的审理和结案

事故的审理和处理结案,同企业的隶属关系及干部管理权限一致。一般情况下县办企业和县以下企业,由县审批；地、市办的企业由地、市审批；省、直辖市企业发生的重大事故,由直属主管部门提出处理意见,征得劳动部门意见,报主管委、办、厅批复。

建设部对事故的审理和结案的要求有以下几点。

（1）事故调查处理结论报出后,须经当地有关有审批权限的机关审批后方能结案。并要求伤亡事故处理工作在 90 天内结案,特殊情况也不得超过 180 天。

（2）对事故责任者的处理,应根据事故情节轻重、各种损失大小、责任轻重加以区分,予以严肃处理。

（3）清理资料进行专案存档。事故调查和处理资料是用鲜血和教训换来的,是对职工进行教育的宝贵资料,也是伤亡人员和受到处罚人员的历史资料,因此应完整保存。

9.4　土木工程项目环境管理

9.4.1　土木工程项目环境管理的特点

（1）区域性。土木工程项目是在某一特定区域实施的,因此它只对这一区域环境造成影响。而且不同区域对环境保护的要求不一样,因此对土木工程项目环境管理的方式方法也要视区域而定。

（2）长期性。土木工程项目的施工周期一般都比较长,而且最终建筑产品具有不可移动性。这两点原因造成施工项目对环境的影响是长期的,为了防治对环境的污染,必须长期进行环境管理工作。

（3）超前性。土木工程项目对环境的污染和破坏基本上是和施工活动同步产生的,环境问题在时间上的同步性决定了项目环境管理工作的超前性,必须走在施工活动发生之前,这样才能对环境污染起到防治作用。

（4）多样性。土木工程项目的一次性造成了项目的差异,每个施工项目都有不同的用途、功能,对施工活动的要求也不一样,再者不同项目也有地域差异,这些造成了不同施工项目有不同的环境因素以及不同的环境污染程度。

（5）社会性。土木工程项目造成环境污染的原因是多元化的,不仅受到项目内部的影响也受到外部社会、政治、经济、文化等因素的制约。建筑产品社会性也对环境管理提出了社会性的要求。

（6）目的同一性。土木工程项目的环境管理与经济工作的目的具有同一性,土木工程项目环境管理工作与施工活动之间存在辩证关系。

9.4.2 工程项目环境管理的主要内容

1. 环境管理的对象

（1）烟尘、粉尘。在施工过程中容易造成一定的吸入性粉尘和烟尘,如岩石破碎、加工搬运,砂石筛分搬运,沥青燃烧、加热、搅拌,土石方开挖及运输等。

（2）有害气体。如汽车、钻孔、打桩机等机动车辆产生的尾气等。

（3）废水。如隧道施工污水、冲洗车辆废水、生活及办公废水等。

（4）固体废弃物。如各种金属、材料边角料、碎屑、施工弃渣、油泥、设备包装箱、包装袋等工程垃圾及生活垃圾等。

（5）施工噪声。在工程建设过程中,机械设备,如打桩机、混凝土搅拌机、振动棒、空压机等容易产生一定的噪声。

（6）物理污染。在工程施工过程中,容易产生一定的物理污染,如放射源、电磁辐射污染等。主要是工程中的一些专业设备,如变压器、高压电路、微波通信设备等产生的。

（7）资源、能源的消耗与节约。如钢材、水泥、沙石料、原木等材料的消耗和节电、节水、节油等。

2. 环境管理的工作内容

（1）按照分区划块的原则,搞好项目的环境管理,进行定期检查,加强协调,及时解决发现的问题,实施纠正和预防措施,确保现场良好的作业环境、卫生条件和工作程序,做到污染预防。

（2）对环境因素进行控制,制定应急准备和响应预案,并保证信息畅通,预防可能出现的非预期的损害。在出现环境事故时,应及时消除污染,并制定相应的措施,防止环境二次污染。

（3）保存有关环境管理的工作记录。

（4）进行现场节能管理,有条件时应规定能源使用指标。

9.4.3 项目环境管理的基本步骤和流程

当工程项目有所改变时,要确定是否需要提出新的环境影响控制措施计划。在进行这一过程的同时还要检查是否有被遗漏的或者新的环境因素,或者视情况而定是否要重新识别环境因素。土木工程项目环境因素管理基本步骤主要包括环境因素的识别、评价、控制措施计划、实施控制措施计划、检查等,其流程如图 9-1 所示。

1. 环境因素的识别

识别环境因素,要考虑与各类工程项目管理有关的所有环境因素以及各因素受到何种

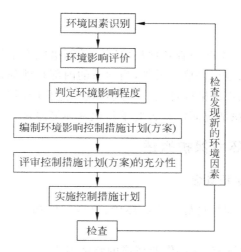

图 9-1　工程项目环境管理流程图

影响。因此,必须首先对项目的现场作业和管理业务活动进行划分、分类,编制出该工程项目的环境管理业务内容和管理活动表。

2.环境影响的评价

在适当的计划方案中,主观对各项环境因素可能产生的环境影响做出评价。也可以是在有控制措施的前提下,项目管理人员评价措施控制的有效性或者可能失败造成的后果。

3.判定环境影响的程度

为确定重大环境因素,应研究既定的计划方案或现有的控制措施对有害环境因素的控制程度,同时结合环境管理的相应法律法规、标准规范和其他要求以及施工单位自身的能力情况,对施工项目的环境因素按其环境影响大小进行分类。

4.编制环境影响控制措施方案

土木工程项目的管理人员应当针对评价中的重要环境因素制定相应的计划、控制措施和应急预案,以便应对可能出现的任何环境问题,并应当在这些计划和控制措施实施之前进行检查以确保适当性和有效性。

5.评审控制措施方案

重新评价环境影响,检查已修正的控制措施方案是否足以控制住环境因素,同时检查这些方案与法律法规、标准规范和其他要求是否相符,以及施工单位自身的能力是否能执行方案。

6.实施控制措施计划

在土木工程项目的每一道工序中具体落实上一步骤中经过评审的控制措施方案。

7. 检查

在项目的施工阶段,要不断检查各项环境因素控制措施方案的执行情况,并对各项环境因素控制措施的执行效果进行评价。另外,当项目的内部和外部条件有所改变时,要确定是否需要提出新的环境影响控制措施计划。在进行这一过程的同时还要检查是否有被遗漏的或者新的环境因素,或者视情况而定是否要重新识别环境因素。

9.4.4 文明施工与环境保护概述

1. 文明施工与环境保护概念

文明施工是保持施工现场良好的作业环境、卫生环境和工作秩序。文明施工主要包括以下几个方面的工作。

(1) 规范施工现场的场容,保持作业环境的整洁卫生;

(2) 科学组织施工,使生产有序进行;

(3) 减少施工对周围居民和环境的影响;

(4) 保证职工的安全和身体健康。

环境保护是按照法律法规、各级主管部门和企业的要求,保护和改善作业现场的环境,控制现场的各种粉尘、废水、废气、固体废弃物、噪声、振动等对环境的污染和危害。环境保护也是文明施工的重要内容之一。

2. 文明施工的意义

(1) 文明施工能促进企业综合管理水平的提高。保持良好的作业环境和秩序,对促进安全生产、加快施工进度、保证工程质量、降低工程成本、提高经济和社会效益有较大作用。文明施工涉及人力、财力、物力各个方面,贯穿于施工全过程之中,体现了企业在工程项目施工现场的综合管理水平。

(2) 文明施工是适应现代化施工的客观要求。现代化施工更需要采用先进的技术、工艺、材料、设备和科学的施工方案,需要严密组织、严格要求、标准化管理和较好的职工素质等,是实现优质、高效、低耗、安全、清洁和卫生的有效手段。

(3) 文明施工代表企业的形象。良好的施工环境与施工秩序,可以得到社会的支持和信赖,提高企业的知名度和市场竞争力。

(4) 文明施工有利于员工的身心健康,有利于培养和提高施工队伍的整体素质,可以提高职工队伍的文化、技术和思想素质,培养尊重科学、遵守纪律、团结协作的生产意识,促进企业精神文明建设。

3. 现场环境保护的意义

(1) 保护和改善施工环境是保证人们身体健康和社会文明的需要。采取专项措施防止粉尘、噪声和水源污染,保护好作业现场及其周围的环境,是保证职工和相关人员身体健康、体现社会总体文明的一项利国利民的重要工作。

(2) 保护和改善施工环境是消除对外部干扰、保证施工顺利进行的需要。随着人们的法制观念和自我保护意识的增强,尤其在城市施工,施工扰民问题突出,应及时采取防治措施,减少对环境的污染和对市民的干扰,也是施工生产顺利进行的基本条件。

（3）保护和改善施工环境是现代化大生产的客观要求。现代化施工广泛应用新设备、新技术、新生产工艺,对环境质量要求很高,如果粉尘、振动超标就可能损坏设备、影响功能发挥。

（4）保护和改善施工环境是节约能源、保护人类生存环境、保证社会和企业可持续发展的需要。人类社会面临环境污染和能源危机的挑战。为了保护子孙后代赖以生存的环境条件,每个公民和企业都有责任和义务来保护环境。良好的环境和生存条件,也是企业发展的基础和动力。

9.4.5　文明施工的组织管理

1．组织和制度管理

（1）施工现场应成立以项目经理为第一责任人的文明施工管理组织。分包单位应服从总包单位的文明施工管理组织的统一管理,并接受监督检查。

（2）各项施工现场管理制度应有文明施工的规定,包括个人岗位责任制、经济责任制、安全检查制度、持证上岗制度、奖惩制度、竞赛制度和各项专业管理制度等。

（3）加强和落实现场文明检查、考核及奖惩管理,以促进施工文明管理工作的提高。检查范围和内容应全面周到,包括生产区、生活区、场容场貌、环境文明及制度落实等内容。检查发现的问题应采取整改措施。

2．建立收集文明施工的资料及其保存的措施

（1）上级关于文明施工的标准、规定、法律法规等资料。
（2）施工组织设计（方案）中对文明施工的管理规定,各阶段施工现场文明施工的措施。
（3）文明施工自检资料。
（4）文明施工教育、培训、考核计划的资料。
（5）文明施工活动各项记录资料。
（6）加强文明施工的宣传和教育。
（7）在坚持岗位练兵基础上,要采取派出去、请进来、短期培训、上技术课、登黑板报、广播、看录像和看电视等方法狠抓教育工作。
（8）要特别注意对临时工的岗前教育。
（9）专业管理人员应熟悉掌握文明施工的规定。

3．现场文明施工的基本要求

（1）施工现场必须设置明显的标牌,标明工程项目名称、建设单位、设计单位、施工单位、项目经理和施工现场总代表人的姓名,开、竣工日期,施工许可证批准文号等。施工单位负责施工现场标牌的保护工作。

（2）施工现场的管理人员在施工现场应当佩戴证明其身份的证卡。

（3）应当按照施工总平面布置图设置临时设施。现场堆放的大宗材料、成品、半成品和

机具设备不得侵占场内道路及安全防护等设施。

（4）施工现场的用电线路、用电设施的安装和使用必须符合安装规范和安全操作规程，并按照施工组织设计进行架设，严禁任意拉线接电。施工现场必须设有保证施工安全要求的夜间照明；危险潮湿场所的照明以及手持照明灯具，必须采取符合安全要求的电压。

（5）施工机械应当按照施工总平面布置图规定的位置和线路设置，不得任意侵占场内道路。施工机械进场必须经过安全检查，经检查合格方能使用。施工机械操作人员必须建立机组责任制，并依照有关规定持证上岗，禁止无证人员操作。

（6）应保证施工现场道路畅通，排水系统处于良好的使用状态；保持场容场貌的整洁，随时清理建筑垃圾。在车辆、行人通行的地方施工，应设置施工标志，并对沟、井、穴等进行覆盖。

（7）施工现场的各种安全设施和劳动保护器具，必须定期进行检查和维护，及时消除隐患，保证其安全有效。

（8）施工现场应设置各类必要的职工生活设施，并符合卫生、通风、照明等要求。

（9）应做好施工现场安全保卫工作，采取必要的防盗措施，在现场周边设立维护设施。

（10）应严格按照《中华人民共和国消防条例》的规定，在施工现场建立和执行防火管理制度，设置符合消防要求的消防设施，并保持完好的备用状态。在容易发生火灾的地区施工或者储存、使用易燃和易爆器材时，应当采取特殊的消防安全措施。

（11）施工现场发生工程建设重大事故处理，依照《工程建设重大事故报告和调查程序规定》执行。

9.4.6　工程项目现场环境保护措施

1. 水污染防治措施

工程排放的废水主要有以下几种：基坑降水抽排的地下水、雨水、生活废水、搅拌及各种设备车辆清洗废水等。

（1）基坑降水抽排的地下水经三级沉淀后用于项目部绿化植物的灌溉用水。

（2）在工程开工前完成工地排水和废水处理设施，在整个施工过程中，做到现场无积水、排水不外溢、不堵塞、水质达标。

（3）雨季施工时制定有效的排水措施，钻（冲）孔桩的施工现场有效的废浆处理措施，对桩基溢处的泥浆经过沉淀池沉淀后再进入泥浆池循环利用，对沉淀池定期进行清理，拉运至隧道弃渣场丢弃。

（4）根据施工实际，考虑当地降雨特征，制定雨季，特别是汛期避免废水无组织排放、外溢，造成当地水污染事故发生的排水应急相应工作方案，并在需要时实施。

（5）施工现场设置专用油漆、油料库，库房地面墙上做防渗漏处理，存储、使用、保管专人负责，防止油料跑、冒、滴、漏。

（6）施工现场不搅拌混凝土，不设置混凝土搅拌站。现场设置供、排水设施，避免积水，防止输水道跑、冒、漏。

2. 大气污染防治措施

工程项目大气污染源主要有运输、开挖、燃油机械、炉灶等。

（1）对易产生粉尘、扬尘的作业面和装卸、运输过程，制定操作规程和洒水，保持湿度。在 4 级以上风力条件下不进行产生扬尘的施工作业。

（2）施工垃圾采用容器吊运到地面，垃圾要及时清运，清运时要洒水，防止扬尘。规程本着节能、环保的理念做到垃圾分类堆放，及时清运出现场，现场不得堆积大量垃圾。

（3）合理组织施工、优化工地布局，使产生扬尘的作业、运输尽量避开敏感点和敏感时段。

（4）严禁在施工现场焚烧任何废物和会产生有毒有害气体、烟尘、臭气的物质。

（5）工程使用混凝土由中心拌合站集中供应。

（6）水泥等易飞扬细颗粒散体物料，尽量使用灌装水泥，对袋装水泥必须库内存放、覆盖。选择合格的运输单位，做到运输过程不散落。

（7）在使用、运输水泥、白灰和其他容易飞扬的细颗粒散体材料时，要做到轻拿轻放、文明施工，防止人为因素造成扬尘污染。施工现场出入口设置冲车台，车辆出场冲洗车轮，减少车轮携土。

（8）拆除构筑物时要有防尘遮挡，在旱季适量洒水。清扫施工现场要先将路面、地面进行喷洒湿润后再进行清扫，以免清扫时扬尘。当风力超过三级以上时，每天早、中、晚至少各洒水一次，洒水降尘应配备洒水装置并指定专人负责。沿施工现场围挡或易产生扬尘一侧设置喷淋设施。

（9）水泥、白灰等粉状物应入库存放。使用开槽机、砂轮锯施工时，必须设隔尘罩，防止飞溅物飞扬。施工现场在施工前做好施工道路的规划和设置，临时施工道路基层夯实、路面硬化。流体材料用密目网苫盖，防止扬尘。尽可能在仓库内进行，不在现场消化生灰。

（10）施工用的油漆、防腐剂、防火涂料等易污染大气的化学物品统一管理，用后盖严，防止污染大气。

3. 噪声污染防治措施

工程项目施工噪声源主要有以下几种：施工机械、施工活动、运输车辆等。

（1）采取降噪措施，施工过程中向周围环境排放的噪声符合国家和本市规定的环境噪声施工现场排放标准。

（2）工程开工 15 日前向当地政府环保部门提出申请，说明工程项目名称、建筑名称、建筑施工场所及施工工期可能排放到建筑施工场界的环境噪声强度和所采用噪声污染防治措施等。

（3）施工噪声标准：对施工噪声的控制，选用噪声和振动符合城市环境噪声标准的施工机械，同时采用低噪声施工工艺和方法；作业时间严格按照建设施工规定要求，夜间不施工；按照不同施工阶段施工作业噪声的限制，安排作业时间。

（4）现场施工噪声的监控。

（5）夜间不进行产生噪声污染、影响他人休息的建筑施工作业，但抢修、抢险作业除外。

生产工艺必须连续作业的或者因特殊需要必须连续作业的,报区环境保护部门批准。

(6) 采取措施,把噪声污染减少到最小的程度,并与受其污染的组织和有关单位协商,达成协议。

① 合理安排作业时间,将混凝土施工等噪声较大的工序放在白天进行,在夜间避免进行噪声较大的工作。

② 使用商品混凝土,混凝土构件尽量工厂化,减少现场加工量。

③ 施工现场在使用混凝土地泵、电刨、电锯等强噪声机具时,在使用前采取吸声材料进行降噪封闭,混凝土振捣采用低噪振捣棒。

④ 吊车指挥配套使用对讲机。

⑤ 保持电动工具的完好,采用低噪产品。

⑥ 管道型钢搬运轻拿轻放,下垫枕木,并避免夜间施工;减少风管现场制作,如需制作,操作间应设在地下室或封闭房间内。

⑦ 使用手持电动工具(电锤、手电钻、手砂轮等)切割机时,周围设围挡隔音,使用性能优良的设备,并合理安排工序,不集中使用。

⑧ 采用早拆支撑体系,减少因拆装扣件引发的高噪声,监控材料机具的搬运,要轻拿轻放。

⑨ 提高职工素质,严禁大声喧哗。

4. 固体废物污染防治措施

固体废物污染环境的防治,实行减少固体废物的产生,充分合理利用固体废物和无害化处置固体废物的原则。工程产生的固体废物主要有以下几种:混凝土、砂浆、碎砖等工程垃圾,混凝土的保温覆盖物,各种装饰材料的包装物,生活垃圾及施工结束后临时建筑拆除产生的废弃物等。

(1) 减少固体废物产生的措施:混凝土、砂浆等集中搅拌,减少落地灰的产生;钢筋采用加工厂集中加工方式,减少废料的产生;临时建筑采用活动房屋,周转使用,减少工程垃圾。

(2) 综合利用资源,对固体废物实行充分回收和合理利用。固体废物综合利用的措施:工程废土集中过筛,重新利用,筛余物用粉碎机粉碎,不能利用的工程垃圾集中处置;建立水泥袋回收制度;施工现场设立废料区,专人管理,可利用的废料先发先用;装饰材料的包装统一回收。

(3) 有利于保护环境的集中处置固体废物措施:施工现场设固定的垃圾存放区域,及时清运、处置建筑施工过程中产生的垃圾,防止污染环境。

(4) 加强防止固体废物污染环境的研究、开发工作,推广先进的防治技术和普及固体废物污染环境防治的科学知识。

(5) 制定泥浆和废渣的处理、处置方案,选择有资质的运输单位,及时清运施工弃土和弃渣,在收集、贮存、运输、利用和处置固体废物的过程中,采取防扬散、防流失、防渗漏或其他防止污染环境的措施。建立登记制度,在运输过程中沿途不丢弃、遗撒固体废物。

(6) 混凝土罐车每次出场清洗下料斗;土方、渣土自卸车、垃圾运输车全封闭;运输车辆出场前清洗车身、车轮,避免污染场外路面。

（7）对收集、贮存、运输、处置固体废物的设施、设备和场所，加强管理和维护，保证其正常运行和使用。

（8）教育施工人员要养成良好的卫生习惯，不随地乱丢垃圾、杂物，保持工作和生活环境的整洁。

（9）施工中产生的建筑垃圾和生活垃圾，应当分类、定点堆放，并与环卫公司签订合同，由环卫公司进行专业化及时清运，不得乱堆乱放；建筑物内的垃圾必须装袋清运，严禁向外扬弃。

5．油料、化学品的控制

（1）油料、化学品贮存要设专用库房。

（2）一律实行封闭式、容器式管理和使用，施工现场固体有毒物用袋集装，液体采用封闭式容器管理。

（3）尽量避免泄漏、遗洒。如发生油桶倾倒，操作者应迅速将桶扶起，盖盖后放置安全处，将倾洒油漆尽量回收。用棉丝蘸稀料将地面上不可回收的油漆处理干净，将油棉作为有毒有害废弃物予以处理。

（4）化学品及有毒物质使用前应编制作业指导，并对操作人员进行培训。

（5）对有毒物质的消纳，要找有资质单位实行定向回收。

6．环境监测和监控

1）环境监测

（1）施工现场的环境监测由项目总工程师组织实施，由安全环境管理部负责。监测的对象包括场界噪声、污水排放及粉尘等；监测的频数为每月进行一次，施工淡季和非高峰期每季监测一次。

（2）本项目部施工现场噪声监测由项目部自行完成，并做好监测记录，污水排放与地方环保部门办理排污许可证，项目配制沉淀池等设施，并作定期检查。

2）环境监控

项目部在实施噪声和污水环境监测的同时，对粉尘排放等不易量化指标的环境因素进行定性检查，监控环境目标和指标的落实情况。

9.5　土木工程项目健康、安全与环境管理体系

9.5.1　建立职业健康安全与环境管理体系的步骤

1．领导的决策

建立职业健康安全与环境管理体系需要最高管理者亲自决策，以便获得各方面的支持和保证建立体系所需资源。

2．成立工作组

最高管理者或授权管理者代表成立工作小组，负责建立职业健康安全与环境管理体系。

工作小组的成员要覆盖组织的主要职能部门,组长最好由管理者代表担任,以保证小组对人力、资金、信息的获取。

3．人员培训

人员培训的目的是使组织内有关人员了解建立职业健康与环境体系的重要性,了解标准的主要思想和内容。根据对不同人员的培训要求,可将参加培训的人员分为 4 个层次,即最高管理层、中层领导及技术负责人、具体负责建立体系的主要骨干人员和普通员工。

在开展工作之前,参与建立和实施管理体系的有关人员及内审员应接受职业健康安全与环境管理体系标准及相关知识的培训。

4．初始状态评审

初始状态评审是对组织过去和现在的职业健康安全与环境的信息、状态进行收集、调查分析,识别和获取现有的适用于组织的健康安全与环境的法律、法规和其他要求,进行危险源辨识和风险评价、环境因素识别和重要环境因素评价。评审的结果作为确定职业健康安全与环境方针、制定管理方案、编制体系文件和建立职业健康安全与环境管理体系的基础。

5．制定方针、目标、指示和管理方案

方针是组织对其健康安全与环境行为的原则和意图的声明,也是组织自觉承担其责任和义务的承诺。方针不仅为组织确定了总的指导方向和行动准则,还是评价一切后续活动的依据,并为更加具体的目标和指示提供框架。以目标和指标制定的依据和准则为依据并符合方针;考虑法律、法规和其他要求;考虑自身潜在的危险和重要环境因素;考虑商业机会和竞争机遇;考虑可实施性;考虑监测考评的现实性;考虑相关方的观点。管理方案是实现目标、指标的行动方案。

6．管理体系策划与设计

体系策划与设计是依据制定的方针、目标和指标、管理方案,确定组织机构职责和筹划各种运行程序。建立组织机构应考虑的主要因素有合理分工,加强协作,明确定位,落实岗位责任,赋予权限。

7．体系文件的编写

体系文件包括管理手册、程序文件和作业文件,在编写中根据文件的特点考虑编写的原则和方法。

8．文件的审查审批和发布

文件编写完成后应进行审查,经审查、修改和汇总后进行审批,然后发布。

9.5.2　职业健康安全与环境管理体系的基本结构、模式及内容

1．职业健康安全管理体系基本结构

职业健康安全管理体系是指为建立职业健康安全方针以及实现这些目标所制定的一系

列相互联系或相互作用的要素。

职业健康安全管理体系规范的基本结构如图 9-2 所示,共由 5 个一级要素和 17 个二级要素构成。构成职业健康安全管理体系的要素,可分为两大类,一是体现体系主体框架和基本功能的核心要素,另一类是支持体系主体框架和保证实现基本功能的辅助性要素。

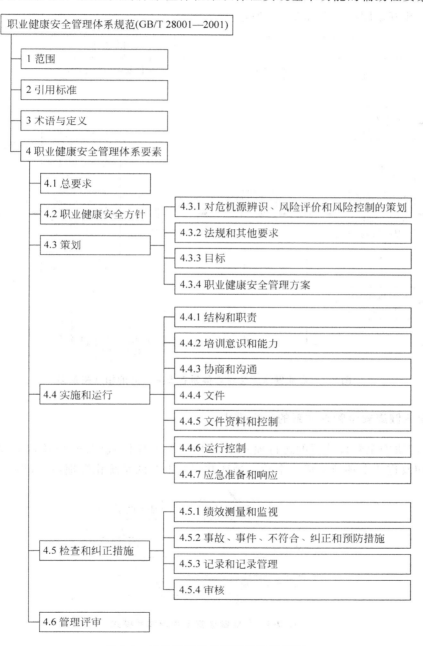

图 9-2　职业健康安全管理体系结构图

（1）核心要素。核心要素包括职业健康安全方针,对危险源辨识、风险评价和风险控制的策划,法规和其他要求,目标,结构和职责,职业健康安全管理方案,运行控制,绩效测量和监视,审核和管理评审等 10 个要素。

（2）辅助性要素。辅助性要素包括培训意识和能力,协商和沟通,文件,文件资料和控制,应急准备和响应,事故事件、不符合、纠正和预防措施,以及记录和记录管理等。

在这 17 个要素之间相互联系、相互作用,共同有机地构成了职业健康安全管理体系的一个整体,相互之间的关系如图 9-3 所示。

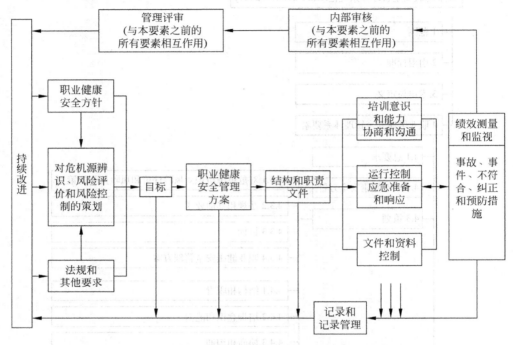

图 9-3　职业健康安全管理体系各要素之间的相互关系图

2. 职业健康安全管理体系的运行模式

职业健康安全管理体系的运行模式采用 PDCA 循环模式（戴明循环）,即通过策划、行动、检查和改进 4 个环节构成一个动态循环并螺旋上升的系统化管理模式,如图 9-4 所示。

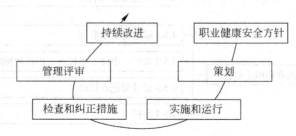

图 9-4　职业健康安全管理体系模式

3. 环境管理体系基本结构和运行模式

国际标准化组织 1996 年推出了 ISO 14000 系列标准,同年我国将其等同转换为 GB/T

24000 系列标准。

1）环境管理体系的基本结构

环境管理体系的基本结构如图 9-5 所示,运行模式如图 9-6 所示。

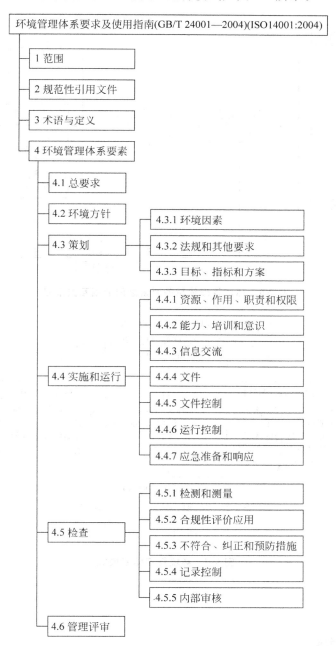

图 9-5　环境管理体系结构图

2）环境管理体系的运行模式

环境管理体系采用 PDCA 循环模式,即环境方针、策划、实施与运行、检查和改进环节构成一个动态循环并螺旋上升的系统化管理模式,见图 9-7。

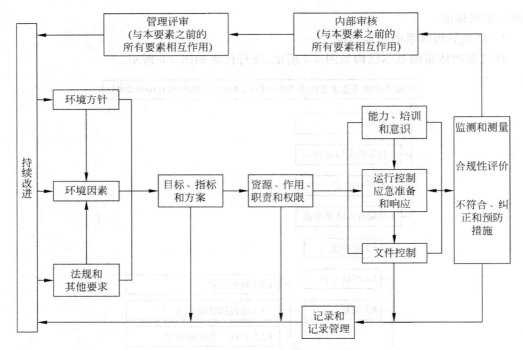

图 9-6　环境管理体系各要素之间的相互关系图

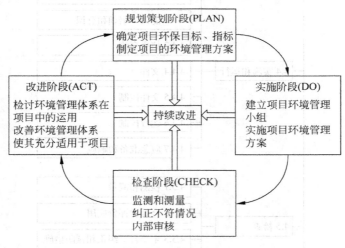

图 9-7　环境管理体系模式

本章习题

一、单项选择题

1. 在下列说法中正确的是：（　　　）

　A. 建设工程项目职业健康安全管理的目的是保护产品生产者的健康与安全

　B. 建设工程项目环境管理的目的是保护生态环境，使社会的建设发展与人类的生存环境相协调

  C.　建设工程项目环境管理应考虑能源节约和避免资源的浪费

  D.　职业健康安全与环境密切相关的任务,不可一同完成

 2.　建筑产品的固定性和生产的流动性及受外部环境影响因素多,决定了职业健康安全与环境管理的(　　)。

  A.　复杂性　　　　　B.　烦琐性　　　　　C.　多样性　　　　　D.　艰巨性

 3.　产品的委托性决定了职业健康安全与环境管理产品的(　　)。

  A.　多样性　　　　　B.　单件性　　　　　C.　生产过程连续性　D.　不符合性

 4.　一个建设工程从立项到投产使用要经历5个阶段,立项属于(　　)阶段。

  A.　设计前准备工作　　　　　　　　B.　设计

  C.　施工　　　　　　　　　　　　　D.　使用前准备工作

 5.　安全控制是通过对生产过程中涉及的(　　)等一系列致力于满足安全生产所进行的管理活动。

  A.　计划、实施、监控、调节和改进　　B.　计划、组织、监控、调节和改进

  C.　组织、实施、监控、调节和改进　　D.　计划、组织、实施、监控和调节

 6.　下列说法中不正确的是(　　)。

  A.　按"目标管理"方法在项目经理为首的项目管理系统内进行分解,从而确定每个岗位的安全目标,实现个人安全控制

  B.　表示生产过程中不安全因素的文件,是进行工程项目安全控制指导性文件

  C.　安全技术措施计划的落实和实施包括建立健全安全生产责任制、设置安全生产设施、进行安全教育和培训

  D.　安全技术措施计划的验证主要是安全检查与记录

 7.　因火药爆炸而引起的物体打击属于(　　)职业伤害事故。

  A.　物体打击　　　　B.　火药爆炸　　　　C.　其他爆炸　　　　D.　冒顶片帮

 8.　施工项目的安全检查应由(　　)组织,定期进行。

  A.　公司最高领导　　B.　班组长　　　　　C.　项目经理　　　　D.　全体员工

 9.　对结构复杂、施工难度大、专业性较强的工程项目,除指定项目总体安全保证计划外,还必须制定(　　)的安全技术措施。

  A.　单位工程或分部分项工程　　　　B.　单项工程或单位工程

  C.　单位工程或分部工程　　　　　　D.　分部工程或分项工程

 10.　安全生产责任制是指企业对(　　)各级领导、各个部门、各类人员所规定的在他们各自职责范围内对安全生产应负责任的制度。

  A.　全公司　　　　　B.　总公司　　　　　C.　各分公司　　　　D.　项目经理部

二、多项选择题

 1.　不可接受的损害风险(危险)通常是指(　　)。

  A.　超出了法律、法规和规章的要求

  B.　超出了合同条款的要求

  C.　超出了方针、目标和企业规定的其他要求

  D.　超出了企业决策者的要求

  E.　超出了人们普遍接受(通常是隐含的)的要求

2. 安全控制的目标是减少和消除生产过程中的事故,保证人员健康安全和财产免受损失(　　)。

　　A. 减少或消除的不安全行为的目标

　　B. 减少或消除设备、材料的不安全状态的目标

　　C. 减少企业损失的目标

　　D. 改善生产环境和保护自然环境的目标

　　E. 安全管理的目标

3. 安全技术措施计划实施包括的内容有(　　)。

　　A. 建立健全安全生产责任制　　　　B. 设置安全生产设施

　　C. 进行安全教育和培训　　　　　　D. 沟通和交流信息

　　E. 安全目标的分解

4. 下列情形属于工伤的有(　　)。

　　A. 在工作时间和工作场所内,因履行工作职责受到暴力伤害的

　　B. 醉酒导致伤亡的

　　C. 在抢险救灾等维护国家利益、公共利益活动中受到伤害的

　　D. 自残或者自杀的

　　E. 职工原在军队服役,因战、因公负伤致残,已取得革命伤残军人证,到用人单位后旧伤复发的

5. 安全事故处理的原则有(　　)。

　　A. 事故原因不清楚不放过　　　　　B. 事故责任者和员工没有受到教育不放过

　　C. 事故责任者没有受到处理不放过　　D. 没有整改不放过

　　E. 没有制定防范措施不放过

三、名称解释

工程项目安全管理;工程项目环境管理;工程项目职业健康隐患;安全控制;风险;风险控制;风险管理;环境保护

四、思考题

1. 简述土木工程项目职业健康、安全与环境管理的重要性及其意义。

2. 试针对我国土木工程项目施工过程存在的问题,提出一些职业健康安全管理和环境管理方面的控制措施。

3. 分析土木工程项目职业健康安全与环境管理对企业文化的影响。

习题答案

一、单项选择题

1. C　　2. A　　3. D　　4. A　　5. B　　6. B　　7. B　　8. C　　9. A　　10. D

二、多项选择题

1. ACE　　2. ABDE　　3. ABCD　　4. ACE　　5. ABCE

三、名词解释(答案略)

四、思考题(答案略)

第10章

土木工程项目信息管理

教学要点和学习指导

本章讲述了信息及信息管理的基本概念、信息的种类，土木工程项目信息的概念、分类及其表现形式与流动形式，土木工程项目信息管理；详细叙述了土木工程项目管理信息系统的概念、作用及构成，项目管理信息系统的信息流通模式，项目管理信息系统的设计开发，以及土木工程项目管理信息系统的结构与功能；介绍了国内外常用的土木工程项目管理软件 Primavera 6.0、Microsoft Project 等，以及这些软件的功能特点。

在本章的学习中，要重点学习土木工程项目信息分类及其流动形式，项目管理信息系统中项目参与者之间、项目管理职能之间及项目实施过程的信息流通模式，土木工程项目管理信息系统的结构与具体功能；理解信息及信息管理的相关概念；另外，建议结合某种软件具体使用了解土木工程项目管理软件的功能特点。

10.1 概述

10.1.1 信息及信息管理

信息是指用口头、书面或电子的方式传输(传达、传递)的知识、新闻，以及可靠的或不可靠的情报。在管理学领域，信息通常被认为是一种已被加工或处理成特定形式的对组织的管理决策和管理目标有参考价值的数据。

信息的表现形式多种多样，主要可归纳为四种：一是书面材料，包括信件及其复印件、谈话记录、工作条例、进展情况报告等；二是个别谈话，包括给工作人员分析任务、检验工作、向个人提出建议和帮助等；三是集体口头形式，包括会议、工作人员集体讨论、培训班等；四是技术形式，包括录音、电话、广播等。

信息种类繁多，主要具有以下特性。

(1) 真实性和准确性。信息是对事物或现象的本质及其内在联系的客观反映，真实性和准确性是信息的价值所在，只有真实准确的信息才能为项目决策服务。

(2) 时效性和系统性。信息随着时间的流逝与系统的改变而不断变化，项目管理实践中不能片面地处理和使用信息；而反映管理对象当前状态的信息如果不能及时传递到相关控制部门，造成目标控制失灵，信息就失去了其在管理上的价值。

(3) 可共享性。信息可以被不同的使用者加以利用，而信息本身并没有损耗。项目利益相关方或项目组内成员可以共同使用某些信息以实现其管理职能,同时项目信息共享也促进了各方的协作。

(4)可替代性。信息包括技术情报、专利、非专利技术、新工艺、新材料、新设备等,获取和使用后可以节约或代替一些物质资源。

(5)可存储性和可传递性。信息可以通过大脑、文字、音像、数字文档等载体进行存储;通过广播、网络、电视、电报、传真、电话、短信等媒介进行传递和传播。

(6)可加工性。信息可以进行形式上的转换,可以由文字信息转换成语言信息,由一类语言信息转换成另一类语言信息,由一种信息载体转换成另一种信息载体,也可以由数学统计的方法加工处理得出新的有用信息。

信息管理是指对人类社会信息活动的各种相关因素(主要是人、信息、技术和机构)进行科学的计划、组织、控制和协调,以实现信息资源的合理开发与有效利用的过程。它既包括微观上对信息内容的管理——信息的组织、检索、加工、服务等,又包括宏观上对信息机构和信息系统的管理。

10.1.2　土木工程项目信息及其分类

土木工程项目信息是指计划、报告、数据、安排、技术文件、会议等与土木工程项目决策、实施和运行有关联的各类信息,这些信息是否准确,能否及时传递给项目利害关系者,决定着土木工程项目的成败。土木工程信息分类见表10-1。

表 10-1　土木工程项目信息分类表

依据	信息分类	主 要 内 容
管理目标	质量控制信息	与质量控制直接相关的信息:国家、地方政府或行业部门等颁布的有关质量政策、法令、法规和标准等,质量目标的分解图表、质量控制的工作流程和工作制度、质量管理体系构成、质量抽样检查数据、各种材料和设备的合格证、质量证明书、检测报告等
	进度控制信息	与进度控制直接相关的信息:土木工程项目进度计划、施工定额、进度目标分解图表、进度控制工作流程和工作制度、材料和设备到货计划、各分部分项工程进度计划、进度记录等
	成本控制信息	与成本控制直接相关的信息:土木工程项目成本计划、施工任务单、限额领料单、施工定额、成本统计报表、对外分包经济合同、原材料价格、机械设备台班费、人工费、运杂费等
	安全控制信息	与安全控制直接相关的信息:土木工程项目安全目标、安全控制体系、安全控制组织和技术措施、安全教育制度、安全检查制度、伤亡事故统计、伤亡事故调查与分析处理等
生产要素	劳动力管理信息	劳动力需用量计划、劳动力流动、调配等
	材料管理信息	材料供应计划、材料库存、储备与消耗、材料定额、材料领发及回收台账等
	机械设备管理信息	机械设备需求计划、机械设备合理使用情况、保养与维修记录等
	技术管理信息	各项技术管理组织体系、制度和技术交底、技术复核、已完工程的检查验收记录等
	资金管理信息	资金收入与支出金额及其对比分析、资金来源渠道和筹措方式等

续表

依据	信息分类	主　要　内　容
管理工作流程	计划信息	各项计划指标、工程实施预测指标等
	执行信息	项目实施过程中下达的各项计划、指示、命令等
	检查信息	工程的实际进度、成本、质量的实施状况等
	反馈信息	各项调整措施、意见、改进的办法和方案等
信息来源	内部信息	来自土木工程项目的信息：如工程概况、项目的成本目标、质量目标、进度目标、施工方案、施工进度、完成的各项技术经济指标、项目经理部组织、管理制度等
	外部信息	来自外部环境的信息：如监理通知、设计变更、国家有关的政策及法规、国内外市场的有关价格信息、竞争对手信息等
信息稳定程度	固定信息	在较长时期内，相对稳定，变化不大，可以查询得到的信息，各种定额、规范、标准、条例、制度等，如施工定额、材料消耗定额、工程质量验收统一标准、工程质量验收规范、生产作业计划标准、施工现场管理制度、政府部门颁布的技术标准、不变价格等
	流动信息	是指随生产和管理活动不断变化的信息，如工程项目的质量、成本、进度的统计信息、计划完成情况、原材料消耗量、库存量、人工工日数、机械台班数等
信息性质	生产信息	有关生产的信息，如工程进度计划、材料消耗等
	技术信息	技术部门提供的信息，如技术规范、施工方案、技术交底等
	经济信息	如施工项目成本计划、成本统计报表、资金耗用等
	资源信息	如资金来源、劳动力供应、材料供应等
信息层次	战略信息	提供给上级领导的重大决策性信息
	策略信息	提供给中层领导部门的管理信息
	业务信息	基层部门例行性工作产生或需用的日常信息

10.1.3　土木工程项目信息表现形式与流动形式

土木工程项目信息的主要表现形式如表 10-2 所示。

表 10-2　土木工程项目信息的主要表现形式

表　现　形　式	示　　　　例
书面材料	设计图纸、说明书、任务书、施工组织设计、合同文本、概预算书、会计、统计等各类报表、工作条例、规章、制度等
个别谈话	个别谈话记录：如监理工程师口头提出、电话提出的工程变更要求，在事后应及时追补的工程变更文件记录、电话记录等
集体口头形式	会议纪要、谈判记录、技术交底记录、工作研讨记录等
技术形式	由电报、录像、录音、磁盘、光盘、图片、照片、e-mail、网络等记载储存的信息

信息的传播与流动称为信息流，明确的信息流路线可以确定信息的传递关系，保证信息沟通渠道的正确、通畅，避免信息漏传或误传。图 10-1 所示为土木工程在项目生命周期内的信息流简图。

土木工程项目信息流动形式按照信息不同流向可分为以下几种。

（1）自上而下流动。信息源在上，信息接收者为其下属，信息流逐级向下，决策层→管

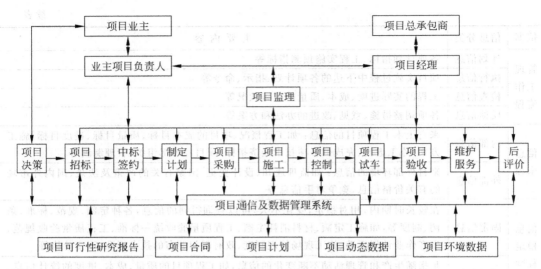

图 10-1 土木工程项目在项目生命周期内的信息流简图

理层→作业层。即土木工程项目信息由项目经理部流向项目各管理部门最终流向施工队及班组工人。信息内容包括：项目的控制目标、指令、工作条例、办法、规章制度、业务指导意见、通知、奖励和处罚等。

（2）自下而上流动。信息源在下，信息接收者为其上级，信息流逐级向上，作业层→管理层→决策层。即土木工程项目信息由施工队班组流向项目各管理部门最终流向项目经理部。信息内容包括：项目实施过程中完成的工程量、进度、成本、质量、安全、消耗、效率等原始数据或报表，工作人员的工作情况，以及为上级管理与决策需要提供的资料、情报及合理化建议等。

（3）横向流动。信息源与信息接收者为同一级。项目实施过程中，各管理部门因分工不同形成了各专业信息源，为了共同的目标，各部门之间应根据彼此需要相互沟通、提供、接收并补充信息。例如：项目财务部门进行成本核算时需要其他部门提供工程进度、人工工时、材料与能源消耗、设备租赁及使用等信息。

（4）内外交流。项目经理部与外部环境单位互为信息源和信息接收者进行内外信息交流。主要的外部环境单位包括：公司领导及相关职能部门、建设单位（业主）、设计单位、监理单位、物资供应单位、银行、保险公司、质量监督部门、相关政府管理部门、工程所在街道居委会、新闻机构，以及城市交通、消防、环保、供水、供电、通信、公安等部门。信息内容主要包括：①满足项目自身管理需要的信息；②满足与外部环境单位协作要求的信息；③按国家有关规定相互提供的信息；④项目经理部为自我宣传，提高信誉、竞争力，向外界发布的信息。

（5）信息中心辐射流动。鉴于土木工程项目专业信息多，信息流动路线交错复杂、环节多，项目经理部应设立项目信息管理中心，以辐射状流动路线集散信息。信息中心的作用：①行使收集、汇总信息，分析、加工信息，提供、分发信息的集散中心职能及管理信息职能；②即是项目内、外部所有信息的接收者，又是负责向需求者提供信息的信息源；③可将一种信息提供给多位需求者，起不同作用，又可为一项决策提供多种渠道来源信息，减少信息传递障碍，提高信息流速，实现信息共享与综合利用。

10.1.4　土木工程项目信息管理

土木工程项目信息管理是指土木工程项目经理部以项目管理为目标,以土木工程项目信息为管理对象,通过对各个系统、各项工作和各种数据的管理,实现各类各专业信息的收集、处理、储存、传递和应用。

上述"各个系统"可视为与项目决策、实施和运行有关的各个系统,例如:土木工程项目决策阶段管理子系统、实施阶段管理子系统和运行阶段管理子系统,其中实施阶段管理子系统又可分为业主方管理子系统、设计方管理子系统、施工方管理子系统和供货方管理子系统等。"各项工作"可视为与项目决策、实施和运行有关的各项工作,例如施工方管理子系统中的各项工作包括:成本管理、进度管理、质量管理、合同管理、安全管理、信息管理、施工现场管理等。而"数据"不仅指数字,还包括文字、图像和声音等,例如在施工方信息管理中,设计图纸、各种报表、来往的文件与信函、指令,成本分析、进度分析、质量分析的有关数字,施工摄影、摄像和录音资料等都属于信息管理"数据"的范畴。

土木工程项目信息管理的根本作用在于为项目各级管理人员及决策者提供所需的各类信息。为了充分利用和发挥信息资源的价值、提高信息管理的效率,全面提高项目管理水平,项目经理部应建立项目管理信息系统,优化信息结构,实现高质量、动态、高效的信息处理和信息流通,实现项目管理信息化。而近年来以计算机为基础的现代信息处理技术在项目管理中的应用,为大型土木工程项目管理信息系统的规划、设计和实施提供了全新的信息管理理念、技术支撑平台和全面解决方案。

10.2　土木工程项目管理信息系统

10.2.1　概念、作用及构成

1. 概念

项目管理信息系统(Project Management Information System,PMIS)是基于计算机辅助项目管理的信息系统,包括信息、信息流动和信息处理等各个方面。

土木工程项目管理信息系统是由人、计算机等组成的能进行土木工程项目信息的收集、加工、整理、存储、检索、传递、维护和使用的计算机辅助管理系统,为项目管理人员进行工程项目管理和目标控制提供可靠的信息支持,以实现土木工程项目信息的全面管理、系统管理、规范管理和科学管理。

土木工程项目管理信息系统一般由进度管理、质量管理、投资与成本管理及合同管理等若干个子系统构成,各子系统涉及的各类数据按一定的方式组织并存储为公用数据库(项目信息门户——Project Information Portal,PIP),支持各子系统之间的数据共享并实现信息系统的各项功能(图 10-2)。此外,土木工程项目管理信息系统不是一个孤立的系统,必须建立与外界的通信联系,例如与"中国经济信息网"联网收集国内各个部门、各个地区工程信息,国际工程招标信息、物资信息等,从而为土木工程项目管理人员进行管理决策提供必需的外部环境信息。

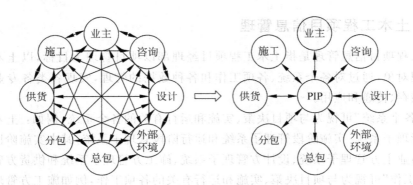

图 10-2   土木工程项目信息系统信息存储方式

2.作用

项目管理信息系统是把输入系统的各种形式的原始数据分类、整理和存储,以供查询和检索之用,并能提供各种统一格式的信息,简化各种统计和综合工作,以提高工作效率和工作质量。主要功能包括:数据处理功能、计划功能、预测功能、控制功能、辅助决策功能等。

项目管理信息系统的主要作用:①有利于项目管理数据的集中存储、检索和查询,提高数据处理的效率与准确性;②为项目各层次、各岗位的管理人员收集、处理、传递、存储和分发各类数据与信息;③为项目高层管理人员提供预测、决策所需要的数据、数学分析模型和必要的手段,为科学决策提供可靠支持;④提供人、财、设备等生产要素综合性数据及必要的调控手段,便于项目管理人员对工程的动态控制;⑤提供各种项目管理报表,实现办公自动化。

此外,项目管理信息系统在土木工程项目管理中的具体作用还表现为:①加快资金周转,提高资金使用效率;②加强工程监控,实时调整计划,降低生产成本;③库存信息实时查询,减少积压,合理调整库存;④通过实际与计划比较,合理调整工期;⑤方便各类人员不同的查询要求,同时保证数据准确性,提高工作效率和管理水平;⑥扩展外部环境信息渠道,加快市场反应。

3.项目管理信息系统的构成

项目管理信息系统由硬件、软件、数据库、操作规程和操作人员等构成。

(1)硬件:指计算机及其有关的各种设备,具备输入、输出、通信、存储数据和程序、进行数据处理等功能;

(2)软件:分为系统软件与应用软件,系统软件用于计算机管理、维护、控制及程序安装和翻译工作,应用软件是指挥计算机进行数据处理的程序;

(3)数据库:是系统中数据文件的逻辑组合,它包含了所有应用软件使用的数据;

(4)操作规程:向用户详细介绍系统的功能和使用方法。

另外,项目管理信息系统一般还包括:组织件,即明确的项目信息管理部门、信息管理工作流程及信息管理制度;教育件,对企业领导、项目管理人员、计算机操作人员的培训等。

10.2.2 项目管理信息系统的信息流通模式

1. 项目参与者之间的信息流通

信息系统中,每个参与者作为系统网络中的一个节点,负责具体信息的收集(输入)、处理和传递(输出)等工作。项目管理者要具体设计这些信息的内容、结构、传递时间、精确程度和其他要求。

例如,在土木工程项目实施过程中,业主需要的信息包括:①项目实施情况报告,包括工程质量、成本、进度等方面;②项目成本和支出报表;③供审批用的各种设计方案、计划、施工方案、施工图纸、建筑模型等;④决策所需的信息和建议等;⑤各种法律、法规、规范,以及其他与项目实施有关的资料等。业主输出的信息包括:①各种指令,如变更工程、修改设计、变更施工顺序、选择分包商等;②审批各种计划、设计方案、施工方案等;③向上级主管提交工程建设项目实施情况报告。

项目经理需要的信息包括:①各项目管理职能人员的工作情况报表、汇报、报告、工程问题请示;②业主的各种书面和口头指令,各种批准文件;③项目环境的各种信息;④工程各承包商、监理人员的各种工程情况报告、汇报、工程问题的请示。项目经理输出的信息包括:①向业主提交各种工程报表、报告;②向业主提出决策用的信息和建议;③向政府其他部门提交工程文件,通常是按法律要求必须提供的,或是审批用的;④向项目管理职能人员和专业承包商下达各种指令,答复各种请示,落实项目计划,协调各方面工作等。

2. 项目管理职能之间的信息流通

项目管理信息系统是由质量管理信息系统、成本管理信息系统、进度管理信息系统等许多子系统共同构建的,这些子系统是为专门的职能工作服务的,用来解决专门信息的流通问题,对各种信息的结构、内容、负责人、载体、完成时间等都要进行专门的设计和规定(图 10-3)。

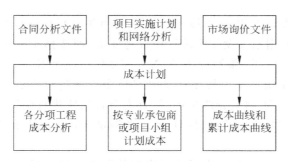

图 10-3 成本管理信息系统信息流通

3. 项目实施过程的信息流通

项目实施过程的信息流设计应包括各工作阶段的信息输入、输出和处理过程及信息的内容、结构、要求、负责人等。例如,按照项目实施程序,可分为可行性研究信息子系统、计划管理信息子系统、工程控制管理信息子系统等。

284

10.2.3 项目管理信息系统的设计开发

土木工程项目管理信息系统的开发研制周期长、耗资巨大、复杂程度高,而且它以土木工程项目实施为背景,涉及专业多,专业知识需求程度高。项目管理信息系统的设计与建立,也是对项目管理思想、组织、方法和手段的一种提升,它能深化项目管理的基本理论,强化项目管理的基础工作,改进管理组织与管理方法。项目管理信息系统的开发由系统规划、系统分析、系统设计、系统实施与系统评价等阶段来完成。

1.系统规划

项目管理信息系统的开发是一项系统工程,需要进行周密细致的策划。系统规划是要确定系统的目标与主体结构,提出系统开发的要求,制定系统开发的计划,以全面指导系统开发研制的实施工作。

2.系统分析

首先,对项目现状进行调查,确定系统开发的可行性。其次,调查系统的信息量和信息流,确定各部门存储文件、输出数据的格式;分析用户的需求,确定纳入信息系统的数据流程图。再次,确定系统计算机硬件和软件的要求,并充分考虑未来数据量的扩展,制定最优的系统开发方案。

3.系统设计

根据系统分析结果进行系统设计,包括系统总体结构设计、子系统模块设计、输入输出文件格式设计、代码设计、信息分类与文件设计,确定系统流程图,提出程序编写的详细技术资料,为程序设计做准备。

4.系统实施

内容包括:程序设计与调试,系统转换、运行和维护,项目管理,系统评价等。

(1)程序设计。根据系统设计明确程序设计要求,即选择相应的语言,进行文件组织、数据处理等;绘制程序框图;编写程序,检查并编制操作说明书。

(2)程序调试与系统调试。程序调试是对单个程序进行语法和逻辑检查,以消除程序和文件中的错误。系统调试分两步进行,首先对各模块进行调试,确保其正确性;然后进行总调试,即将主程序和功能模块联结起来调试,以检查系统是否存在逻辑错误和缺陷。

(3)系统转换、运行和维护。为了使程序和数据能够实现开发后系统与原系统间的转换,运行中适应项目环境和业务的变化,需要对系统进行维护,包括系统运行状况监测、改写程序、更新数据、增减代码、维修设备等。

(4)项目管理。按照项目管理方法,结合项目信息管理系统特点,组织系统管理人员,拟定实施计划,加强系统检查、控制与信息沟通,将系统作为一个项目进行管理。

(5)系统评价。为了检验系统运行结果能否达到规划的预期目标,需要对系统管理效果进行评价,包括工作效率、管理和业务质量、工作精度、信息完整性和正确性等评价;

还要对系统经济性进行评价,包括系统的一次性投资额、经营费用、成本和生产费用的节约额等。

10.2.4　土木工程项目管理信息系统的结构与功能

项目管理信息系统的性能、效率和作用首先取决于系统的外部接口结构与环境,这是项目管理信息系统区别于企业管理信息系统的特点与规律。土木工程项目信息管理范围涵盖了项目业主、规划设计单位、勘察设计单位、技经设计单位、主管部门(规划、建设、土地、计划、环保、质监、金融、工商等)、施工单位、设备制造与供应商、材料供应商、调试单位、监理单位等众多项目参与方(信息源),每个项目参与方即是项目信息的供方(源头),也是项目信息的需方(用户),每个项目参与方由于其在项目生命周期中所处的阶段与工作不同,相应的项目管理信息系统的结构和功能会有所不同。

土木工程项目管理信息系统内部结构一般包括进度管理、质量管理、投资与成本管理、合同管理、咨询(监理)管理、物料管理、安全管理、环境管理、财务管理、图纸文档管理等子系统。处于项目不同生命周期阶段的管理信息系统,其目标和核心功能不同。例如,对于规划阶段的项目设计管理信息系统,其核心功能是图纸文档管理;对于实施阶段的业主方项目管理信息系统,其主要目标是实现项目进度、质量、成本三大控制目标的集成管理;对于实施阶段的项目监理信息系统,其核心功能是对质量与进度信息的实时采集与监控。

土木工程项目管理信息系统主要运用动态控制原理进行项目管理,通过项目实施过程中进度、质量和成本等方面的实际值与计划值相比较,找出偏差,分析原因,采取措施,以达到管理和控制效果。下面以进度管理、质量管理、投资与成本管理、合同管理四大子系统为例,介绍一下土木工程项目管理信息系统的具体功能。

(1) 进度管理子系统。功能包括:①编制项目进度计划,如双代号网络计划、单代号搭接网络计划、多平面群体网络计划等,绘制进度计划网络图和横道图;②工程实际进度的统计分析;③计划/实际进度比较分析;④工程进度变化趋势预测;⑤计划进度的调整;⑥工程进度各类数据查询;⑦多种(不同管理层面)工程进度报表生成等。

(2) 质量管理子系统。功能包括:①工程建设质量要求和标准的制定与数据处理;②分项工程、分部工程和单位工程的验收记录和统计分析;③工程材料验收记录与查询;④机电设备检验记录与查询(如机电设备的设计质量、监造质量、开箱检验质量、资料质量、安装调试质量、试运行质量、验收及索赔情况等);⑤工程质量检验验收记录与查询;⑥质量统计分析与评定的数据处理;⑦质量事故处理记录;⑧质量报告、报表生成。

(3) 投资与成本管理子系统。功能包括:①投资分配分析;②项目概算与预算编制;③投资分配与项目概算的对比分析;④项目概算与预算的对比分析;⑤合同价与投资分配、概算、预算的对比分析;⑥实际成本与投资分配、概算、预算的对比分析;⑦项目投资变化趋势预测;⑧项目结算与预算、合同价的对比分析;⑨项目投资与成本的各类数据查询;⑩多种(不同管理平面)项目投资与成本报表生成等。

(4) 合同管理子系统。功能包括:①各类标准合同文本的提供和选择;②合同文件、资料的登录、修改、查询和统计;③合同执行情况跟踪和处理过程的管理;④涉外合同的外汇折算;⑤建筑法规、经济法规查询;⑥合同实施报告、报表生成。

10.3 土木工程项目管理软件

项目管理软件是指以项目实施环节为核心,利用网络计划技术,对实施过程中的进度、费用、质量等进行综合管理的一类应用软件。20 世纪 80 年代,随着微型计算机的出现和运算速度的迅猛提升,大量项目管理软件开始涌现。进入 21 世纪,随着信息化、数字化技术不断发展,越来越多的企业开始使用项目管理软件。现代项目管理软件融合了完善的项目管理思想和企业管理理念,已经成为企业必不可少的助手。而不同的时间、不同的经济工程背景,企业对项目管理软件的要求也会有所不同。

10.3.1 Primavera 6.0(P6)

1. Primavera 6.0(P6)简介

Primavera 6.0(P6)是美国 Primavera Systems,Inc. 公司(2008 年被 Oracle 公司收购)于 2006 年发布的,荟萃了工程项目管理国际标准软件——Primavera Project Planner(P3)25 年的精髓和经验,采用最新的 IT 技术,在大型关系数据库 Oracle 和 MS SQL Server 上构架起企业级的、包涵现代项目管理知识体系的、具有高度灵活性和开放性的、以计划—协同—跟踪—控制—积累为主线的一款企业级工程项目管理软件。

P6 可以使企业在优化有限的、共享的资源(包括人、材、机等)的前提下对多项目进行预算、确定项目的优先级、编制项目的计划。它可以给企业的各个管理层次提供广泛的信息,各个管理层次都可以分析、记录和交流这些可靠的信息,并及时做出有充分依据的符合公司目标的决定。P6 包含进行企业级项目管理的一组软件,可以在同一时间跨专业、跨部门,在企业的不同层次上对不同地点实施的项目进行管理。P6 使计划编制、进度优化、协同行进、跟踪控制、业绩分析、经验积累等都变得更加简单,使跨国公司、集团公司、大型工程业主、工程建设管理公司和工程承包单位都可以实现高水平的项目管理,已成为国际土木工程建设行业的企业级项目管理新标准。

2. P6 的组件模块

P6 提供综合的项目组合管理(PPM)解决方案,包括各种特定角色工具,以满足不同管理层、不同管理人员责任和技能需求,P6 提供以下软件组件。

(1) Project Management(PM)模块。供用户跟踪与分析执行情况。本模块是一个具有进度时间安排与资源控制功能的多用户、多项目系统,支持多层项目分层结构、角色与技能导向的资源安排、记录实际数据、自定义视图以及自定义数据。PM 模块对于需要在某个部门内或整个组织内,同时管理多个项目和支持多用户访问的组织来说,是理想的选择。它支持企业项目结构(EPS),该结构具有无限数量的项目、作业、目标项目、资源、工作分解结构(WBS)、组织分解结构(OBS)、自定义分类码、关键路径法(CPM)计算与平衡资源。如果在组织内大规模实施该模块,项目管理应采用 Oracle 或 SQL 服务器作为项目数据库。如果是小规模应用,则可以使用 SQL Server Express。PM 模块还提供集中式资源管理,这包括资源工时单批准,以及与使用 Timesheets 模块的项目资源部门进行沟通的能力。此外,该模块还提供集成风险管理、问题跟踪和临界值管理。用户可通过跟踪功能执行动态的跨项目费用、进度和赢得值汇总。可以将项目工作产品和文档分配至作业,并进行集中管理。"报表向导"创建自定义报表,此报表从其数据库中提取特定数据。

(2) Methodology Management(MM)模块。是一个在中央位置创造与保存参照项目(即项目计划模板)的系统。项目经理可对参照项目进行选择、合并与定制,来创建自定义项目计划。可以使用"项目构造"向导将这些自定义的参照项目导入 PM 模块,作为新项目的模板。因此,组织可以不断地改进和完善新项目的参照项目作业、估算值以及其他信息。Primavera 亦提供基于网络的项目间沟通和计时系统。作为项目参与者的团队工具,Timesheets 将即将要执行的分配列成简单的跨项目计划列表,帮助团队成员集中精力完成手头工作。它还提供项目变更和时间卡的视图,供项目经理批准。由于团队成员采用本模块输入最新的分配信息,并根据工作量来记录时间,因此项目主管可以确信他们拥有的是最新的信息,可以借此进行重大项目决策。

(3) Primavera Web 应用程序。提供基于浏览器的访问,可访问组织的项目、组合和资源数据。各个 Web 用户可以创建自定义仪表板,以获得单个或集中视图,来显示与其在项目组合、项目与资源管理中所充当的角色最相关的特定项目和项目数据类型。Project Workspaces 和 Workgroups 允许指定的项目团队成员创建与某特定项目或项目中的作业子集相关的团队统一数据视图,从而扩展了可自定义的集中数据视图模型。Primavera Web 应用程序提供对广泛数据视图和功能的访问,使 Web 用户能够管理从项目初始的概念审查、批准,直到完成的全过程。

(4) Primavera Integration API。是基于 Java 的 API 和服务器,供开发人员创建无缝接入 Primavera 项目管理功能的客户端分类码。软件开发工具包——Primavera Software Development Kit(SDK)可将 PM 模块数据库中的数据与外部数据库及应用程序进行集成。它提供对架构以及包含业务逻辑的已保存程序的访问。SDK 支持开放式数据库互联(ODBC)标准和符合 ODBC 的接口,例如,OLE-DB 和 JDBC,以接入项目管理数据库。SDK 必须安装在要与数据库集成的计算机上。

(5) Claim Digger。用于进行项目与项目,或项目与相关目标计划之间的比较,来确定已添加、删除或修改的进度数据。根据选定用于比较的数据字段,此功能可创建一个项目计划比较报表,格式为三种文件格式中的一种。Claim Digger 在 PM 模块中自动安装,可从"工具"菜单访问。

(6) ProjectLink。是一种插件程序,可使 Microsoft Project(MSP)用户在 MSP 环境中工作的同时,仍可使用 Primavera 企业功能。MSP 用户可使用此功能在 MSP 应用程序内,从 PM 模块数据库打开项目,或将项目保存到 PM 模块数据库中。而且,MSP 用户可在 MSP 环境下,调用 Primavera 的资源管理。ProjectLink 使将大量项目数据保存在 MSP 中的组织受益,但是要求一些用户在 Primavera 应用程序中拥有附加功能和优化数据组织。

3．P6 的功能与特点

(1) 精深的编码体系。P6 可以设置一系列层次化编码:诸如企业组织结构(OBS)、企业项目结构(EPS)、项目工作分解结构(WBS)、角色与资源结构(RBS)、费用科目结构(CBS);此外还有灵活的日历选择、无限的项目分类码、资源分类码、作业分类码,以及用户自定义字段。这些编码的运用使得项目管理的责任明确、高度集成、纵横沟通、有序行进。

（2）简便的计划编制。P6 具有最为专业的计划编制功能。标准的计划编制流程,在 WBS 上可设置里程碑和赢得值,方便地增加作业,可视的逻辑关系连接,全面的 CPM 进度计算方式,项目工作产品及文档体系与作业的关联,作业可加载作业分类码,作业可分配记事本,作业可以再分步骤,步骤可以设权重等。

（3）深度的资源与费用管理。资源与费用的管理一直是 P3 的强项,在 P3 功能的基础上,P6 还增加了角色、资源分类码功能;此外,对其他费用的管理,使得费用的管理视角更加开阔;投资与收益的管理,使得投资回报率始终在掌控之中。

（4）理想的协同工作与计划更新。P6 引导标准的项目控制与更新流程,在项目的优化与目标项目建立后,可以进行临界值的定义,以便实现及时的监控。为了实现协同工作,P6 可以采用任务服务的方式自动按时定期将计划下达给执行单位或人员。此外,P6 可在本地局域网上反馈进度。

（5）全面的项目更新数据分析。进度跟踪反馈之后,P6 提供了专业的数据分析,包括现行计划与目标的对比分析、资源使用情况分析、工作量（费用）完成情况分析和赢得值分析。特别设置的"问题监控"功能可以将焦点一下子聚集到最为关心的事情上。所有这些数据分析,既可以在 P6 中进行,又可以通过 Web 实现。

（6）专业的项目管理辅助工具。P6 构建了所有能够想到的辅助管理工具,包括：客户化的视图制作,多种预设好的报表,脍炙人口的总体更新,计划任务自动下达（Job Service）,项目信息发布到网站,P3 项目的导入/导出,满足移动办公的 Check In/Check Out,获取 EXP 相关数据的功能等。

（7）体系的多级计划处理。管理好复杂的大型项目或项目群,一项非常重要的工作是要建立起完备的计划进度控制管理体系。P6 继承了 P3 的成功经验,利用其建立计划级别及编制流程、实现多级计划的数据传递与交换、实现多级计划的跟踪与分析。

（8）缜密的用户及权限管理。整个 P6 系列软件具有良好的安全配置,为用户设置了企业级项目管理软件所要考虑的一切必要的安全管理功能。

（9）实用的工时单管理。为了良好计划的落实,让执行人员或单位及时获得计划任务并反馈进度是至关重要的。P6 自动定期派发作业任务和工时单。对通过 Teammember 反馈上报的工时单,P6 还考虑了工时单批准功能,只有批准的工时单才能更新 P6 数据库的内容。

（10）开发性的 SDK 及二次开发。P6 提供二次开发工具 SDK,利用 SDK,更容易实现与企业现有系统的整合。

（11）Methodology Manager（MM）企业经验库管理。企业的知识管理越来越受到重视。在项目管理过程中,也要"积累经验与教训,减少重复劳动;提高企业智商,避免企业失忆"。MM 就是为了企业持续发展而设计的模块。有了 MM,可以将标准的工艺方法保存下来反复运用,从而使得类似项目的计划编制更加简单,更加符合标准化要求。

（12）Portfolio Analyst 项目组合分析。Portfolio（项目组合）是从项目群中选择关心的若干项目或其局部形成一个组合,将组合保存,以便反复地分析研究。这一功能在 PA 和 MP 中都表现得十分出色。

（13）Functional User 决策系统（B/S 环境下的项目管理）。Web-Enabled（Web 下运

行)使项目管理在 Web 下发挥到极致。P6 所有能够置于 Web 之下的功能都已经在 Web 中,包括创建新项目、项目计划编制、更新已存在的项目进度、沟通与协同工作、项目组合分析(Portfolio Analyst)、项目信息查阅、资源管理、资源对项目或作业的分配、项目关于资源的需求分析等。

(14) Teammember(TM)进度反馈工具。一个简便易用的 IE 下的工具,让执行者实现作业接收与实际情况反馈,让管理者在工时单(Timesheet)提交后能够进行审核批准。

10.3.2　Microsoft Project(MSP)

1. Microsoft Project 产品体系

Microsoft Project(MSP)是由微软公司开发的一套项目管理系统,适用于不同规模的企业和不同管理目标需求的项目,功能强大、使用灵活、应用广泛,可以协助项目经理编制计划、分配资源、跟踪进度、管理预算、分析工作量,也可以绘制商务图表、形成图文并茂的报告。

Microsoft Project 是一个完整的产品体系,Microsoft 将包含了项目管理服务器端及客户端的一系列产品及一套完善的方法指导统称为企业项目管理解决方案(Microsoft Office Enterprise Project Management Solution,EPM 解决方案),目前最新版本包含以下产品。

1) Microsoft Project Professional 2013

即 Project 2013 专业版,是项目计划管理的核心工具,可用于项目计划编制、资源分配与安排、WBS 工作分解、项目成本管理、项目执行情况跟踪和项目报表制作等,是 Microsoft 为项目经理开发的高效项目管理软件;具备网络功能,可以连接 Project Server 2013 或 Project Online 或者其他文档协同平台,如 SharePoint 2013,在企业网络环境中实现项目沟通与跟踪,以发挥更强大的项目管理能力。

2) Microsoft Project Standard 2013

即 Project 2013 标准版,具有 Project 2013 专业版的所有客户端功能,但不具备网络功能,不能与 Project Server 2013 等相连,所以主要用于没有构建 EPM 解决方案的小型企业环境。

3) Microsoft Project Server 2013

即 Project 2013 服务器版,可与 Project Professional 2013 或 Project Pro for Office 365 构建 EPM 解决方案,主要供管理者、PMO、项目成员使用;可构建基于网络的多项目管理中心,集中管理企业项目信息、统一协调项目资源、标准化企业项目管理数据,有效实现企业项目沟通协作,并对企业项目信息进行全面分析。

4) Project 云计算版本

(1) Project Pro for Office 365。标准版云计算版本,可以连接 Project Online 或 Project Server 2013 版本,还可以连接 Office 365 和 SharePoint Online,构建 EPM 解决方案,供项目经理使用。

(2) Project Online。服务器版云计算版本,可以与 Project Pro for Office 365 构建云计算版本的 EPM 解决方案,与 Project Online with Project Pro for Office 365 构建云计算版本的 EPM 解决方案和项目组合管理解决方案,而且 Microsoft 已经整合了 Office 365、Lync、SharePoint、Exchange 等产品。

（3）Project Online with Project Pro for Office 365。专业版云计算版本，可以连接 Project Online 构建云计算版本的 EPM 解决方案和项目组合管理解决方案，供项目组合经理使用。

2．Microsoft Project Professional 2013 的主要特性

1）保持井然有序

（1）通过直观的控件和灵活的团队工具轻松规划和管理项目，帮助企业实现预期的商业价值。

① 通过增强的视觉体验，迅速关注重要内容、轻松选择要采取的行动并无缝浏览各项功能。

② 从 Project 中点击 Office.com 上最新的 Project 模板，即可快速开展工作。

③ 通过从 Backstage 快速访问最近的文件和位置，保持井然有序。

（2）通过在一个视觉内容丰富且上下相关的界面中整合日常工作、项目任务、重要详细信息和日程表，提高效率并划分主次顺序。

① 无论项目计划规模如何，始终可以掌控。

② 现成的报告工具内容丰富，类似 Office 的熟悉体验，帮助用户快速轻松地衡量进度和资源分配情况。

③ 通过在甘特图上突出显示任务路径，始终可了解任务的汇聚方式，并可确认哪些任务对于项目获得成功最重要。

④ 在一个上下相关的用户界面中关注最重要的内容以整理任务、链接任务和创建日程表。

（3）通过多种与团队保持联系和外出时监控项目的工具，随处进行管理。

① 通过一个专用的项目网站共享最新的状态、对话和项目日程表，该网站改进了与 Project 和 Office 365（或 SharePoint）的集成。

② 易于创建项目网站，迅速与团队共享项目详细信息，使每个用户保持联系并井然有序。

2）成功交付项目

（1）做出精彩的演示，深入讲述项目的任务规划、资源分配、成本效率和多种重要的详细信息。

① 项目日程表视图有助于使项目可视化，向团队、管理层和利益干系人做出精彩的演示。

② 轻松分享见解，帮助您更好地传达进展和实现成果。

③ 使用现成的报表，如资源概述报表，或通过类似 Excel 的熟悉体验创建自己的报表，迅速衡量进度并有效地向团队、管理层和利益干系人传达消息。

④ 轻松地从 Project 复制粘贴到熟悉的 Office 应用程序，如 Word 和 PowerPoint，内容保持原样，并可更改标签和样式。

（2）前瞻视图涉及项目日常工作和完成工作所需的资源，通过此类视图预测变更。

① 工作组规划器等工具经过增强，有助于发现和弥补潜在的问题，以防其影响日程安排。

② 在 Project 中,可将任务设为"非活动",然后即可迅速分析各种"假设"应用场景,不必重新创建整个项目计划。

(3) 探索 Office 商店,通过多种灵活的选项迅速展开创新,这些选项可自定义和扩展现成的功能。

① 新的 Office 商店提供多种 Office 应用程序,可扩展 Project 的功能,解决各种疑难问题,从而满足各种业务需要。

② 在 Office.com 寻找应用程序并选择分发选项,或允许通过企业应用程序目录进行访问。

③ 用即将上市供自定义编程的软件开发工具包(SDK)开发可靠的应用程序体系结构。

3) 改进日常协作

(1) 多种工具相互配合,帮助项目中的每个成员利用顺利完成工作所需的信息协同工作。

① Project 与 Office、Office 365、SharePoint 和 Lync 密切配合,形成一个完整的协作项目管理系统。

② 将项目信息轻松复制到 PowerPoint 等 Office 应用程序和电子邮件,或将重要的计划和详细信息保存到 Office 365 和 SharePoint。

③ Project 与 Office 365 或 SharePoint 之间的任务列表同步比以往更完善,有助于将项目信息迅速传达到团队,并且几乎随处均可轻松接收项目组成员作出的更改。

(2) 使用旨在迅速而安全地传递重要对话的工具,可与走廊远处或遍布全球的团队成员实时沟通。

① 对项目组成员在项目计划中的状态一瞥,即可了解该成员是否有空谈话或用 Lync 收发即时消息。

② 在 Project 与 Office 365 之间集成 Lync Online,从项目中即可发送即时消息以开始实时对话和共享会议空间。

③ 使用 SharePoint 与 Project 之间改进的列表同步功能,几乎可随处传递项目信息、有效地跟踪状态和接收更改。

3. Microsoft Project Server 2013 的主要特性与功能

1) 使用更加智能的 PPM 解决方案

(1) 通过熟悉的体验快速开展工作,这种体验可促进参与和帮助项目团队完成更多工作。

① 使用 Project Web App(PWA)中全新、直观的磁贴以及用于访问 Project Server 的 Web 应用程序,可迅速开展工作或收缩项目组合管理功能。

② 可使用多种设备和浏览器(Internet Explorer、Firefox、Safari、Chrome 等)查看、编辑、提交项目、项目组合和日常工作以及针对其展开协作。

(2) 采取行动,可以在更多的地点和设备上抢占先机。

① 在同一处查看和执行任务(包括商业任务和个人任务)。

② 借助新的日程安排功能,在 PWA 中有效地规划和管理任务。

③ 在同一处使您的团队井然有序,这就是团队人员的项目网站,从中可查看项目摘要、

文档、任务、新闻源和日历。

2）灵活的项目组合管理

（1）使目标与行动保持一致，以划分各种活动的主次顺序、选择最优的项目组合并履行企业的商业策略。

① 有效地评估各种创意或衡量形成竞争的各种要求在策略中的作用，以决定符合程度并简化项目的发起。

② 轻松地在 Visio 和 SharePoint Designer 中创建工作流，以使项目进展或甄选的过程标准化并改进治理和控制。

③ 将 SharePoint 任务列表快速晋升为 PWA 中的企业项目。

（2）有效地管理资源，了解项目团队当前的工作内容，即使团队成员正在 SharePoint 中管理日常工作或临时项目也是如此。

① 更好地管理项目渠道，通过在 SharePoint 任务列表中收集团队的创意并在 PWA 中衡量这些创意，还可更好地管理员工当前的工作内容。

② 准确地衡量资源利用率以及更好地管理与策略相符的资源分配情况。

③ 将 Exchange 中团队成员日历上的信息无缝地流动至 Project Server 2013，简化项目日程安排和项目状态更新，同时增强任务共享功能，详见表 10-3。

表 10-3　Microsoft Project Server 2013 的主要功能

项　　　目	含　　　义
快速开展工作	利用 Project，您所在组织可快速启动项目、划分项目组合投资的主次顺序并实现预期的商业价值
随处访问	几乎可从任意设备上随处工作
工作管理	无须创建项目结构，即可方便地管理工作，以团队形式对工作展开协作，可为规划和报告用途深入了解工作
需求管理	深入了解项目、经营活动和日常工作，通过应用相应的治理和控制，简化项目发起和进展
项目组合分析和选择	有效地识别、选择和提供最符合您所在组织的商业策略并使 ROI 最大化的项目组合
资源管理	用当前的劳动力展现成果，并对未来作出规划，以管理规划周期内的过剩和不足
日程管理	通过执行和交付框架图跟踪进度和管理变更，按时提交项目
财务管理	采用财务管理过程并有效地跟踪性价比，确保在预算之内交付，并且项目组合实现预测的效益
时间和任务管理	采用一种集中式的常用方法进行时间报告和任务管理
协作	通过企业社交功能、轻松的即时消息沟通、团队网站和其他易用的协作功能，加强团队协作并改善项目成果
问题和风险管理	预防、识别和减轻与商业或项目相关的潜在风险和问题
报告和商业智能	收集、分类、了解项目数据和针对这些数据作出决策，利用商业智能（BI）进行深入了解和作出决策，以主动管理项目、计划和项目组合
计划管理	实现整个计划以及正在进行的基础项目的预期效益，并获得确立和利用某些方法的额外效益，这些方法提供计划发起和选择框架

续表

项　目	含　义
治理	无须编码,轻松地在 Visio 和 SharePoint Designer 中创建工作流,以使项目进展或甄选的过程标准化并改进治理和控制
可扩展性	通过 SharePoint 商店中的应用程序满足业务需要,轻松地编写自定义应用程序并与业务线系统集成
Active Directory 集成	管理用户凭据和权限
管理	易于使用和控制,只需几分钟即可添加和删除用户,使用 PowerShell 创建自定义脚本和自动执行各个过程
支持	对于高深的 IT 问题,具有全年无休电话支持的计划。Microsoft 社区支持提供在线解答和操作方法资源,并可与其他 Project 客户取得联系
Project 与项目组合管理合作伙伴生态系统	Microsoft PPM 解决方案由数以百计赢得了 PPM 能力、参加过相关考试并在全世界 80 多个国家/地区进行过大量部署的 Microsoft 合作伙伴提供支持。当在评估、构想、部署或培训方面需要帮助,并已准备好接洽专业服务组织时,请向所在地区的 PPM 合作伙伴求助

3) 充分利用新的协作方式迅速行动

(1) 通过 SharePoint 的社交体验加强日常协作,这些体验可促成讨论与信息共享,并使团队可完成工作。

① 通过新闻源关注人员、网站、标签和文档,从而轻松地共享和管理团队成员当前讨论和工作的内容。

② 利用 SharePoint 的搜索功能更有效地执行日常工作和项目以及找到正确的信息。

③ 利用强大的安全功能以共享信息并与可信的业务合作伙伴在项目和日常工作上展开协作。

④ 用协作工具提高可见性,以使日历、状态和容量信息在组织内无缝地流动。

(2) 用新方式进行无缝沟通,以跨越时空共享对话并改进团队合作的整体情况。

① 将鼠标悬停在项目计划中某人姓名的上方可查看团队成员是否有空谈话或用 Lync 收发即时消息(IM)。

② 通过将团队成员拖放到 Lync 会议中以召开群组会议、收发即时消息、共享屏幕和共享工作区,迅速与团队展开协作。

4) 提高敏捷性并加强控制

(1) 通过向团队成员和利益干系人提供其保持消息灵通和有效所需的信息,根据数据作出决策。

① 通过 PWA 中的资源中心优化利用率和规划组织资源需要的分配情况。使用摘要仪表板帮助了解详情和作出更好的决策。

② 通过 Excel Services 的自助访问,快速挖掘和聚合多个维度的数据。

(2) 通过 SharePoint 中集成的管理体验简化 IT。

① 利用 PWA 中的 Active Directory(AD)同步,选择哪个 AD 组包含要分配给项目的团队。

② 通过 PWA 中集成了 SharePoint 的新型安全模型,轻松地向您的团队和可信的业务合作伙伴授予正确级别的访问权限。

③ 采用有关数据挖掘和商业智能的行业标准,如 ODATA(开放数据协议)。

(3) 通过灵活的 PPM 平台快速创新。

① 利用新 SharePoint 商店中的应用程序满足独特的业务需要。

② 快速开发和交付可帮助您从独立过程中少量削减时间或连接到专有软件系统的应用程序。

③ 利用 Project Server、SharePoint、Exchange、Lync 和 Office 中的整合体验,快速行动并对机遇作出反应。

④ 通过联网并可伸缩的 PPM 平台,将不同的专业领域(如 ALM、NPD 和 IPM)集中在一起。

10.3.3 国内外常用的其他工程项目管理软件

1. Artemis Views

Artemis Views 是美国 Artemis 公司推出的企业级项目管理工具,主要包括 Project view、Cost view、Global view、Track view 四个模块,每个模块分别针对不同的用户对象,基于 Client/Server 模式,支持 Oracle、MS SQL、Sybase 等数据库系统,Windows、HP-UX、Sun Solaris 等操作系统。主要功能包括:支持层次结构的多计划视图;分析多项目计划的成本和资源需求;可以直接将 Microsoft Project 数据存到中央数据库,允许 Microsoft Project 数据进入跟踪模块,以实现活动和时间的自动跟踪;支持 Web_based 的用户离线填报工时,连上服务器后自动更新数据库的数据;企业级成本计划和控制;提供项目进度、活动和资源的财务角度视图;支持在线成本数据和差异分析;Earned_valued 的项目控制和汇报;支持 ERP 的集成;为不同权限的用户提供不同的使用模块。

2. Open Workbench

Open Workbench 是美国 Niku 公司开发的一款支持 Windows 操作系统开源免费的项目管理工具,其功能与 Microsoft Project 有很多相似之处,但不支持 C/S 结构下的企业级多人协作的项目管理模式,在项目计划的工作预估和进度排布算法方面,也存在差距。Open Workbench 主要功能包括:

(1) 项目规划:使用者可以定义项目并创建与之关联的更细的工作项,用以刻画项目进度;除了编辑常规属性,使用者还可以定义任务间的依赖关系,包括同一项目内的依赖和跨项目依赖,这种依赖关系会对项目进度安排产生影响;Open Workbench 还支持主子项目关联,即管理者可以在定义和跟踪单个具体项目进度的同时,在更高层次上全局性地把握多个彼此关联的项目。

(2) 资源管理:主要针对人力资源管理,也包括非人力资源,如设备、材料和开支。Open Workbench 还为每个独立资源配备了相应的工作日历,可以根据实际情况自行定义人员的工作日程。

(3) 进度安排:其 Auto Schedule 功能通过一组内置规则,结合任务和资源的约束、依赖关系,以及优先级等信息,自动实现进度安排。

(4) 项目视图:支持以多种图形化的方式展示项目进度并帮助管理者跟踪项目的进

展,包括：基本的甘特图、反映阶段进程的甘特图、标示关键路径的 CPM 网络图等,再结合差异分析(Variance Analysis)、挣值分析(Earned Value Analysis)等,管理者可以获得对当前项目状况和潜在问题的全局印象。

3．Open Plan

Open Plan 是由美国 Welcom 公司(已被 Deltek 公司收购)开发的一款决策层、管理层、实施层均可以使用的企业级项目管理软件,可实现业主、监理、承包商多级集成管理,并可同时组织实施多个项目管理。Open Plan 的功能和特点主要包括：

(1) 进度计划管理。Open Plan 针对施工单位、监理、设计、业主、企业管理部门及其所有工程项目,可以自上而下地分解工程,每个作业都可以被分解为子网络、孙网络,实现无限分解,这一特点为大型、复杂土木工程项目的多级网络计划的编制和控制提供了便利。

(2) 资源管理与资源优化。资源分解结构(Resource Breakdown Structure, RBS)可结构化地定义数目无限的资源,包括资源群、技能资源、驱控资源,以及通常资源、消费品、消耗品;拥有独特的资源优化算法和程序,通过对作业的分解、延伸和压缩进行资源优化,并可同时优化无限数目的资源。

(3) 项目管理模板。Open Plan 的项目专家功能提供了几十种基于美国项目管理学会(PMI)专业标准的管理模板,用户可以使用或自定义模板,建立 C/SCSC(费用/进度控制系统标准)或 ISO(国际标准化组织)标准,自动进行管理。

(4) 风险分析。Open Plan 集成了风险分析和模拟工具,可以直接使用进度计划数据计算最早时间、最晚时间和时差的标准差和作业危机程度指标,不需要再另行输入数据。

(5) 开放式数据结构。Open Plan 全面支持 OLE2.0,工程数据文件可保存为通用的数据库格式,如 Microsoft Access、Oracle、Microsoft SQL Server、Sybase 及 FoxPro 的 DBF 数据库;用户还可以修改库结构增加自己的字段,并定义计算公式。

4．Project Scheduler

Project Scheduler 是美国 Scitor 公司开发的一款基于 Windows 操作系统的项目管理软件包,可用于管理项目的各种活动。Project Scheduler 具备传统项目管理软件的特征,图形界面设计友好,报表和绘图功能强大,比如甘特图绘制,能用各种颜色把关键任务、正/负时差、已完成的任务以及正在进行的任务区别开来;任务之间易于建立图式连接,任务工时修改方便;资源的优先设置及资源的平衡算法非常实用;多个项目及大型项目的操作处理也比较简单;支持广泛的数据/文件交换,可与 SQL 数据库并行处理大的、复杂的程序,其网络版与外部数据库(如 SAP R/3)可实现无缝连接;具有功能强大的报告模板库,可快速编写网页,适合组织、合并及查看项目情况。该软件的缺点是联机帮助和文件编制以及电子邮件功能有限。

5．智邦国际项目管理系统

智邦国际项目管理系统是由北京智邦国际软件技术有限公司开发的一套项目管理系列软件,此外,该公司还推出了 ERP、CRM、进销存等系列软件。智邦国际项目管理系统以项目实施环节为核心,以时间进度控制为出发点,通过对立项、成本、进度、合同、团队的全面跟进和高效管控,跨领域解决复杂问题。企业可以随时掌握项目计划和实际的差异,合理配置资源及资金,节约成本,降低风险,确保战略目标如期实现。智邦国际项目管理系统基于"7C管理"先进设计理念,不仅可以实现项目全过程全要素的集成管理,还支持与企业其他管理平台的全程一体化管理。智邦国际项目管理系统将企业信息有效共享,流程操作标准化,避免衔接不当。另外,与传统设置不同,智邦国际通过开放式内置工具和模板,根据动态需求,简化、定义或调整工作流,模拟对所有或某些项目的变动,了解人员和安排变化造成的影响,体现项目管理敏捷性和先进性,方便企业日常管理。

6．三峡工程管理系统

三峡工程管理系统(Three Gorges Project Management System,TGPMS)是中国长江三峡工程开发总公司通过引进西方管理理念、方法、模型,结合三峡工程建设实情及我国工程项目管理实践经验,对西方成熟的工程管理系统软件进行再造与开发而形成的一套大型集成化工程项目管理系统。TGPMS的开发、应用和实施,综合运用BPR方法、信息资源规划方法和软件工程方法,建立了集工程管理模型、软件功能模块和数据体系三位一体的大型工程管理综合控制系统,创造积累了一套适用于我国工程管理特点的业务模型、编码标准、数据资源加工体系(报表、KPI等)和实施方法论。TGPMS是为设计、承包商、监理、业主共同完成一个项目目标而搭建的集成的协同工作平台,在该平台上实现了以合同、财务为中心的数据加工、处理、传递及信息共享,以控制工程成本、确保工程质量、按期完成工程目标。TGPMS包含13个功能子系统:编码结构管理、岗位管理、工程设计管理、资金与成本控制、计划与进度、合同与施工管理、物资管理、设备管理、工程财务与会计、文档管理、质量管理、安全管理、施工区与公共设施管理。

7．邦永PM2项目管理系统

PM2项目管理系统是北京邦永科技有限公司开发的一套基于国际先进项目管理思想,结合国内习惯与标准的管理集成系统,该系统既适用于单个的大型工程项目管理,又可用于企业的多项目管理。PM2项目管理系统可以对整个项目周期进行全过程管理,涉及投资分析、征地拆迁、设计报建、建设管理等各个阶段,可以从投资、进度、成本、质量、合同、楼盘的销售与客户管理等各个角度动态反馈、分析和控制工程项目的进展状态。PM2项目管理系统嵌入了计划管理、进度管理、人力资源、材料管理、供应商管理、设备管理、采购管理、成本管理、投资管理、合同管理、招标管理等20多个功能模块,对项目进行全方位的数据收集、整理、汇总,对进度安排、物资采购及多项目资源进行协调分配;项目报告、风险分析、项目评估、项目跟踪、领导总览、管理驾驶舱等10多个分析、建议模块,对项目的整体进展情况进行跟踪、分析并提出合理化的建议,使管理者能了解项目每个环节的进展情况,并能进行有效的评估。

8．广联达梦龙综合项目管理系统

广联达梦龙综合项目管理系统(GEPS)是由北京广联达梦龙软件有限公司推出的一套面向建筑施工企业、以辅助企业经营决策为目的、以工程项目管理为核心的企业级项目管理信息系统。GEPS是原北京梦龙软件有限公司开发的梦龙LinkProject项目管理平台与广联达施工项目成本管理系统(GCM)等软件的融合升级。GEPS 的目标是实现管理专业化、业务专业化和技术专业化。通过管理专业化,有效支撑企业战略管理;通过业务专业化形成对企业业务架构和管控模式进行支撑,实现打造企业的高执行力和业务四通的需求;通过技术专业化来实现对企业发展的不同阶段建设不同信息化系统进行支撑,并实现数据"共享"。

9. 易建工程项目管理软件

易建工程项目管理软件是由易建科技有限公司开发的一套适用于建设领域的综合型工程项目管理软件系统,不仅适用于单、多项目组合管理,而且可以融合企业管理,并延伸至集团化管理。易建工程项目管理软件即可以供建设单位与施工企业使用,又可以扩展成协同作业平台,融合设计单位、监理单位、设备供应商等产业链中不同企业的业务协同流程作业。易建工程项目管理软件以成本管理为核心、以进度计划为主线、以合同管理为载体,完成成本、进度、质量、安全、合同、信息、沟通协调、工程资料等工程业务处理,实现项目全周期、全方位管理,以及资金、人力、材料、库存、机械设备各个方面的生产资源统一管理。该软件提供数据交换、工作流、办公自动化、协同门户、市场经营管理、项目组合管理、集中采购管理、人力资源管理、电子商务、知识管理、商业智能等企业综合管理功能。通过数据交换与工作流技术实现与其他软件系统的应用集成,形成一个完整的信息系统;通过建立办公自动化平台与协同门户实现全员协作与沟通;通过市场经营管理与电子商务实现产业链与供应链整合;通过项目组合管理与集中采购管理实现集约化管理;通过知识管理与商业智能技术实现科学决策与创新,形成一个围绕工程项目投资与建设的全方位、完整周期、整合型的信息化管理体系。

本章习题

一、名词解释

信息、信息流、土木工程项目信息管理、项目管理信息系统

二、单项选择题

1. "信息可以被不同的使用者加以利用,而信息本身并没有损耗",是指信息的(　　)。
　　A. 可替代性　　　　B. 可加工性　　　　C. 可共享性　　　　D. 时效性
2. 下面(　　)不是土木工程项目信息以书面材料表现的内容。
　　A. 设计图纸　　　　B. 概预算书　　　　C. 施工组织设计　　D. 会议纪要
3. 下面不属于进度管理子系统功能的是(　　)。
　　A. 计划进度的调整　　　　　　　　B. 开箱检验质量
　　C. 工程实际进度的统计分析　　　　D. 编制项目进度计划

三、多项选择题

1. 信息的表现形式多种多样,主要可归纳为(　　)。
　　A. 书面材料　　　　B. 个别谈话　　　　C. 集体口头形式　　D. 技术形式
　　E. 其他形式
2. 信息种类繁多,主要具有以下特性(　　)。

    A. 可存储性和可传递性   B. 可替代性和可共享性

    C. 协调性   D. 时效性和系统性

    E. 真实性和快捷性

3. 土木工程项目信息按生产要素可分为( )。

    A. 劳动力管理信息   B. 材料管理信息   C. 计划信息   D. 内部信息

    E. 机械设备管理信息

4. 项目管理信息系统的主要功能包括( )。

    A. 数据处理功能   B. 计划功能   C. 预测功能   D. 控制功能

    E. 人员管理功能

5. Primavera 6.0 是美国 Primavera Systems,Inc. 公司发布的工程项目管理国际标准软件,它提供( )软件组件。

    A. Project Management(PM)模块   B. PPM 模块

    C. Primavera Web 应用程序   D. Primavera Integration API

    E. Methodology Management(MM)模块

四、简答题

1. 简述土木工程项目信息的主要表现形式。

2. 简述土木工程项目信息的流动形式。

3. 简述项目管理信息系统在土木工程项目管理中的主要作用。

4. 试分析土木工程项目管理信息系统的信息流通模式。

5. 简述土木工程项目管理信息系统的具体功能。

6. 试说明 Microsoft Project 2013 版本包含的主要产品和功能。

习题答案

一、名词解释(答案略)

二、单项选择题

1. C   2. D   3. B

三、多项选择题

1. ABCD   2. ABD   3. ABE   4. ABCD   5. ACDE

四、简答题(答案略)

参考文献

[1] 王雪青,杨秋波.工程项目管理[M].北京:高等教育出版社,2011.

[2] 陈磊.谈谈施工企业如何高效实施工程项目管理[J].城市建筑,2014(1):118-126.

[3] 蔺石柱,闫文周.工程项目管理[M].北京:机械工业出版社,2010.

[4] 田元福.建设工程项目管理[M].2版.北京:清华大学出版社,2010.

[5] 韩玉麟,李静.工程项目管理实务[M].天津:天津大学出版社,2013.

[6] 吴浙文.建设工程项目管理[M].武汉:武汉大学出版社,2013.

[7] OBERLENDER G D,STEVEN M T. Predicting Accuracy of Early Cost Estimates Based on Estimate Quality[J]. Journal of Construction Engineering and Management ASCE,2001,127(3).

[8] HOEL K,TAYLOR S G. Quantifying Buffers for Project Schedules[J]. Production and Inventory Management Journal,1999,40(2):43-47.

[9] 徐伟.土木工程项目管理[M].上海:同济大学出版社,2010.

[10] 王华.工程项目管理[M].北京:北京大学出版社,2014.

[11] 开永旺.建设工程项目管理[M].天津:天津大学出版社,2011.

[12] 王辉.建设工程项目管理[M].北京:北京大学出版社,2010.

[13] 朱红章.国际工程项目管理[M].武汉:武汉大学出版社,2010.

[14] 成虎.工程项目管理[M].北京:中国建筑工业出版社,2009.

[15] 刘兴群.市政公用工程项目管理中存在的问题及对策研究[J].城市建筑,2014(1):240-277.

[16] 仲景冰.工程项目管理[M].武汉:华中科技大学出版社,2009.

[17] 危道军,刘志强.工程项目管理[M].武汉:武汉理工大学出版社,2009.

[18] 陈新元.工程项目管理:FIDIC施工合同条件与应用案例[M].北京:中国水利水电出版社,2009.

[19] 丰亮,陆惠民.基于BIM的工程项目管理信息系统设计构想[J].建筑管理现代化,2009(8):262-266.

[20] 刘祖容.工程项目管理课程案例教学探析[J].广西大学学报(自然科学版),2008(6):285-287.

[21] 何伯森.工程项目管理的国际惯例[M].北京:中国建筑工业出版社,2007.

[22] 丛培经.工程项目管理[M].北京:中国建筑工业出版社,2006.

[23] 胡文发,何新华.现代工程项目管理[M].上海:同济大学出版社,2007.

[24] 李佳升,陈道军.工程项目管理[M].北京:人民交通出版社,2007.

[25] 赖一飞.工程项目管理学[M].武汉:武汉大学出版社,2006.

[26] 程鸿群.工程项目管理学[M].武汉:武汉大学出版社,2008.

[27] KERZNER H. In Search of Excellence in Project Management[J]. Journal of Systems Management,1987(2):30-39.

[28] 中华人民共和国建设部.GB/T 50326—2000 建设工程项目管理规范[S].北京:中国建筑工业出版社,2002.

[29] 中国建筑学会建筑统筹管理分会.JGJ/T 121—1999 工程网络计划技术规程[S].北京:中国建筑工业出版社,1999.

[30] 全国一级建造师执业资格考试用书编写委员会.建设工程项目管理[M].北京:中国建筑工业出版社,2011.

[31] 丁士昭.建设工程项目管理[M].北京:中国建筑工业出版社,2004.

[32] 吴涛,丛培经.中国工程项目管理知识体系[M].北京:中国建筑工业出版社,2003.

[33] MEREDITH J R,MANTEL S J. Project Management:A Managerial Approach[M]. Hoboken:John Wiley & Sons,2012.

[34] OBERLENDER G D. Project Management for Engineering and Construction[M]. 2nd ed. New York:McGraw-HIL,2000.

[35] SCHWALBE K. Information Technology Project Management[M]. Boston:Course Technology,2013.

[36] FUTRELL R T,SHAFER L I,SHAFER D F. Quality Software Project Management[M]. Upper Saddle River:Prentice Hall PRT,2001.

[37] HENDRICKSON C,AU T. Project Management for Construction:Fundamental concepts for

owners, engineers, architects, and builders[M]. 2nd ed. Englewood Cliffs: Prentice-Hall, 2000.

[38] MEREDITH J R, MANTEL S J. Project management: a managerial approach[M]. 7th ed. New York: Wiley, 2010.

[39] KERZNER H. Advanced Project Management: Best Practices on Implementation. Hoboken: John Wiley & Sons, 2004.

[40] HARRISON F, LOCK D. Advanced Project Management: A Structured Approach[M]. 7th ed. Hants: Gower Publishing limited, 2004.

[41] WYSOCKI R K, MCGARY R. Effective Project Management: Traditional, Adaptive, Extreme [M]. 3rd ed. Indianapolis: Wiley Publishing, 2003.

[42] SAGE A P, ROUSE W B. Handbook of Systems Engineering and Management[M]. 2nd ed. Hoboken: John Wiley & Sons, 2009.

[43] FRYER B, ELLIS R, EGBU C, etal. The practice of construction management[M]. 4th ed. Hoboken: Blackwell Publishing, 2004.

[44] HARRIS F, MCCAFFER R. Modern Construction Management[M]. 7th ed. Hoboken: John Wiley & Sons, 2013.

[45] HARDIN B. BIM and Construction Management: Proven Tools, Methods, and Workflows[M]. Indianapolis: Wiley Publishing, 2009.

[46] HALPIN D W, SENIOR B A. Construction Management[M]. 4th ed. Hoboken: John Wiley & Sons, 2010.

[47] CALVERT R E, BAILEY G, COLES D C. Introduction to Building Management[M]. 6th ed. New York: Taylor & Francis Group, 1995.

[48] 中华人民共和国人事部,建设部. 建造师执业资格制度暂行规定[S], 2002.

[49] 中国建筑业协会. 建设工程项目经理岗位职业资格管理导则[S], 2005.

[50] 中华人民共和国建设部. 建设工程项目管理试行办法[S], 2004.

[51] 全国人民代表大会常务委员会. 中华人民共和国建筑法[S], 2011.

[52] 全国人民代表大会常务委员会. 中华人民共和国合同法[S], 2013.

[53] 住房和城乡建设部,国家工商行政管理总局. 建设工程施工合同(示范文本)[S], 2013.

[54] 全国人民代表大会常务委员会. 中华人民共和国招标投标法[S], 2012.

[55] 全国人民代表大会常务委员会. 中华人民共和国安全生产法[S], 2014.

[56] 中华人民共和国国家质量监督检验检疫总局,中国国家标准化管理委员会. 职业健康安全管理体系要求[S], 2012.

[57] 中华人民共和国国家质量监督检验检疫总局,中国国家标准化管理委员会. 环境管理体系要求及使用指南[S], 2005.

[58] 中国(双法)项目管理研究委员会. 中国项目管理知识体系[M]. 北京:电子工业出版社, 2006.

[59] 王俊松,叶艳兵. 大型土木工程项目持续计划系统应用研究[J]. 华中科技大学学报:城市科学版, 2005(3): 54-58.

[60] 成虎,戴洪军,陈彦. 工程项目组织与项目管理组织的辨析[J]. 建筑经济, 2008(8): 62-65.

[61] BRAGLIA M, FROSOLINI M. An integrated approach to implement Project Management Information Systems within the Extended Enterprise [J]. International Journal of Project Management, 2014, 32(1): 18-29.

[62] PHUA F T. Construction management research at the individual level of analysis: current status, gaps and future directions[J]. Construction Management and Economics, 2013, 31(2): 167-179.

[63] SEWERYN S. Improving Industrial Engineering Performance through a Successful Project Management Office[J]. Engineering Economics, 2013, 24(2): 88-98.

[64] MENG X. The effect of relationship management on project performance in construction[J]. International Journal of Project Management, 2012, 30(2): 188-198.

[65] 姚刚. 郭平. 林岚. 建筑工程项目施工质量管理控制系统[J]. 重庆大学学报, 2003, 26(2): 51-55.

[66] 郭汉丁. 刘应宗. 发达国家建设工程质量监督管理特征研究[J]. 西北工业大学学报, 2004, 24(4): 52-56.